以此书纪念我的父母伊冯·大卫（Yvonne David）和路易斯·西蒙（Louis Simon）

——弗朗索瓦丝·西蒙

致我的妻子丽萨（Lisa）。30 多年来，她辗转多个城市陪伴我走过生命科学之旅，一路上给予我充分的灵活性、支持和耐心，本书的出版亦有她的支持。

——格伦·乔凡内蒂

中央高校基本科研业务费专项资金资助

重罪检察证据分析研究基地

数字时代的生物技术管理

从科学到市场

MANAGING BIOTECHNOLOGY

FROM SCIENCE TO MARKET IN THE DIGITAL AGE

[美] 弗朗索瓦丝·西蒙　格伦·乔凡内蒂 ◎ 著
Françoise Simon　　　Glen Giovannetti

赵　东 ◎ 主译　王　玲 ◎ 主审

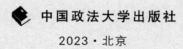中国政法大学出版社

2023·北京

图书在版编目（ＣＩＰ）数据

数字时代的生物技术管理：从科学到市场/(美)弗朗索瓦丝·西蒙,(美)格伦·乔凡内蒂著；赵东主译. —北京：中国政法大学出版社,2023.8
书名原文：Managing Biotechnology: From Science to Market in the Digital Age
ISBN 978-7-5764-1053-2

Ⅰ.①数… Ⅱ.①弗… ②格… ③赵… Ⅲ.①生物工程—技术管理 Ⅳ.①Q81

中国国家版本馆CIP数据核字(2023)第150523号

出　版　者　中国政法大学出版社

地　　　址　北京市海淀区西土城路 25 号

邮寄地址　北京 100088 信箱 8034 分箱　邮编 100088

网　　　址　http://www.cuplpress.com (网络实名：中国政法大学出版社)

电　　　话　010-58908441(编辑室)　58908334(邮购部)

承　　　印　北京九州迅驰传媒文化有限公司

开　　　本　720mm×960mm　1/16

印　　　张　21.25

字　　　数　350 千字

版　　　次　2023 年 8 月第 1 版

印　　　次　2023 年 8 月第 1 次印刷

定　　　价　85.00 元

本书翻译人员

主译：赵东（证据科学教育部重点实验室教授、博士生导师，中国政法大学证据科学研究院副院长，2011 计划司法文明协同创新中心研究人员）

主审：王玲（教授，博士生导师，中国政法大学企业专利战略研究中心主任，中国政法大学创新创业跨学科教研室主任）

其他译者：

刘锦媛　苏丽扬　童昱兴　王　淳　席　娅

杨雅棋　叶　振　张　达

前　言

　　医疗卫生行业正在经历着前所未有的变化。人口老龄化日益加剧和慢性病发病率逐年升高使预算持续缩紧，导致行业政策不断变化，这些政策的变革正在改变全球范围内医疗服务的提供、消费和支付方式。传统的欧洲全民支付系统与美国自由市场模式之间的差异逐渐消失，这是因为当前美国一半以上的医疗报销支出来自公共实体，例如医疗保险计划（Medicare）和医疗补助计划（Medicaid）。在新兴市场中，尽管中产阶级的人口有所增加，但挑战依然存在于各个方面，例如从产品的知识产权到生产质量，从药品定价到患者对医疗服务的可及性。

　　医疗卫生这一生态系统中的主要参与者——患者、医疗服务的提供者和支付者——正在改变他们的行为，他们采用新的技术，并有效利用数据来推动产品的创新和医疗服务的交付。与此同时，生物技术和信息技术的巨大进步推动了精准医学这一新模式问世。这种新的医疗模式赋予消费者个体前所未有的权力，它将消费者的心声深度整合到产品与服务的创新过程中，包括从产品的共同创造到上市后的持续监管。

与其他许多行业一样，非传统参与者的进入势必扰乱整个医疗行业及其现有企业，但也会培育一批新的潜在领导者，其中包括消费者、互联网和技术巨头企业，例如苹果、国际商业机器公司、谷歌、英特尔和高通等，这些企业均在医疗健康服务市场进行了大量的投资。大量的初创企业，尤其是在数据分析领域的创业公司，也正在颠覆传统的业务模式。然而，如今的医疗数据是分散的，因很难进行有效的整合而略显孤立。

尽管目前通过智能手机和生物传感器收集的患者数据还未与医疗机构和电子健康记录系统连接，但未来具有较大的发展潜力与前景，最终能够为患者提供从产品研发到临床研究、从疾病治疗到预防及检测的无缝对接的医疗服务。消费者已经习惯了个人技术带来的便利，也越来越多地要求医疗服务的提供者能够提供同样便利的服务，包括远程诊疗和数据共享。在医疗卫生预算日益缩紧的情况下，对这些需求的洞见所带来的价值，可能会侵蚀医疗服务行业现有企业的利益。

全球生物制药公司发现自己正处在这场风暴之中。在当今世界，支付的发生将基于产品或服务本身带来的真正价值，因此生物制药公司传统的发展模式和商业策略已不再能够满足消费者的需求。正处于商业化阶段的生物制药公司开始调整他们的策略，减少对推广无差异化产品的庞大销售力量的依赖。他们正在寻求能够在整个商业化运营中释放更大价值的环节。从如何进行有效的研发（利用数据并专注于精准医学和罕见病），到有效收集数据以支持产品的核心价值观点，再到如何提供"药片之外"的解决方案等，这些环节均需要与非传统参与者建立良好的合作关系。

从事新科学工作的新兴生物技术公司，也必须调整其融资策略以适应这一新的环境。仅仅向投资者推销新的科学方法是不够的，生物技术企业还必须能够清晰地阐述为什么他们所带来的科学进步能够在竞争激烈的全球市场中脱颖而出。本书全面概述了生物技术公司的新业务环境和全球战略。这本书是洞察网络化创新、战略联盟、商业化和数字通信等关键主题的重要知识来源，也是将概念和产品从科学研究推向市场的路线图，其涵盖了需要利用新兴技术的学生和管理人员所需的知识。同时，它还可以帮助旨在发展和支持全球生物技术的政策制定者了解生物技术产业的风险、机遇和挑战。

本书基于作者丰富的经验开展了深入的研究，该研究将有助于教导和激励由生物技术驱动的各个领域的当前和未来的领导者。它将为所有的利益相关者——从产品或服务的提供者、支付者到生产企业——提供高价值的指导原则。最重要的是，它有助于将新的治疗药物推向市场，从而改善患者的生活质量和治疗结果。

对于生物制药公司而言，未来可能会建立优化研发的有利局面，但也可能出现干扰信息技术与患者/提供者之间的沟通的破坏性局面。正如作者所指出的，成功将取决于新的跨行业的商业模式，以及其与前沿科学的融合，以提高全球范围内患者诊疗的标准。

菲利普·科特勒

美国西北大学凯洛格管理学院

美国庄臣公司国际市场营销学杰出教授

序　言

　　现代生物技术产业被建立的四十年来，其一直是经济领域中许多分支（尤其是在人类健康领域）的重要创新来源。由于创新性生物制药的不断应用，曾经致命的疾病包括艾滋病、丙型肝炎及许多类型的癌症，现已成为一种慢性病或部分已被有效地治愈。这些药物大多是由极具敏锐洞察力的创业公司研发的。大小型公司以及学术机构、政府和私人研究实验室正在开发新的技术和技术平台，他们为目前未给予充分治疗或未被治疗的疾病带来了希望，包括目前普遍存在的一些与人口老龄化相关的疾病。

　　在这四十年里，数字化技术的兴起改变并重塑了许多行业的秩序与格局，使全球大多数人都能够使用计算机巨大的计算能力并获得数字信息，同时还可以通过社交媒体平台实现过去难以想象的连接与互动。尽管医疗健康行业变化的步伐一直落后于全球经济的许多其他领域，但这些技术的进步已对医疗产品和服务的提供、消费产生了深远的影响。

　　尽管科学创新仍是生物制药行业的核心，但在医疗卫生系统预算紧缩和公众持续对药品价格施加压力的长期趋势下，传统生物制药公司的业务模式承受了巨大的压力。生物制药公司清楚地知道，这一新的现实环境要求他们更为客观地揭示其产品在真实世界的核心价值。与此同时，他们也意识到，为了更好地解决未被满足的重大医疗需求，他们必须将传统的对客户的关注从仅针对医生扩大到与患者和支付者的互动。简而言之，生物制药公司需要思考"药片之外"的新业务模式。随着结果证明成为行业的标准，数字技术的采用、数据的获取和有效分析将成为关键的推动因素。同时，许多信息技术公司将医疗健康行业视为未被挖掘的增长性领域，其行业的成熟需要数字化颠覆，如同金融和零售行业曾经经历的那样。因此，生物制药公司正在投入大量资源来研发新的医疗健康产品。生物制药公司将必须了解这些在医疗领域相对较新的参与者，并能够有效地判断这些新的角色是自己的合作者还是竞争对手，抑或两者兼而有之。

这些趋势的融合正在改变生物制药行业的价值链，并最终改变整个行业的商业模式。从传统意义上讲，生物制药的价值链通常呈线性发展，即从科学研究出发，到明确产品有效成分，再到临床研究，最终通过监管部门审批流程，成功开发商业化的药物。随着研发过程中每个阶段的持续实现，管理产品的责任由一个职能部门转移到另外一个职能部门，几乎没有有效的整合管理和信息共享（最多只能做到单向共享）。包括预算和资源分配在内的战略决策的制定，通常情况下也是在某个职能部门内进行的。这种组织结构在仿制药领域可以发挥很好的功能，因为在一般情况下，仿制药本身没有提供太多的增量价值，即使存在增量价值，仍然可以通过有效的销售和营销产生投资回报。

以产品为中心的生物制药的研发观点已经过时，不再符合当前的发展趋势。对于公司而言，对那些获得监管部门审批且满足安全性、有效性，但无法为患者和医疗健康提供可衡量的价值的产品进行投资，已不再是正确的决策。患者对数字化技术和数字化提供连接互动的依赖日益增长，受这种依赖的驱动，他们对医疗的期望也发生了许多变化。因此，生物制药的价值链已经开始围绕对患者需求的基本理解进行重新定位。数据与洞见不仅仅从实验室流向市场，还从市场流向实验室，如图所示：

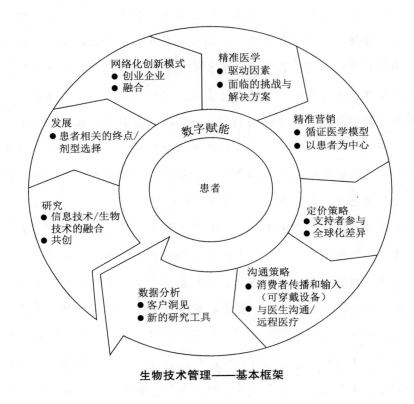

生物技术管理——基本框架

　　这个循环的创新端始于对疾病的深刻理解，包括对患者的生物学研究和对诊疗路径的深入分析。这些洞见来源于公司自身对整个疾病治疗领域的丰富经验（包括科学研究和商业两个角度）。专业知识的纵向发展需要是驱动许多大型企业从根本上重新思考其战略定位与组合的主要因素，使其能够在较少的治疗领域专业化，从而增加其产品差异化优势。这也驱动了精准医学策略的广泛应用，从而能够更精确地选择患者人群。这部分患者人群可以通过遗传基因或其他特征进行细分，以确定特定药物疗法更有可能对其产生疗效。此外，技术融合也将成为洞见的来源。例如，信息技术公司开发的人工智能技术可以收集并分析一系列患者和医疗健康数据，从而提出新药研发的假设。

了解患者在实际医疗环境中的诊疗路径，对于临床试验设计的有效性至关重要。临床试验设计能够支持药物获得监管部门批准及与支付者进行谈判。在临床研究阶段，患者的参与也变得至关重要。在这个阶段，可以将患者相关的端点作为向监管部门证明产品有效性或向支付者证明产品价值的一部分证据。与患者和患者权益组织的联结也能够使试验招募受试者更加容易。

在产品的商业化过程中，向支付者证实产品的治疗价值，并向医疗健康服务的提供者和患者推销产品，需要将临床试验数据和真实世界的数据进行有效的结合，这些数据涉及患者的实际诊断经历、并发症和照护模式。从某种意义上说，循环的创新阶段从未真正结束，因为支付者会更加关注真实世界的数据，而不是经过严格筛选且符合入选标准的随机临床试验数据。风险报销类型的公司尤其需要深入了解患者的诊疗路径以及可能影响治疗结果的其他生活方式因素，因为在这种报销类型中，支付的发生是基于已明确的治疗结果。在某些情况下，这将驱动对医学教育、监测或其他"药片之外"解决方案的需求。

数字化策略将带来与患者触达和沟通的新方式。它们将提供来自电子健康记录系统、可穿戴设备、社交媒体监测以及其他渠道的结构化和非结构化数据分析。这些数据将为药品的支付者、提供者以及监管部门之间的互动提供信息，并可以反馈给产品的研发部门，从而完成整个循环。

本书结构

本书的结构基本遵循上述框架。我们不对支撑生物制药领域和其他领域的科学突破详细讨论。本书遵循生物制药领域的三大转型：互联网创新，包括信息技术和生物技术的融合；新型数字化战略；通过价值链的呈现，形成以患者为中心的模式。

第1章讨论了技术融合和大型信息科技公司的战略对生物制药价值链的影响，同时对进一步融合所面临的障碍与挑战进行了讨论。由于该行业的大部分创新来自新成立的生物技术公司或由这些公司推动，在第2章和第3章中，我们为创业者提供了关于融资和通过与大公司或其他实体的联盟进行连接创新的信息。第4章讨论蓬勃发展的精准医学对药物研发和商业化策略的影响，包括生物制药公司必须克服的重大市场和组织障碍，以促进产品更广泛地被采用。

第5章介绍了精准营销的概念，是精准医学的配套措施。由于支付者、临床医生和消费者越来越期望有临床和经济数据共同支持药物的使用，生物制药公司可以通过基于证据的营销模式，使其产品介绍更具吸引力。本章还讨论了产品的发布策略、多渠道营销方法、销售队伍部署以及产品的可持续性。作为第5章的材料补充，第6章探讨了以患者为中心在当今时代的意义，并更详细地讨论了上述概念。同时，由于相关法律、法规的要求，以及公众对其缺乏信任度等影响，本章还涉及生物制药公司在法规和政策方面所面临的挑战。

第7章和第8章介绍如何在更具战略性（相对于交易性）的基础上，实现支付者更有效地参与，包括了解各种类型的支付者的需求和他们所服务的患者群体。我们还提出了药品定价的概念，包括基于财务或临床治疗结果的新型风险共担定价模型。

第9章的内容涵盖了患者和医生之间的数字化医疗趋势、数字化技术如何影响生物制药的价值链，以及生物制药和医疗健康行业正在推进的数字化策略。第10章讨论了生物制药公司需要不断发展其数据分析的核心能力，以便在产品的开发和商业化过程中获取产品的相关数据并从中提取价值。

由于市场动态不断变化，包括患者力量不断增强，以及日益强大且容易获得的数字化技术出现，领先的生物制药公司的处境变得更加复杂。本书旨在呈现这些变化，从而帮助学生、未来的创业者和管理团队识别数字化时代下管理生物制药公司的风险和机遇。

研究方法

本书的研究材料来自各种类型的公立性和私人资料，包括同行评议、行业期刊、媒体报道和金融数据库等。在两年的时间里，我们对 150 多位行业和学术专家、跨研究和商业职能部门的生物制药和信息技术高管、风险资本家以及公共和私人支付者进行了定性采访，从而补充了本书中的研究和分析。

作者介绍

弗朗索瓦丝·西蒙是哥伦比亚大学的荣誉教授以及西奈山伊坎医学院的高级教师。她还管理着个人的国际性咨询团队。她的教学重点是高管培训课程，并获得了哥伦比亚商学院颁发的钱德勒杰出贡献奖。

西蒙博士拥有在美洲、欧洲、亚洲和非洲等市场30多年的咨询和营销管理经验。她提供服务的客户包括许多《财富》500强公司以及创新的风险投资公司、一些政府机构和联合国组织。

加入哥伦比亚大学的教师队伍之前，西蒙博士曾担任阿瑟·D. 利特尔（Arthur D. Little）公司的董事，并负责开发一项全球战略业务，主要为美洲、欧洲和亚洲的客户提供服务。

在此之前，西蒙博士是安永会计师事务所的负责人，在那里她主要负责美国和欧洲的医药健康和消费行业的战略业务。她的企业经验包括在芝加哥担任雅培公司（现为艾伯维公司）国际诊断部的新产品经理。在此之前，她还担任过瑞士诺华公司的市场开发经理。

　　西蒙博士拥有美国西北大学的工商管理硕士（MBA）学位和耶鲁大学的博士学位。她曾在芝加哥大学和纽约大学担任教职，也曾在哥伦比亚大学和西奈山伊坎医学院工作。

　　她发表了20多篇学术论文，并曾在美洲、欧洲、亚洲和非洲等国家举办200多场管理学研讨会。她与菲利普·科特勒共同撰写了《建立全球化生物品牌：将生物技术推向市场》（*Building Global Biobrands*：*Taking Biotechnology to Market*，Free Press，2003）一书；她还与费尔南多·罗伯斯（Fernando Robles）和杰里·哈尔（Jerry Haar）合著了《新拉丁市场决胜战略》（*Winning Strategies for the New Latin Markets*，Prentice-Hall，2002）一书；与苏珊·考夫曼·珀塞尔（Susan Kaufman Purcell）共同撰写了《世界经济中的欧洲与拉丁美洲》（*Europe and Latin America in the World Economy*，Rienner，1995）一书。西蒙博士曾任美国市场营销协会副主席兼董事，并曾在美国管理协会国际咨询委员会任职。

　　西蒙博士还曾担任对外关系委员会委员。

　　格伦·乔凡内蒂是安永会计师事务所的合伙人和安永全球生物技术的负责人。他拥有超过25年为生物制药行业客户服务的经验，其服务客户主要集中于硅谷和波士顿。在帮助客户如何从初创企业成为市场的领导者方面，格伦拥有丰富的经验，涉及的业务领域包括企业成长性问题、全球化扩张、战略转型，如首次公开募股（IPO）、研发合作和并购等业务。

　　在过去的十几年里，格伦负责过安永生物技术年度报告《超越国界》的编写工作。他曾经是生物技术创新组织的董事会成员以及生命科学治疗董事会成员。格伦拥有林菲尔德学院的会计学学士学位，同时也是该学院的监事会成员，还拥有加利福尼亚州和马萨诸塞州的注册会计师资格。

目　录

1

第
3
章 ## 通过合作取得成功 52

■ 第二部分　新业务和营销模式

第
4
章 ## 精准医学 77

第7章 药品定价 162

第8章 战略性支付者的参与 193

■ 第三部分　数字化医疗的新模式

第9章 数字化医疗策略 ……219

第10章 通过数据和分析来提高敏捷性 ……238

第一部分

网络化创新的新模式

第 1 章

生物技术的数字化变革

　　近四十年来，生物技术推动了许多行业的转型与变革，从医疗健康到食品、能源行业，它已经发展成为一种全球性产业。当前，生物技术正在通过与信息技术进行融合来实现自我变革与转型。生物技术曾被定义为"应用生命科学或分子工程技术，创造和生产用于患者治疗的生物疗法和产品的一种技术"[1]，广义上也可以认为是分子生物学在各个行业中的广泛应用。

　　从诞生开始，生物技术即同其他科学共同发展。基于富兰克林和威尔金斯对 X 射线晶体学的发展，1953 年沃森和克里克发现了脱氧核糖核酸（DNA）结构，这被认为是生物技术发展的第一个"转折点"。1986 年，应用生物系统公司（Applied Biosystems）亨卡皮勒（Hunkapiller）发明了第一台自动基因测序仪，为研究员文特尔（Venter）在美国国立卫生研究院（NIH）的相关研究提供了条件。于 1998 年推出的新一代 ABI 测序仪进一步推动了文特尔在赛莱拉基因公司（Celera）的研究工作。这些研究成果也推动了生物技术发展第二个转折点的出现——2000 年赛莱拉基因公司与人类基因

Managing Biotechnology：*From Science to Market in the Digital Age*, First Edition. Françoise Simon and Glen Giovannetti.

© 2017 John Wiley & Sons, Inc. Published 2017 by John Wiley & Sons, Inc.

组计划项目起草了人类基因组。随着生物信息学的出现和 2003 年国际商业机器公司（IBM）推出蓝基因（Blue Gene）超级计算机，计算机技术和生命科学之间的协同作用得以持续发展，并被重点应用于结构蛋白质组学的研究。

过去的 30 年中，在基因测序技术优化的支持下，另一项技术也不断变革，并得到了迅速发展，即成簇的规律间隔的短回文重复序列（CRISPR）。这种核苷酸序列于 1987 年在日本被首次发现，但经过十几年的时间才确定其具有分子内切和编辑基因的核糖核酸（RNA）引物的功能。2007 年，间隔 DNA 被证明可以改变微生物抗性。2012 年，由杜德纳（Doudna）和夏庞蒂埃（Charpentier）组成的研究小组发现了一个更简单的 CRISPR 系统，其依靠 Cas9 蛋白可以作为人类细胞培养的编辑工具。2014 年，普莱特（Platt）采用 Cas9 小鼠进行肺腺癌造模，这是 CRISPR 片段首次在治疗单基因疾病（例如 β-地中海贫血）药物的研发中得到应用，但它仍然面临多方面的挑战，包括安全性（如何避免其对非目的基因产生生物学活性）、跨膜转运（主要是基于脂质的纳米颗粒或基于病毒的颗粒）和生产制造等方面。[2]

不同于计算机技术领域，由于从事动物和人类生物学工作存在固有的内在风险，生命科学并不呈线性发展。从 1953 年发现 DNA 结构到基因泰克公司（Genentech）研发并上市第一个重组人胰岛素，足足间隔 30 年左右。基因泰克公司后来将该胰岛素产品的上市许可转让至礼来公司（Eli Lilly）。虽然科勒（Köhler）和米尔斯坦（Milstein）在 1975 年已经研发了单克隆抗体，但未能上市应用，直到 1998 年艾迪公司（IDEC）研发的美罗华（利妥昔单抗）问世，单克隆抗体才得以上市。在此之前，赫布里泰克国际种业（Hybritech）等公司曾多次尝试，但都以失败告终。

同样，诺华公司（Novartis）开发的第一个针对基因型特异性的口服药物格列卫（伊马替尼）——用于治疗费城染色体阳性慢性髓性白血病，虽然已于 2001 年在美国、欧盟和日本获批上市，但它的研发花费了数十年的时间；虽然 1985 年已经发现了编码酪氨酸激酶的异常 Bcr-Abl 融合基因，该基因可以刺激白血病细胞不断生长，但该分子于 1992 年才首次被人工合成（图 1-1）。

发现	年份	商业化
NIH 批准第一例 CRISPR-Cas 9 癌症试验	2016	
	2014—2017	美国食品药品监督管理局（FDA）批准免疫肿瘤学；2014 年治疗黑色素瘤的百时美施贵宝公司的纳武单抗和默沙东公司的可瑞达（派姆单抗）；在肺癌、膀胱癌等上的其他指征，以及具有相同基因类型的可瑞达实体瘤
克隆人类胚胎干细胞，俄勒冈健康与科学大学；美国联邦最高法院规定基因不能获得专利——万基遗传公司（Myriad）案	2013	欧盟委员会批准了第一个生物类似物：赫升瑞公司（Hospira）的英夫利西单抗（Inflectra）和塞尔群公司（Celltrion）的类希玛（Remsima）
CRISPR 作为人类细胞培养的编辑工具；CRISPR 作为 RNA 模板被展示	2012	FDA 批准了福泰制药公司（Vertex）治疗囊性纤维化的卡利迪科（Kalydeco）、罗氏公司治疗转移性乳腺癌的帕捷特（Perjeta）
第一个完整的食物植物基因组地图（水稻）	2001	诺华公司的格列卫（伊马替尼）——首个基因型特异性口服药物，在美国、欧盟和日本得到批准
人类基因组草案（赛莱拉基因公司，人类基因组项目）	2000	富含胡萝卜素的"黄金大米"的开发
第一个完整的动物基因组测序（秀丽隐杆线虫）	1998	优尼克公司（uniQure）的阿利泼金（Glybera）基因疗法在欧盟获得批准
成人细胞克隆（维尔穆特和坎贝尔）	1997	基因泰克公司的美罗华（利妥昔单抗）、赫赛汀（曲妥珠单抗）被 FDA 批准
首代基因疗法（安德森，NIH 临床医学中心，治疗腺苷脱氨酶缺乏症）	1990	
首个转基因小鼠专利（哈佛，1988 年）	1988/1989	1989 年获批的安进公司（Amgen）的阿法依泊汀（促红细胞生成素），然后是 1991 年获批的抗中性白细胞减少药优保津（Neupogen）
	1986	由应用生物系统公司引入的自动 DNA 测序仪
DNA 指纹分析（法庭于 1985 年开始使用）	1984	
	1982	FDA 批准第一代 rDNA 药物（人胰岛素，基因泰克公司）

续图

发现	年份	商业化
遗传学的第一项专利（Diamond v. Chakrabarty）	1980	从事应用分子遗传学研究的安进公司成立；生物技术首次公开募股（IPO）（基因泰克公司）
重组人胰岛素（基因泰克公司）	1978	生物原基因酶和杂交技术公司成立
	1976	伯耶（Boyer）和斯万森（Swanson）创立基因泰克公司
单克隆抗体（柯勒和米尔斯坦）	1975	
重组 DNA（科恩和伯耶）	1973	
	1971	第一代生物技术创立，开发了阿地白介素（白细胞介素 2）
被定义为密码子序列（核苷酸碱基三联体）的遗传编码，明确指出了 20 个氨基酸（科拉纳与尼伦伯格）	1966	
DNA 的结构（沃森和克里克，源自富兰克林和威尔金的 X 射线晶体学）	1953	

来源：弗朗索瓦丝·西蒙

图 1-1　生物技术的里程碑事件

行业应用

　　如今，生物技术已经非常成熟，正在推动各个行业的创新，包括医学、保健食品、农业产业和生物材料等（图 1-2）。

　　●在医疗卫生领域，红色生物技术推动了新型生物制药产品的诞生，包括重组蛋白，例如胰岛素和生长激素；单克隆抗体，例如基因泰克公司研发的用于 HER2（人表皮生长因子受体-2）阳性乳腺癌的赫赛汀（即曲妥珠单抗）；疫苗；分子诊断；基因治疗和干细胞治疗；组织工程和再生医学。

　　●在食品和农业领域，绿色生物技术大大提高了农作物的产量，并利用生物修复技术进行环境修复。随着保健食品的出现，以及诸如"黄金大米"能够产生维生素 A 的创新技术的应用，食品和药物之间的界线也变得比较模糊。[3]

　　●海洋生物学推动了蓝色生物技术的发展，例如从藻类、无脊椎动物和鱼类中提取有效成分，如诊断试剂的荧光反应蛋，化妆品中添加的海洋提取物。

● 在工业生产过程中，利用白色生物技术已经能够生产出可降解的塑料、可再生的化学品、抗污染的细菌溶解物以及先进的生物燃料[4]。

以下各章节将重点介绍红色生物技术，包括数字化技术变革所带来的影响以及数字化与信息化技术的融合。一种新型的数字化融合模式已经出现，它给生物制药带来了新的机遇，同时也带来了威胁与挑战。从移动设备（例如乐活运动手环生物传感器）到研发分析工具（例如 IBM 的沃森健康），信息技术公司在满足消费者和研究人员的信息需求方面发挥着关键作用。

红色生物技术/ 医疗卫生领域	● 治疗学：重组蛋白（胰岛素、生长激素）、单克隆抗体（基因泰克公司的美罗华和赫赛汀） ● RNA 干扰（伊西斯公司的反义寡核苷酸药物）、基因疗法、干细胞疗法（奥西里斯公司，治疗移植物抗宿主病的前干细胞素） ● 诊断学：分子诊断试验和生物标记物（雅培公司，为赫赛汀开展的威赛斯公司伴随检测） ● 组织工程（治疗烧伤皮肤、器官置换支架）
绿色生物技术/ 食品和农业领域	● 医疗食品（具有促维生素 A 的"黄金大米"） ● 抗除草剂、抗害虫的作物（转基因玉米、棉花和大豆） ● 动物的繁殖与克隆 ● 分子养殖（从转基因植物中生产疫苗）
蓝色生物技术/ 海洋生物领域	● 生物活性物质（海绵体隐窝中的抗病毒和抗癌化合物） ● 诊断剂（来自维多利亚水母的荧光蛋白） ● 化妆品（护肤霜中使用的海洋提取物添加剂）
白色生物技术/ 产业应用	● 生物催化剂，包括用于化学合成的酶类，主要用于清洁剂和食品生产使用 ● 生物燃料（玉米淀粉制成的乙醇）和塑料（可生物降解的食品包装） ● 生物修复（利用植物和微生物进行环境修复）

来源：弗朗索瓦丝·西蒙

图 1-2　跨行业的生物技术应用

大趋势的影响

多元化趋势正在颠覆现有的商业模式，并引领行业以不同的方式定义价值。对于消费者而言，在发达国家和新兴市场中，人们寿命的延长也就意味着糖尿病和心脏病等慢性病的发病率不断增加。同时，人们收入的增长也将推动医疗需求的不断增长。但是，这也导致产品的生产者与资源有限的支付者两者间产生明显的冲突，因为产品的支付者也越来越多地以新的治疗方法所带来的治疗结果定义价值。对于研发者而言，后基因组学正在推动精准医学的快速发展，人们也已经感受到它所带来的靶向治疗的这股新的浪潮，但它也需要竭力应对随之而来的数据披露所产生的问题。这些数据包括：对于个体而言，通过生物传感器、显示器、智能手机以及智能手表所产生的"小数据"；对于人群而言，来源于基因组、临床试验和保险公司数据库的"大数据"。上述两者间的矛盾与冲突将导致生物制药领域的"脱节"现象。

对消费者生成的健康数据需要给予专业化的解释，然而当涉及法律责任和报销的问题时，大多数医疗机构却不能提供线上的服务，并且不能将这些数据传输到大多数医院的电子健康记录系统中。研究人员现在可以获得大量的健康数据，这些数据远远超出了临床试验数据库的范围，使得信息技术行业的领先者进入了医疗健康领域。苹果公司正与梅奥诊所合作，推出连接患者、医生和电子健康记录系统的健康工具包和研究工具包软件。IBM 旨在通过其沃森健康部门精简其研发流程，并在数据分析方面开展了大量收购业务，包括探索公司、菲特公司和聚合健康护理公司。字母表公司通过其旗下的瓦瑞利生命科学子公司与赛诺菲公司（Sanofi）、德康医疗公司（Dexcom）以及美敦力公司（Medtronic）在糖尿病治疗领域开展有效的合作。2013 年，字母表公司成立了加利高生物技术公司，它是一家专注于延长人类寿命的生物技术公司。高通公司（Qualcomm）和诺华公司已经成立了合资公司 dRx 资本（dRx Capital），致力于投资数字化初创企业和优化临床试验流程。图 1-3 总结了这些变革力量间的互动。

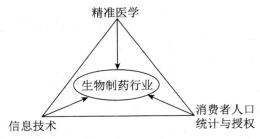

来源：弗朗索瓦丝·西蒙

图 1-3　变革的力量

数字医疗的机遇

从产品研发到上市后的监管，数字化医疗可以大大地提高企业的研发和生产效率，还有助于实现产品共创并加强与患者间的沟通。

- 在产品研发过程中，数字化医疗可以通过整合生物标记物优化诊断，提高产品上市速度，并简化数据分析。
- 在产品的生产过程中，数字化技术可以通过优化流程降低生产成本。
- 从上市后监管和费用报销的角度而言，数字化可以实现实时药物监测，并且通过真实世界的证据支持卫生经济学档案。
- 在商业化方面，数字化医疗可以实现深度整合消费者的建议，包括从药物共创到上市后沟通的各个阶段，并且可以帮助生物制药公司收集真实世界的证据，用于支持经济学档案（图 1-4）。

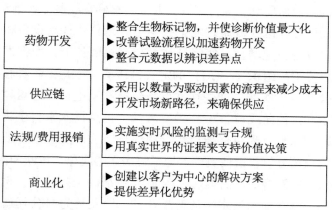

来源：弗朗索瓦丝·西蒙

图 1-4　数字化解决方案对价值链的影响

医疗健康领域信息化技术的发展

由于相关的法律、法规，医生对其医疗责任和费用报销的担忧，以及医疗机构前期投入成本和对工作流程变化的抵触心理，消费者对数据安全和隐私泄露的担忧等因素的影响，与其他行业相比（例如金融行业和零售行业），医疗健康行业应用数字化技术的速度较缓慢。

相比之下，受到各种因素的影响，信息化技术已迅速进入医疗健康领域。IBM 等公司通过解决需要平台技术的数据库解释问题来开拓业务，这些专业问题需要沃森健康等平台的技术支持。以消费者为中心的公司，如苹果公司，则是通过在其移动设备上添加健康应用程序来满足市场对在线医疗信息的需求。

由于产品上市后监管负担较大、产品的开发周期较长，信息技术的领先者并不情愿直接参与到医疗健康领域，但他们仍然具备颠覆整个行业的巨大潜力，例如，某些数字化干预方法被证明比某些药物治疗更有效。为了支持自身在医疗健康领域的渗透，信息技术企业具有寻求大量其他资源的额外优势。截至 2017 年 5 月，苹果公司的市值一度超过 8000 亿美元，远高于全球领先的生物制药公司强生，后者以近 3460 亿美元的市值领跑生物制药行业。苹果公司的一个关键优势在于其在消费者中的品牌价值。字母表公司将谷歌的广告收入与移动搜索的强劲收益结合在一起。通常情况下，信息技术的增长是云计算技术的兴起所驱动，即许多计算业务转移到在线服务所推动的[5]。

随着移动医疗在医疗健康行业中占据主导地位，移动设备相对于台式电脑或笔记本电脑的快速增长，使信息技术在该领域各个方面都发挥着关键的作用。根据世界卫生组织（WHO）的定义，移动医疗是由各种移动设备所支持的医疗和公共卫生实践，这些移动设备包括移动电话、患者监测设备、个人数字化助手和其他无线设备[6]。在消费者端，信息技术来自生物传感器和智能手机的硬件和软件，还可以通过社交媒体进行实时交互。在研发端，信息技术旨在优化预测分析，以便更深入地了解疾病的起源、诊断和治疗。

与移动医疗相融合的产品类别包括 FDA 批准的医疗设备，例如德康医疗公司研发的用于测量葡萄糖水平的蓝星软件，以及活力科公司研发的移动心电图仪。移动医疗更为广泛的应用还包括苹果公司的健康工具包和研究工具包，二者旨在通过将消费者的生物标记物、医疗机构与电子健康记录联系起来，解决目前存在的缺乏相互间可操作性的问题（图 1-5）。

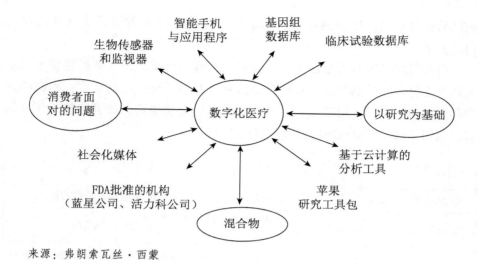

来源：弗朗索瓦丝·西蒙

图 1-5　数字化医疗的蓝图

信息技术带来的破坏性风险

除带来机遇之外，信息技术在医疗健康领域的主导地位不断上升，可能还会给生物制药行业带来巨大的风险。生物制药公司、医疗器械公司和生物技术公司的商业模式之间存在的巨大差异，导致它们的融合存在更多的不确定性：

● 生物学和工程学在研发方面存在显著的差异。通常情况下，生物技术的研发周期可能长达 10 年，而信息技术产品的研发和迭代速度则非常快。苹果等公司平均每年发布两次新的或迭代升级的产品。

● 两者对成功的衡量标准也有所不同：在生物制药领域，成功的标准被 FDA 严格验证的安全性和有效性定义；而在信息技术领域，成功的标准由网络效应和病毒扩散驱动。

随着患者更多地管理个人的医疗健康问题，像苹果这样的公司更具备能力在与消费者的关系中定位自己的角色。此外，随着"像我一样的病人"网站等社交媒体的作用不断上升，他们进行会员驱动的观察性试验，可能会导致生物制药公司失去对临床数据的部分控制。与此同时，由于受到相关法律法规的监管限制，生物制药公司无法就产品信息与患者进行交互性的在线沟通。

两者间的经济模型也存在一定的不同，因为药品和医疗器械依赖于公立或私人支付者的报销模式，并且需要消费者共同负担一定的额度；而高科技产品则依赖于通过使用费、许可证或订阅进行直接销售，或者依赖于间接销售，例如来自搜索引擎的广告收入（图1-6）。

	生物制药	医疗器械	技术
技术成本	非常高	中等	初始现金流是有限的
开发时间	10 年或更多	从概念到批准需 3 年至 7 年	快速循环和迭代
知识产权保护	组合物专利、发明专利、其他专利	发明专利、外观设计专利	广泛的组合专利或外观设计专利
成功的指标	安全性与功效	安全性、功效、便利性	用户数量、消费者吸引力、病毒传播等方面的提升
交付	医疗或消费者渠道	医疗或消费者渠道	B2C 或 B2B 渠道
验证	临床试验、监管机构批准	临床试验/510（k）认证	β 测试、敏捷开发、快速客户反馈
经济模式	由政府或保险公司支付，患者共付	由政府或保险公司支付，消费者支付	软件许可、订阅、间接销售（搜索广告收入）等

来源：节选自 Steinberg D., Horwitz G., Zohar D., "Building a Business Model in Digital Medicine." *Nature Biotechnology*, 2015；33（9）：910-920

图1-6　业务模型的差异化

融合趋势的另一个不容忽视的障碍是面对风险的不同文化态度：与大型制药企业不同，硅谷对风险具有固有的承受力。医疗健康数字化本身也增加了风险。除了在生物制药研发中看到的极端产品损耗，基于云计算的数据扩散也可能带来重大的安全问题。一项针对 1000 名美国消费者的研究表明，有43% 的人不愿意在线上共享他们的个人数据[7]，并且媒体反复曝光的有关信息安全的违法行为更强化了这一倾向。2015 年，美国第二大医疗保险公司安森（Anthem）透露，其相关数据记录被黑客入侵，对高达 8000 万过去和现有会员的社会保险账号和就业数据构成潜在风险[8]。此外，到目前为止，硅谷仍对健康监管机构保以警惕的态度。诸如苹果手表之类的设备无诊疗功能，FDA 仅把它视为与健康有关的设备，故其不受 FDA 相关法律法规的监管。

　　由于目前还没有出现成熟的融合商业模式，对于进入医疗健康领域的信息技术公司而言，以下问题值得考虑：

　　●产品或服务：提供的产品或服务是如乐活运动手环生物传感器之类的健康支持工具，还是如蓝星血糖监测仪之类的医疗设备，或者是真正的具有治疗作用的产品？

　　●有效性：产品从随机临床试验到最终被用户接受的过程中，哪些因素与条件是必需的？

　　●技术：产品是否包括硬件（智能手机）、软件（应用程序）和/或基于云技术的分析平台？从小数据（个体的生物标记物）到大数据（群体基因组学）需传递哪些信息？

　　●客户/终端用户：谁是我们的客户？对于健康工具而言，主要是消费者。对于医疗设备而言，其存在混合的目标客户（患者或医生）。然而，对于研究人员而言，分析平台是他们最大的需求。

　　●经济学因素：收入将来自产品支付者的报销与患者共同承担的费用，还是全部由消费者自付？[9]

技术策略

可穿戴设备的兴起与局限性

弗雷斯特分析公司（Forrester Research）的研究表明，美国在线成年用户，每人平均使用 4 台互联网设备（包括台式机、平板电脑和电子书阅读器），70% 的用户会使用智能手机。但是年龄不同，所使用的互联网设备也有所不同。从千禧一代（出生于 1981 年至 1997 年）到婴儿潮一代（出生于 1945 年至 1964 年），互联网设备的使用数量有所减少。对于可穿戴设备的使用也存在明显的代际不同，如千禧一代对可穿戴设备的使用率约为 34%，而婴儿潮一代仅有 7% 至 11%[10]。这种情况可能与应用程序的功能有限相关：苹果音乐商店和谷歌商店（安卓）中的应用程序总数超过 165 000，但其中大多数应用程序只能作为一种健康管理工具，仅有不到 1/4 的应用程序关注疾病和治疗管理。超过一半的应用程序的功能较弱，比如只能简单地提供相关信息。

真正的"科学的健康管理"应用程序（包括医疗卫生专业人员对数据的分析）的主要障碍是缺乏相互间的可操作性，仅有2%的应用程序能够将患者、医生和医疗健康系统联系起来。其他的应用障碍还包括缺乏科学证据、报销制度的局限性以及存在隐私和安全性问题[11]。

移动医疗领域已经从消费类电子产品发展到处方设备，但是到目前为止，能够完全与电子健康记录系统整合的还仅限于少数试点项目（图1-7）。尽管有这些限制，但无论是创业企业还是跨国公司，各种规模的企业都在引进信息技术，进行创新。

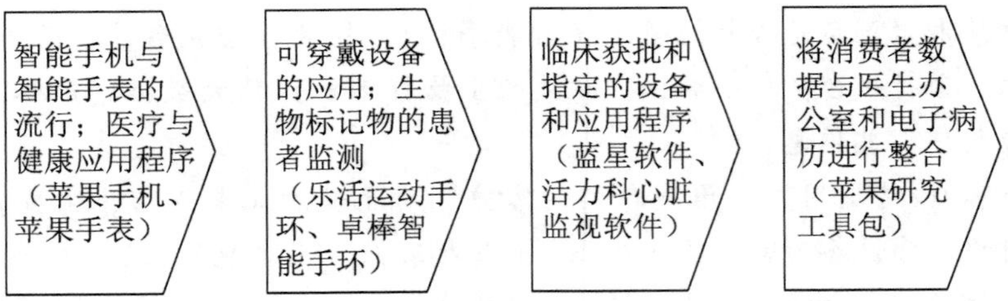

智能手机与智能手表的流行；医疗与健康应用程序（苹果手机、苹果手表）

可穿戴设备的应用；生物标记物的患者监测（乐活运动手环、卓棒智能手环）

临床获批和指定的设备和应用程序（蓝星软件、活力科心脏监视软件）

将消费者数据与医生办公室和电子病历进行整合（苹果研究工具包）

来源：弗朗索瓦丝·西蒙

图1-7　移动医疗的演变

行业中新的进入者角色

德康医疗公司推出了首个经 FDA 批准的移动医疗设备，该设备可由医生开具处方，支持支付者报销。其中用于持续血糖监测的蓝星软件通过一项针对 150 多名患者的随机临床试验进行充分验证。研究显示，其可以降低患者糖化血红蛋白的水平。该项研究结果于 2011 年发表在《糖尿病护理》（*Diabetes Care*）杂志上。FDA 通过一项 510（k）认证支持报销许可申请，同时德康医疗公司可以从美国默沙东公司等渠道进行融资。

成立于 2010 年的活力科公司（AliveCor）采用了一种混合模式。虽然他们研发的移动心电图设备也获得了 FDA 的批准，并通过了包括克利夫兰诊所（Cleveland）在内的临床试验的验证。这个设备无需医生处方即可直接在线销售给患者，同时也可以向医生进行销售，并为医疗护理点的使用提供报销补偿[12]。

普罗斯特数字健康公司（Proteus Digital Health）则以不同的方式进行了

创新。2012 年，该公司推出的可食性传感器获得了 FDA 出具的第一个有关用药依从性功能的许可。这种胶囊可以记录并向智能手机发送药物进食时间、活动和心率。对依从性适应证需要提交新药申请备案，但它的市场潜力巨大，因为多达一半的患者可能会依从性较差。该公司正在与大塚化学株式会社（Otsuka）合作，将其传感器与精神类药物安律凡（阿立哌唑）一起使用。普罗斯特数字健康公司还计划将其传感器的市场聚焦于一些常见病（例如心脏代谢综合征）和具有高附加价值的药物（例如丙型肝炎的治疗药物）[13]。

在糖尿病治疗领域，德康医疗公司与美敦力公司存在激烈的竞争。美国卫生与人类服务部的研究数据显示，仅在美国，受糖尿病影响的人群就有高达 2900 万人，预计造成的直接医疗费用约为 1760 亿美元，间接医疗费用约为 690 亿美元。2015 年 4 月，德康医疗公司宣布其推出的普莱汀（Platinum）葡萄糖传感器将与苹果手表连接，随后还将与安卓系统兼容。

与德康医疗公司相比，美敦力公司的竞争优势在于其是唯一一家同时拥有持续血糖监测装置和胰岛素泵的公司。美敦力公司的小型连接设备已于 2015 年 6 月获得 FDA 的批准。同时，美敦力公司还与三星公司合作，使持续血糖监测装置和胰岛素泵的数据可以在三星的电子设备中存贮并使用[14]。

大数据信息技术的战略

技术领先者已经通过能够体现其核心优势的不同战略进入医疗健康领域。苹果公司始终专注于消费者端。相反，高通公司和 IBM 正在通过企业对企业（B2B）的角度进行扩张。字母表作为一家控股公司，广泛组合投资了搜索引擎谷歌、生物技术公司加利高等。

苹果公司：建立消费者生态系统

苹果已经成为全球市值最高的公司，其 2016 年营业收入约为 2156 亿美元，这得益于其创新驱动型增长模式和对品类制造商的自我定位。如利用苹果音乐商店重新定义数字音乐的方式一样，从苹果多媒体数字播放器到苹果手机和苹果平板电脑，苹果公司在移动设备领域开辟了新的市场。然而，苹果公司在研发方面的投资远远低于生物制药公司。这与苹果公司通过卓越的设计完善现有产品并将其推向主流的才能有关，包括 MP3 播放器之后诞生的苹果音乐播放器，智能手机之后的苹果手机，以及平板电脑后问世的苹果平板电脑等一系列产品。

　　这种"杀手级应用程序"的品牌力量，也许仅仅是"苹果"这个名字本身；在苹果手表推出后的 24 小时内，销售量高达 100 万台。并且在短短几周内，开发人员为其推出了 3500 多个应用程序[15]。

　　苹果公司能够在医疗健康领域保持一贯的整体战略，即专注于生产有限数量的产品，瞄准高端市场，并逐步建立苹果品牌资产。

　　正如苹果公司的迈克尔·欧莱利（Michael O'Reilly）所说："我们致力于能够为消费者制造更多在市场上具有良好用户体验的优质产品"[16]。事实上，苹果对消费者的关注显而易见，FDA 在与苹果公司进行沟通与磋商后认为苹果手表是一种不受监管的健康管理工具。因此，苹果手表可以不受相关法规的监管。随着苹果手表越来越多地在临床试验中被应用，目前可能会在更多的医疗场景中应用。这种情况下，信息技术公司未来需要重新定位其在筛选第三方应用程序中发挥的作用；同时，数据安全问题仍然是一个关键要素。从苹果设备收集的医疗健康数据不允许存储在服务器上，但是可以将其存储在 IBM 的沃森健康云中，在那里这些数据将被进行"脱敏"处理，并被用于数据挖掘和预测性分析。

　　整合健康工具包（HealthKit）、研究工具包（ResearchKit）和苹果手表，可以将创造一个连续的研究环境，可以将个人信息数据连接至医疗健康系统的数据中。

从苹果到埃匹克：数据整合之路

　　健康工具包的发展源于苹果公司逐渐意识到，虽然医疗健康应用程序逐渐普及，不同的应用程序间却无法相互兼容。苹果系统框架也作为一种医疗工具被引入，苹果公司首先与梅奥诊所建立了战略合作伙伴关系，随后与其他医疗健康机构也建立了合作关系，包括与埃匹克公司的电子健康记录系统进行整合。

　　随后开发的研究工具包旨在将苹果手机作为一种医疗工具，从而帮助医生和研究人员更频繁、准确地收集患者数据。利用该工具，试验的受试者可以通过线上交互的方式作出知情同意、完成试验任务并提交试验反馈。经用户允许，研究人员可以查看受试者的相关生物标记物，并获得患者的活动量、运动障碍、语言和记忆力的一些预见信息。

　　GlucoSuccess（糖尿病研究应用）是五个初始应用程序之一，它会提醒用户记录其指尖血糖水平，并可以提供可视化图像和文字总结。该应用程序可以确定哪些患者的葡萄糖水平对运动较为敏感，甚至可以追踪患者每天运动时间对血糖水平的影响。但这可能会对生物制药行业造成破坏，例如运动可能是早期糖尿病患者开始使用药物治疗前的有效干预手段。

其他研究项目，例如在皮肤性病学领域，俄勒冈健康与科学大学开展了一项关于苹果手机图像应用的研究，测量皮肤痣随时间变化的情况。该项研究在全球范围内开展数据收集，以帮助创建新的检测算法。

目前，苹果手表与研究工具包的连接已经实现。约翰斯·霍普金斯大学的 Epi Watch 应用程序将测试生物传感器是否能够检测到癫痫发作的开始和持续时间，通过活动和心率数据捕捉其数字签名，并向护理人员发出警报。此应用程序旨在跟踪患者服药的依从性和副作用。此外，护理工具包允许开发人员创建一个应用程序来跟踪监测患者的症状和疗效，促进医疗计量，并允许患者与家庭成员和医疗机构共享相关数据。[17]

虽然研究工具包已经被领先的医疗健康机构使用，但它仍然存在一些问题。然而，商业化并不是其存在的问题之一，因为苹果公司在很大程度上是从"慈善"的角度来定位它的，并且对其他相关应用程序也没有所有权要求，仅仅把它作为一个开放软件源代码的平台。

安卓和其他平台的可移动性将需要通过第三方开发人员来实现。选择偏差存在于两个方面：相对于安卓用户（数量更多，特别是在美国以外的地区和国家）的苹果系统高消费人群，以及客户的"主动/负责"的行为特征。尽管苹果手表可能会有更高的用户参与度，但它的全球市场份额仍然相当有限。虚假陈述也可能会造成一定的问题，几乎所有社交媒体都是如此。研究工具包的参与者可能会伪装他们的性别、年龄与健康状态。医生可以在临床试验中通过对患者的身份识别来解决上述问题。

这些移动设备是否能够真正影响治疗结果，以及是否有足够的用户激励使其能够从小众产品过渡到主流产品？全球消费者是否愿意积极监测个人的健康状况？许多可穿戴设备是否会因消费者新鲜感疲劳、信息过载、隐私保护、时间不足等问题而被束之高阁？这些问题都还有待观察。

高通公司：从芯片到医疗健康风险投资

在"端到端双向连接"的总体战略中，高通风投公司已经对如乐活、活力科、艾塔佩科技、特凯尔（疾病管理）、斯特拉（无线遥控）和爱尔康（家庭医疗健康提供者的移动平台）等公司进行了投资。

在医疗健康领域，高通公司有三条业务主线：

● 风险投资：通过人寿基金和 dRx 资本基金与诺华公司成立合资公司，认缴资本高达 1 亿美元；对一些相对较早阶段的创业公司进行投资，包括奥玛达健康公司（数字行为医学）、三十七科学有限公司（临床研究）和加娜健康公司（用于研发神经病学治疗方法的生物电子学公司）。

● 平台：借助其 2net 系统（作为患者、理赔数据及医疗健康专业人员之间的中间端）和健康圈医疗协调联络平台，监测患者居家的健康状况并优化医疗健康管理。

● 许可和并购：高通人寿公司收购了法国的医疗集成供应商胶囊科技公司，该公司在 38 个国家/地区拥有超过 1930 家医院客户。这推动了该公司业务向急诊和门诊医疗服务领域延伸，其目标是将公司引向医疗物联网（IoMT）的发展（图 1-8）。

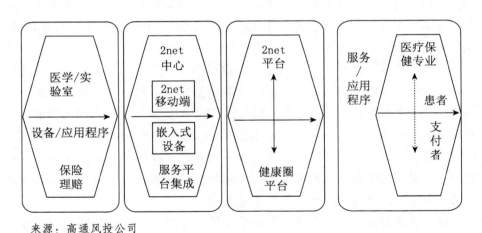

来源：高通风投公司

图 1-8 高通公司生态系统

高通公司在其核心芯片业务中直接与英特尔竞争，但这项技术与三星公司等其他厂商的技术相重叠。该公司可以被视为技术的推动者，而不是企业对消费者（B2C）的参与者[18]。

IBM：从硬件到软件业务和提供云服务

2000 年 IBM 成立了生命科学解决方案部门，并在早期与思博华公司（Spotfire）和安捷伦公司（Agilent）的数据管理方面、与 MDS 公司的蛋白质组学方面建立了合作关系，从而首次以参与者身份进入医疗健康领域。这些业务合作完善并填补了 IBM 对其蓝基因计算机的长期开发战略，以及与包括杜克大学、佐治亚理工学院和约翰斯·霍普金斯大学在内的学术合作[19]。

从此，IBM 从一家横向型技术公司发展成为能够提供全面垂直解决方案的公司，这表现在对苹果公司和美敦力公司的大量并购业务和合作，以及在 2015 年 4 月其推出的自己研发和承担预算的沃森健康部门上。

通过沃森生态系统，IBM 可以提供 B2B2C 的解决方案，他们从医学文献中汇总人群健康层面的临床数据和理赔数据，并将它们与个体的基因组数据有效结合起来，以支持精准医学的发展。在 IBM 内部，不同的部门也涵盖了卫生系统和生物制药的相关业务[20]。沃森健康拥有广泛的数据库，包括 1 亿条电子健康记录、2 亿条理赔记录和 300 亿张医学图像。沃森基因解决方案每月吸收 10 000 篇新的医学文章和 100 项试验的数据进入数据库，并可通过奎斯特诊断公司（Quest Diagnostics）提供给美国的肿瘤学专家。

目前，IBM 战略目标聚焦于数据管理（IBM 将数据视为世界上新型的"自然资源"）、云计算以及通过移动和社交技术使用户积极参与。IBM 已进行了多次并购，以建设其在数据分析方面的能力，包括并购探索公司（2009 年从克利夫兰诊所拆分出）、菲特公司（拥有提供医院数据管理的云软件），以及于 2015 年 10 月以 10 亿美元收购聚合健康护理公司（放射学和影像服务领域），于 2016 年收购储文健康分析学公司（提供医疗利用率、质量和成本费用数据的分析解决方案）。

IBM 对被其视为"创新催化剂"的云服务，已经投资超过 80 亿美元，并收购了 18 家公司[21]。为了扩大其对全球市场的开发与影响力，该公司一直在与其他国家/地区的许多公司开展合作。

苹果公司和 IBM 在日本的发展概况

2015 年 4 月，苹果公司和 IBM 宣布与日本最大的健康与人寿保险公司日本邮政（Japan Post）合作，2020 年为目标人群（即 400 万名至 500 万名老年人）提供配有 IBM 开发的应用程序的苹果平板电脑。日本作为全球人口老龄化最快的国家之一，老年人口数量近 3300 万，约占总人口数的 1/4，在未来

40 年中预计再增长 40%。为客户定制的 IBM 应用程序包括运动和服药提醒、参与社区活动以及其他支持服务。这些数据由面向苹果系统平台的 IBM 移动第一提供云存储服务[22]。

由于老年人口预计从 2013 年的 11.7% 增长到 2050 年的 21%，苹果公司和 IBM 的技术合作是一个全球性的优先事项，但在安全性、治疗结果和全球推广方面仍然存在一些问题：一是部分消费者并不愿意公布私人数据，即使已经对这些数据信息进行身份的"脱敏"处理；二是需要进行多年研究才能够明确项目对治疗结果的实际影响；三是如此大规模的全国推广在欧洲的单一支付者系统中可能是可行的，但在相对分散的美国保险市场中则可能会事与愿违。

医疗技术和制药企业合作

IBM 目前建立了广泛的生命科学合作伙伴关系。在糖尿病领域，IBM 于 2015 年 4 月宣布与美敦力公司合作，利用沃森健康在其设备周围创建一个"物联网"。该产品旨在支持实时医疗管理计划，并探索模拟健康胰腺功能的闭环算法[23]。IBM 还与强生公司合作，他们应用沃森健康为患者进行膝关节手术的术前准备以及术后的医疗服务管理。

沃森健康的合作伙伴关系

沃森健康的云服务正在迅速发展，并逐渐获得用户的青睐。截至 2015 年 5 月，已有 14 家癌症中心与其签署协议，他们结合基因数据库和医学文献优化治疗方案。签署合作协议的包括克利夫兰诊所、杜克癌症研究所、华盛顿大学和耶鲁大学癌症中心。IBM 计划将沃森健康的认知能力与埃匹克公司电子健康记录系统和决策支持技术进行有效整合[24]。

借助纪念斯隆-凯特琳癌症中心（Memorial Sloan-Kettering）、西奈山医院（Mount Sinai）和医学博士安德森等合作伙伴的资源，IBM 的目标是将沃森健康的认知计算技术应用到以下几个领域：

● 在医疗服务中，认知计算技术可以为产品供应商提供循证医学证据；

● 对于研究人员来说，认知计算技术可以优化药物的开发和医疗标准；

● 对于消费者而言，认知计算技术可以通过真实世界的传感提升可操作性和依从性。

尽管这些应用程序影响了整个医疗健康领域，但 IBM 的一个主要目标是通过新的以云技术为基础的模式，在整个系统中创建新的中间层，从而将电子健康记录系统和研发中心进行有效连接。

字母表公司：扩大医疗健康的产品组合

苹果是一家以消费者为中心的公司，而 IBM 的主要业务是在 B2B 领域。而目前字母表公司正在不断扩大其以消费者为中心的核心业务，如谷歌搜索、瓦瑞利生命科学公司以及卡里科生物技术公司（2013 年在基因泰克公司前首席执行官阿特·莱文森的领导下成立）。

在信息技术领域的领导企业中，谷歌公司对创新表现出极大的意愿，并且不断探索可持续的收入增长模式，在整个探索过程中不惜面临失败的风险。谷歌公司于 2008 年推出了谷歌健康，旨在帮助用户建立在线个性化健康记录，但它可能已经领先于市场。早期的用户发现手动输入个人医疗健康数据非常烦琐，并且输入个人医疗数据的行为未能找到令人信服的价值主张。因此，谷歌公司在三年后放弃了这项业务。2011 年，国际数据公司（IDC）的一项调查显示，仅有 7% 的用户尝试使用过在线健康记录，然而愿意继续使用这项技术的用户不到一半。能够提供类似服务的供应商还包括微软和韦伯麦德，但我们发现更成功的服务往往是通过保险公司和供应商的合作来运作的[25]。

包括医疗健康在内的垂直业务领域喜忧参半的成功历史，可能在一定程度上解释了字母表公司的新结构。虽然该公司拥有 80 多个部门，涵盖从机器人技术到光纤、虚拟现实和自动驾驶等业务，但通过业务的重组，各业务部门更加独立和具有创业精神。医疗健康计划涵盖了核心搜索业务（与梅奥诊所和其他医疗机构合作共同策划的搜索项目）、瓦瑞利生命科学公司（糖尿病领域中的生物制药联盟）、加利高生物技术公司，以及谷歌风投公司和谷歌资本公司的投资组合（图 1-9）。

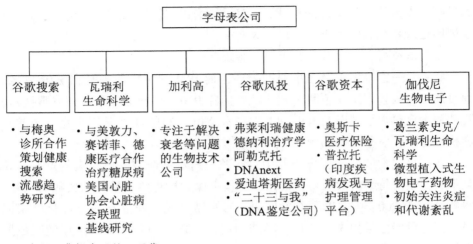

来源：弗朗索瓦丝·西蒙

图1-9 字母表公司的医疗业务组合

总体而言，字母表公司似乎并未设想成为一家医疗健康公司，这主要是因为许多信息技术公司对制药监管有共同的担忧，并且希望通过合作伙伴关系寻求针对这一问题的解决措施。

谷歌搜索和梅奥诊所

2015年2月，在其核心搜索业务方面，字母表公司宣布与梅奥诊所建立合作伙伴关系，由字母表公司提供强化信息数据，梅奥诊所的临床医生对这些信息数据进行策划，并提供于个人电脑、平板电脑浏览器以及安卓和苹果系统平台上的谷歌移动应用程序中。该服务涵盖从糖尿病至麻疹等各种类型的疾病，服务内容不包括实际的医疗建议，其旨在解决当前互联网上存在的伪科学的问题[26]。

近年来，谷歌公司一直试图利用客户参与来提供更细化的医疗健康信息。2008年，谷歌公司推出了一种预测性的流感追踪模型，这个模型可以将2003年至2007年间公司的搜索数据结果与美国疾病控制与预防中心（CDC）的流感数据关联。但2014年，一篇学术评论指出，这个模型的预测可能会高估流感的流行程度，因为某些相关性可能与实际流感史无关[27]。谷歌公司在更新模型的同时，与FDA在关于不良反应的监测方面可能会有更深入的合作，因为诸如推特和脸书等社交媒体上的相关帖子的数量无法满足进行准确监测的条件。

瓦瑞利生命科学公司的伙伴关系

瓦瑞利生命科学公司业务部门拥有广泛的并购和联盟业务，并且采用以疾病为中心的观点，首先关注的是糖尿病治疗领域。2014 年，该部门与诺华子公司爱尔康公司合作开发了一种无创的隐形眼镜，能够追踪患者泪液的葡萄糖水平。该项技术于 2015 年获得了一项专利。设备包括芯片、传感器和天线三者的微型化版本，旨在实现每秒传输数据。目前这项技术已经启动了临床试验研究，其目标是获得 FDA 的批准。

2015 年 8 月，瓦瑞利生命科学公司与赛诺菲公司、乔斯林糖尿病中心建立了新的合作伙伴关系，并与德康医疗公司共同建立了葡萄糖监测设备，从而加强了其对糖尿病领域的关注。赛诺菲联盟旨在开发新的工具来整合糖尿病管理中曾经相对孤立的部分，包括糖化血红蛋白等指标、患者主诉的信息以及用药方案等，其目的是帮助医生更好地了解血糖的日常变化趋势，为患者提供饮食和用药剂量的实时信息和指导[28]。该联盟于 2016 年 9 月正式确定命名为安杜，企业联合投资约 5 亿美元。

同时，瓦瑞利生命科学公司与德康医疗公司合作开发了一种类似于绷带的一次性传感器，该传感器可与用于持续血糖监测的智能手机应用程序相连接，计划在未来 2 年至 3 年内推出第一版本，并希望在未来 5 年内推出下一代产品。瓦瑞利生命科学公司负责这款产品的研发工作，德康医疗公司负责销售和分销工作。该合作交易包括初始阶段支付预付款 3500 万美元、研发过程中高达 6500 万美元的里程碑式付款，以及基于德康医疗公司收入的 5% 至 9% 的特许权使用费[29]。尽管这些合作伙伴关系是相互独立的，但通过他们的共同合作能够引领商业产品，其目标是整合微型化技术、传感器和数据分析，并希望其推出的产品能够颠覆糖尿病领域的治疗管理。在另一个领域，瓦瑞利生命科学公司在 2015 年 12 月与强生公司成立了威尔伯外科公司，该公司是一家独立公司，致力于为新型机器人辅助平台开发手术器械。

除了这些努力，瓦瑞利生命科学公司还参与了一些其他研究。2015 年 11 月，瓦瑞利生命科学公司宣布与美国心脏协会进行为期 5 年、价值 5000 万美元的合作。合作方各出资 50% 的资金，共同组建一个新的团队，开展针对心脏病的病因、治疗和预防的新方法研究。

2014 年 7 月，瓦瑞利生命科学公司宣布开展的一项早期合作是基线研究，他们收集了数千个体的基因信息数据，以确定基因突变的模式，旨在定义一个健康的人群，并确定新的生物标记物，以帮助在早期阶段检测到癌症和心脏病等疾病的发作情况。谷歌公司曾与杜克大学和斯坦福大学医学院合作进行过这项研究。瓦瑞利生命科学公司的长期目标是建立慢性疾病模型，作为实现更好治疗结果的途径。对于糖尿病而言，这项研究包括对疾病的管理、治疗药物的服用剂量以及饮食和运动等行为方式的改变[30]。

伽伐尼生物电子公司

2016 年 8 月 1 日，瓦瑞利生命科学公司和葛兰素史克公司宣布达成协议，成立伽伐尼生物电子公司，旨在开发和商业化生物电子药物。这个相对较新的领域主要针对一系列慢性疾病，其使用的微型可植入设备可以改变神经元的电信号。自 2012 年以来，葛兰素史克公司一直在研究这个问题，瓦瑞利生命科学公司在数据分析、低功耗电子产品的小型化、软件和设备研发等方面的专业技术知识为这项合作研究提供了支持。伽伐尼最初的目标是在炎症和代谢性疾病（包括 2 型糖尿病）方面达到临床验证的标准。葛兰素史克公司持有该合资公司 55% 的股权，瓦瑞利生命科学公司将持有剩余股权[31]。

加利高生物技术公司合作伙伴

除了瓦瑞利生命科学公司开展的广泛合作，加利高生物技术公司自 2013 年成立以来参与了多个生物制药联盟。2014 年 9 月，其开始与艾伯维公司（AbbVie）合作，在旧金山湾区建立了一个研发机构，专注于人类寿命和与年龄有关的疾病研究，包括癌症和神经变性病。最初每位合伙人提供高达 2.5 亿美元的资金，后续可能需要再提供 5 亿美元的资金。艾伯维公司将提供科学和技术支持，以及将产品推向市场的商业化的专业知识[32]。其他合作伙伴包括 C4 治疗公司（蛋白质降解）、QB3 公司（与年龄相关性疾病）、麻省理工学院和哈佛大学的布罗德研究所、得克萨斯大学西南医学中心，以及旧金山的加利福尼亚州立大学。

谷歌风投公司

为了完成这些合作计划，字母表公司还通过其两个投资部门对医疗健康进行了大量投资。谷歌风投公司于 2009 年成立，在近 300 家公司（包括优步汽车服务和办公信息系统公司思莱克）中募资超过 20 亿美元。该基金的目的除金融收益外，还希望能够为其投资的公司提供运营管理上的帮助。自 2014 年以来，谷歌风投公司已大力进军医疗健康领域，目前该公司超过三分之一的资金用于该领域。1 亿美元的资金投入分布于弗莱利瑞健康公司（分析应用肿瘤数据）、艾迪塔斯医疗公司（擅长 CRISPR/Cas9 专业技术的基因编辑公司）和 DNAnexus 公司（下一代基于云技术测序的数据管理公司）。

谷歌风投公司投资的生物技术公司包括神经退行性疾病领域的阿勒克托公司和德纳里治疗公司，专注于抗体研发的罗盘制药公司，开发大分子口服药物的拉尼制药公司，以及 SynapDx 公司（专注于孤独症患者的血液检测）。2017 年，谷歌风投公司还投资了阿萨尼公司（单克隆抗体）、洋红医疗公司（致力于癌症的干细胞研究）和三十七科学有限公司（移动技术和临床试验供应商）。

此外，于 2013 年成立的谷歌资本，是一家专注于产品研发后端的风险投资基金公司。谷歌资本公司目前已经投资了数十家公司，涉及大数据、金融技术、安全以及电子学习等领域。2015 年，该公司投资了医疗健康领域，包括印度的普拉托公司（医疗开发和实践管理平台）和奥斯卡健康保险公司，奥斯卡健康保险公司获得了近 3250 万美元的资金[33]。

奥斯卡健康保险公司专注于为个人提供互联网服务业务（包括免费的健身追踪和无限制远程医疗服务），从而与联合健康保险、安森及其他保险公司竞争，并借助 2010 年颁布的《可负担医疗法案》（ACA）创建的在线交易所来实现用户注册。奥斯卡健康保险公司的合作伙伴关系的一个潜在目标是向其注册会员提供谷歌公司的新产品[34]。

然而这些大规模的投资难以掩盖一个事实——字母表公司与其他信息科技领域的领导者一样，其核心业务与严格的生物制药监管始终保持安全距离。

在谷歌公司终止谷歌健康业务的同一年，微软公司将其健康计划团队纳入其与通用电气的合资公司恺恩泰（Caradigm）。恺恩泰是一家人口医疗健康公司，其拥有企业软件产品组合，包括医疗健康分析、数据控制、安全技术、医疗管理和患者参与，其合作伙伴包括盖辛格健康计划公司（Geisinger Health Plan）和伊莉莎公司（Eliza Corporation），合作业务主要针对医疗健康参与管理[35]。

迄今为止，微软公司尚未涉足垂直业务，而是利用其在视窗操作系统平台上的主导地位与合作伙伴关系，其中包括 2015 年 10 月宣布的与约翰斯·霍普金斯大学的合作。基于约翰斯·霍普金斯大学的"Project Emerge"项目，新的解决方案将利用数据分析技术来监测重症监护病人何时需要治疗，以预防并发症；它将现有的工作流程和医疗护理的概念扩展为一个为患者、家属和护理团队服务的综合系统，并能够转移、存储到微软云端中，以实现实时智能。它还通过连接微软云计算，将不同的独立设备连接成一个物联网。微软公司的目标是在全国范围内向医疗卫生系统提供这个系统，从而改变重症监护患者的管理模式[36]。

亚马逊是医疗健康领域的一个新进入者，其对制药领域表现出极大的兴趣，并与强生公司、百时美施贵宝公司、默沙东公司、瓦里安医疗系统公司和中国的腾讯公司对恩为诺公司进行了总计 9 亿美元的投资。恩为诺公司于2016 年从生产基因测序仪的因美纳公司（Illumina）拆分出，其成立是为了开发一种针对无症状患者的早癌筛查项目检测，通过对血液样本中的肿瘤 DNA进行测序，并将测序数据与人群临床试验的数据集进行结合。产品第一个临床试验计划共招募了 10 000 名受试者，并与 IBM 的沃森健康相结合，这充分说明了将大量数据库中的知识整合到疾病的诊断与药物研发中的重要性日益增加。[37]

结　论

信息技术和医疗领域的深度融合可能会导致生物制药商业模式的剧烈转变，信息技术公司在这场变革中可能会扮演推动者和破坏者的双重角色。由于受相关法律监管、漫长的研发周期和不同的文化影响，他们极可能是外部的参与者。

存在较大机遇的领域包括临床试验的优化，例如沃森健康等认知学计算工具将多种来源的数据进行整合，并将其应用于个体中，从而推动精准医学的发展。同时，来自生物传感器监测的实时数据也有助于优化试验，苹果公司研究工具包的使用已经实现了广泛的用户注册。[38]这些技术也可能会扰乱整个生物制药行业，因为与运动模式相关的生物标记物的昼夜变化，可以使早期糖尿病等疾病的患者避免过早启动相关药物的治疗。

迄今为止，对于生物制药公司而言，对数字医疗领域的重大投资缺乏明确的价值主张。因此，他们可能需要把其看作一种非传统的投资项目，而规避信息技术领域的领导者和新进入者将在该领域拥有主导地位的风险。

后面两个章节将进一步探讨生物制药公司的融资和联盟战略，包括与信息技术公司可能达成的合作伙伴关系。

要点总结

- 现今生物技术已经相对成熟，并正在推动各个领域的持续创新，包括医学领域、食品领域、农业领域以及生物材料领域。

- 信息技术公司已经以一种全新的整合模式迅速进入医疗健康领域，这对生物制药公司而言，既是机会，也是威胁。

- 信息技术公司通过数字化解决方案，在整个价值链中发挥着关键的作用。在产品研发方面，数字化工具可以优化临床试验并简化数据分析；在商业化方面，在产品共创与上市后的信息沟通中，这些工具可以深度整合用户的建议。

- 无论是苹果公司，还是 IBM、字母表等信息技术公司，都在通过能够体现其核心优势的不同策略进入医疗健康领域。

- 苹果公司正在建立一个用户生态系统，从其与梅奥诊所合作建立的健康工具包，到能够追踪生命体征和旨在优化试验治疗结果的苹果手表。

- IBM 正在通过收购探索公司和菲特公司等来扩展其垂直化解决方案；沃森健康可以提供 B2B2C 解决方案，为研究人员整合临床、保险理赔和学术期刊的数据，并将这些信息与个体的基因组数据有效地结合起来，以支持精准医学的发展。

- 字母表公司已建立起庞大的投资组合，从核心业务谷歌搜索到瓦瑞利生命科学公司，以及聚焦于长寿的加利高生物技术公司的生命科学；在糖尿病领域，瓦瑞利生命科学公司与诺华公司、赛诺菲公司和德康医疗公司建立了多个合作联盟；谷歌风投公司和谷歌资本公司也投资了多个领域，包括弗莱利瑞健康公司（肿瘤学分析）与奥斯卡健康保险公司。

- 这些投资事件无法掩盖一个事实——信息技术的商业模式与生物制药商业模式有很大程度的不同，即信息技术的产品具有快速迭代的特点，而生物制药公司却具有相对更强的风险承受能力，以及医疗健康领域是一个"重监管"的行业。

- 从用户隐私问题和安全隐患问题，到医生对费用报销、医疗责任的担忧，以及缺乏处理患者大量数据的基础设施与条件等问题，导致信息技术与生物制药公司在融合过程中存在严重的障碍。

- 鉴于数字化创新的孤立性，以及用户携带的生物传感器、医生办公系统和医疗机构电子信息系统三者之间缺乏相互操作性，为患者提供无缝衔接的治疗的目标仍然难以实现。

● 尽管存在这些不确定性，但新的融合模式正在深刻地改变着生物制药的商业模式。这种影响可能会为医疗健康行业创造有利的条件（可以优化产品研发和临床试验），但也可能带来破坏性的改变（信息技术对病人/医生/研究人员的沟通产生干扰）。

第 2 章

生物技术公司的融资战略

生物技术公司为社会及其投资者创造长期价值的主要方式是通过研发出创新产品来解决尚未满足的重大医疗需求。这是一种高风险、高回报的活动。然而，现实情况却是大多数产品最终并未能够获得批准上市[1]。创始人和投资者必须能够应对各种类型的不确定性，包括科学的风险、法规监管的风险、财务风险，以及越来越多的支付者进入的风险。这要求企业家必须具备一项核心能力，即能够向投资者清晰地阐述自己公司故事的营销能力，包括阐述公司是如何解决或减轻其潜在风险的。潜在风险包括正在开发的产品或技术将如何为患者和日益注重价值的支付者带来更好的结果（并因此带来差异化的价值），即使这一结果是在十年或更久以后。正如恩颐风投公司合伙人艾德·马瑟斯指出的，"我们一直问'这是否有效'，但现在我们也需要问'这是否重要'？如果一个新产品或平台对支付者和制药公司并不重要，那么通常情况下，我们就不会对其进行投资。目前，产品不仅要在临床上发挥必要的作用，还要能够提供与治疗标准相关的、可以量化的获益，同时还必须在影响总体治疗成本方面提供经

Managing Biotechnology: *From Science to Market in the Digital Age*, First Edition. Françoise Simon and Glen Giovannetti.

© 2017 John Wiley & Sons, Inc. Published 2017 by John Wiley & Sons, Inc.

济学优势。"[2]

此外，产品的价值可能只能通过"药片之外"的创新的商业模式来实现，正如第1章所述，这就需要通过与信息技术公司及其他"非传统"合作伙伴进行具有创新性的合作来实现。

漫长的游戏

尽管最新的数字化技术和其他支持技术为科学发现和临床研发策略带来了巨大的进步，但是，一般情况下，在企业实现第一笔利润的收益之前，药物开发平均需要十年或更长的时间和大量的投入[3]。2014年11月，塔夫茨（Tufts）药物研究中心估算，成功研发一种药物的成本约为26亿美元，其中包括与药物研发失败相关的资金支出和成本[4]。即使只计算成功将一种特定药物推向市场的成本，随着公司处理日益复杂的疾病和开发时间的延长，公司在推出第一个产品之前需要花费超过（有时甚至大大超过）5亿美元是很常见的。例如，福泰制药、再生元制药（Regeneron Pharmaceuticals）和因塞特医疗（Incyte Pharmaceuticals）等公司推出第一个产品之前，都通过发行股票证券进行融资，筹集了超过10亿美元的资金。法莫斯利医药（Pharmacyclics）公司在第一个产品上市后不久，便以210亿美元的价格将公司出售给了艾伯维公司，并募集资金超过8亿美元。[5] 因此，生物制药公司需要认识到一个核心现实问题：由于将产品推向市场需要在较长的时间里积累多种融资，每笔融资交易仅是整个长期战略的一部分。

由于生物制药领域的投资周期长、资本密集等特征，即便大多数信息技术公司都拥有核心的医疗健康领域相关业务（如第1章所述），但他们不是以药物研发为目标的生物制药公司的常规投资者。但是，随着信息技术公司的数据分析能力及人工智能技术对生物制药公司的价值创造变得更加重要，这种情况可能会有改变。此外，我们可以看到越来越多的公司以收集医疗健康数据为核心的商业模型，为药物研发和患者治疗带来创造性的方案与见解，正如上一章所讨论到的恩为诺公司一样，这将是信息科技公司感兴趣的地方。

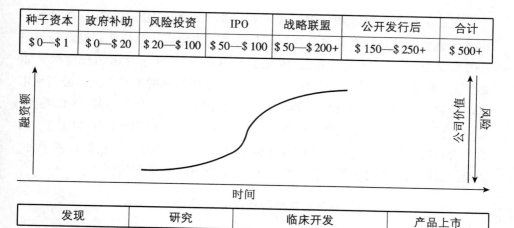

种子资本	政府补助	风险投资	IPO	战略联盟	公开发行后	合计
$0—$1	$0—$20	$20—$100	$50—$100	$50—$200+	$150—$250+	$500+

来源：安永分析

图 2-1 生物技术公司的资金来源和代表金额（百万美元）

年份	政府补助*	风险投资	IPO	战略联盟*^	后续公开发行	总计
2002		$17				$17
2003		$28		$7		$35
2004			$30	$12		$42
2005				$72		$72
2006	$12			$5	$163	$180
2007	$12			$331	$60	$403
2008	$7			$140		$147
2009	$4			$21		$25
2010	$2			$20		$22
2011				$19		$19
2012				$53	$87	$140
2013				$39	$174	$213
2014				$763		$763
2015				$89	$496	$585

来源：安永基于艾林制药财务报表进行的分析

*每年的近似现金流量

^包括战略联盟伙伴购买的约 9.3 亿美元的股权

图 2-2 生物技术公司融资——奥尼兰姆制药公司

图 2-1 按资本来源和发展阶段介绍了典型的融资范围。图 2-2 显示了 RNA 干扰技术的先行者奥尼兰姆制药公司的案例研究。奥尼兰姆制药公司自 2002 年成立以来，已融资超过 26 亿美元（参见"奥尼兰姆的长期融资策略"）。奥尼兰姆制药公司拥有一个处于第三阶段研发的主导产品，公司利用其广泛的技术平台，从 10 个战略联盟的合作伙伴中融资了超过 15 亿美元，其中包括向选定的合作伙伴发行 9 亿多美元的股权（截至 2015 年 12 月）。然而，大多数生物技术公司并未拥有如奥尼兰姆制药公司这样广泛的技术平台，因此，他们期望通过公开发行股票而不是通过合作筹集更多资金。

奥尼兰姆的长期融资策略

奥尼兰姆首席执行官约翰·马拉加诺

奥尼兰姆制药公司成立于 2002 年，致力于研发基于 RNA 干扰（RNAi）的治疗方法，这种疗法具有独特的机制，能够锁定和"关闭"在疾病发展中起基础作用的基因。我们的技术能够使编码致病蛋白质的信使 RNA（mRNA）"沉默"。RNAi 是由卡内基研究所和马萨诸塞大学的研究人员发现的，他们于 2006 年因此获得了诺贝尔奖。奥尼兰姆制药公司挖掘了 RNAi 的全部治疗潜力，首先明确该治疗路径可以在动物中应用，并最终在人体上得到应用。

截至 2017 年的年中，我们有 8 种 RNAi 治疗方法正在开展临床试验，以解决治疗方案有限、威胁生命的严重疾病。奥尼兰姆制药公司研发的许多治疗方法针对的是患者需求未得到满足的罕见病。我们的公司在 2004 年以大约 1 亿美元的市场价值上市，并且前几年以低于现金价值的价格进行了交易，目前的市值接近 75 亿美元。

我们有时会将奥尼兰姆制药公司的故事与作家露丝·克劳斯（Ruth Krauss）创作的经典儿童读物《胡萝卜的种子》（*The Carrot Seed*）联系起来，这本书简单而体面地揭示了一般生物技术发展的挑战和奥尼兰姆制药公司的具体成功原因。

一个孩子在光秃秃的土地上种下了一粒种子。当他勤奋地浇水和除草时，他家中的每个人都对种子是否会生长深表怀疑。在很长的一段时间里，这粒种子都没有生根发芽，但这个孩子继续为它浇水、除草，以此对抗其他人的怀疑。最终，种子生根发芽了，并长成一棵巨大的胡萝卜，与孩子最初的信念一致。

　　在奥尼兰姆制药公司，我们鼓励并崇尚积极健康的质疑声，尤其在存在巨大技术障碍和风险的生物技术领域，但是当你相信你自己的科学判断、远见和人们有力量做出伟大的成就时，坚持不懈就成为将承诺转化为现实的一个不可或缺的品质。

　　那么，有哪些指导奥尼兰姆制药公司融资战略的主要原则，以便我们能够实现科学的承诺的同时，能够有效保护公司的完整性和首要战略目标？

计划并抓住机遇

　　市场有时是开放的，有时是封闭的，投资者对技术或治疗领域的兴趣会随着时间的推移而有所起伏。因此，生物制药公司的灵活性变得至关重要。关键的一点是确保能够在正确的时间尽量做出最有价值的交易。归根结底，在合作关系中筹集资金和放弃产品权利都会对股东造成经济收益上的稀释，而这种稀释必须在未来的潜在收益中得到弥补。

确定不容触碰的严明界限

　　我们深知交易对推动组织发展及其研发计划的作用是必不可少的，我们也明白，交易过程总是需要放弃一些有价值的东西，以确保当前和未来有足够的资金能够推进科学计划的实现并保持资金长期支持的稳定性。但是，我们也必须建立严明的界限，并确定我们认为"不容触碰"的内部资产，以确保我们能够持续地控制公司及其战略方向，以及我们所有的成就都拥有核心的知识产权。我们将这些核心资产视为我们自己的孩子，无论"代孕的母亲"多么友善，他们都不会像我们自己一样来爱护和养育我们的孩子。

不要放弃太多

　　我们在确定哪些资产"没有谈判的余地"后，就可以进行谈判，以促进我们的财务目标实现，同时不损害公司的独立性。融资对公司的成长至关重要，但我们需要在确保必要的资金和放弃控制权之间寻求一种平衡。我们需要注意合同条款中无论是整块出售还是部分比例出售，均需持续保证我们自己的战略优势，绝不以有损于公司正在努力实现的成就的任何行为作为交换。同样，我们要考虑到地理位置的重要性，要确保公司能够在全球的制药业务重要市场中占据地位，例如北美和欧盟。

优先考虑创造价值的联盟

　　当然，通过股票发行也可以达到某些融资目标，如果时机成熟且定价合理，可以通过提供足够资金来推进、加快研发计划，从而抵消其资本的稀释效应。但是，我们最感兴趣的是能够与合作伙伴建立联盟的交易，他们能够提供专业知识、资源和市场准入，与我们自身的优势形成互补，并能够为公司开辟全新的前景。我们应该避免建立长期利益有限的交易，例如那些涉及单一产品且产品对公司整体战略并无益处的交易。

权杖交接

考虑到药物开发所需的大量的资金，生物技术创业公司的成功融资一定是许多参与者共同完成的，没有哪一个参与者有能力自行募集全部资金。基于公司的成熟程度，这些不同的参与者在生物技术企业的融资过程中各自发挥着不同的作用。资金来源通常包括以下几个方面：

- 天使轮或其他种子轮投资者；
- 风险投资公司；
- 企业风险投资资金；
- "跨界"投资基金；
- 公共投资者，例如共同基金、对冲基金和散户投资者；
- 来自政府和疾病基金会的捐款；
- 与大型制药或生物技术公司的合作。

未来，将会出现来自众筹平台和非传统支持者的新资本来源，信息技术或医疗服务公司也可能会发挥越来越大的作用。在第 1 章提到过的恩为诺公司融资交易，正是一个相关的案例，尽管它并不算是严格意义上的药物研发。

在创业阶段，这一历程类似一场接力赛，公司管理层的主要工作任务是培育并建立与其他公司的合作伙伴关系，并向他们推销公司的故事，以便后续公司在需要融资时，下一个阶段的投资团队能够迅速"接棒"。但是，即便是具备较强业务能力和融资策略且经验丰富的管理团队，也会受到生物技术融资市场不可避免的起伏波动所带来的影响。其中的部分波动是所有行业所固有的，因为投资者需要广泛地寻找能够创造价值的机会，并会周期性地将他们的投资重点转向价值上升的公司。但是，如前所述，药物研发是一个高风险、高回报的行业，其风险来自商业模式的很多方面。

对总体经济趋势或对某些特定行业的担忧（例如医疗健康领域的支付者

受药品价格的影响越来越大），可能会促使投资者寻求相对更安全的产品进行投资。这种情况往往会导致生物技术公司的资金供应出现明显波动，这可能会导致公共融资市场长期处于关闭状态，尤其是对于 IPO 而言（图 2-3）。在生物技术行业的发展历史上，这种情况曾多次发生。

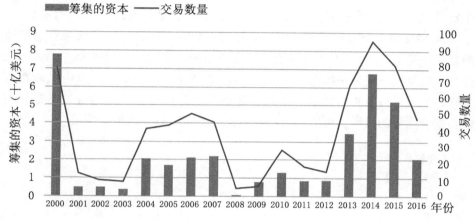

来源：安永分析、资本智商和风险来源

图 2-3　美国和欧洲生物技术 IPO（2000 年至 2016 年）

从宏观角度看，如果生物技术公司在需要融资的时候没有获得一类投资者的投资或者投资者不感兴趣，就可能会导致生物技术融资的生态系统出现崩溃。例如，生物技术公司无法在市场上进行公开募股时，风险资本投资将面临巨大的压力，因为风险资本家必须为其投资组合公司提供比预期时间更长的资助。反之，这种情况又影响了他们的投资回报率，这可能会导致投资于此类风险投资公司的资金减少，从而导致其未来资助的初创企业也会减少。

新上任的生物技术公司的首席执行官常常对在融资和与现有的投资者沟通上花费大量时间感到惊讶，其中包括私企的新任者和在 IPO 交易之后的上任者。但是，由于存在潜在风险，药物研发和公司的建立需要有科学与财务方面的选择权。管理团队必须建立财务上的选择权，以确保有足够的资源来推动科学的发展，这可能是在获得有关技术或产品的更多知识后所需要的。基因编辑技术的先驱爱迪塔斯医药公司的首席执行官凯特琳·波斯利（Katrine Bosley）指出："即使首席执行官提前两三步考虑到这些问题，但他或她随后应对的现实也会与计划不同。通过对几年内的多种情况进行思考，首席执行官需要更好地理解，并清楚要达到下一个价值创造的'里程碑'将需要多少资金"。[6]

成功的公司必须具备两个核心能力：首先，能够理解投资者和战略合作者的利益和需求；其次，具有清晰解释并阐述公司故事的能力。这两种能力在公司成立之初就至关重要，并且永远也不会失去其重要性。

自2008年全球金融危机以来，处于商业化前期的公司的股权融资总额渐渐复苏（见图2-4），但也存在投资严重集中的现实问题。2015年，美国约三分之一的股权融资公司控制了约80%的融资额度。对于未上市且由风险资本支持的公司，情况基本类似。[7]因此，能够制定并执行正确的融资策略是公司核心竞争优势的来源，可以使公司能够追求更多的技术或治疗领域。

美洲和欧洲每年的创新资本

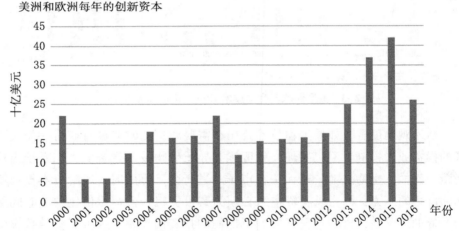

来源：安永分析、资本智商和风险来源

创新资本是指那些营业收入低于5亿美元的企业筹集的资本量

图2-4 美欧年营收不到5亿美元（2000年至2016年）的生物技术公司的资本募集量

战略决策

企业需要募集多少资金？

在生物技术领域有一句格言，即"如果可能，给钱就拿"，但现实往往更加微妙多变。在筹集资金的过程中，无论是作为一家私有公司，还是在IPO

之后，管理团队都应当制订一个计划，向投资者清楚地解释公司会如何利用所提供的资金实现与风险相当的回报。

在困难的融资环境中，一家公司能够筹集到的资金只能够满足将其核心产品推向下一个科学或临床的"里程碑"（称为价值折点）。在这种情况下，为了到达这一拐点，公司募集足够的资金至关重要，并需要为潜在的意外障碍建立一定的应对措施。这是因为被迫再回到投资者那里寻求额外的资金来完成必要的研究工作是非常困难的，更不用说稀释现有股东的利益了。同时，在资金相对更容易获得的阶段，建议不要将资金用于超出公司需求以及为股民创造价值的管理计划。募集的资金越多，就越难达到投资者（尤其是风险投资公司）所要求的高回报率，这些影响可能会给公司的战略带来无法预测的压力，甚至可能使公司面临"卖身"的巨大压力。换个角度说，公司的融资和资本分配战略必须与其研发和商业战略紧密关联，包括确定优先事项（如果筛选的产品在研发过程中被延迟或失败，则需对资金进行重新分配），明确相关的预算，定义关键的"里程碑"事件。爱迪塔斯医药公司的波斯利指出："在经济繁荣时期，募集更多的资金的确很令人向往，因为这个时期相对容易。但是首席执行官仍然需要清楚知道为什么要募集这些资金，这些资金能否让公司以更快的速度发展生产活动，或者其他的额外资金是否也仅仅是多一条路而已。这两种选择都是合法的，但首席执行官应该能够阐明为什么企业要募集这笔明确金额的资金，以及如何与公司的整体资本战略相适应，尤其是与公司的业务发展和捐赠活动相适应。"[8]

定价与稀释

股权资本是每家生物技术公司的命脉，是公司能够最大限度创造价值的必要条件。也就是说，每笔融资交易都会稀释创始人和现有投资者的持股比例，因此，明确每股的价格也是双方谈判中最敏感的部分。

鉴于生物技术募集资金的连续性（即公司需要反复返回到相同的投资者群体中），对于管理团队来说，他们必须在每次融资时最大化每股价格的愿望（从而最大程度地减少自己的收益被稀释）和在估值中为股东留出一定的空间以获得满意回报率的现实之间取得平衡。

所谓的非稀释性资本，可以作为股权出售的重要补充。通常情况下，非稀释性资本指的是公司将某些技术对外授权，以换取许可费和其他方面的利益。尽管通过股权投票的方式不会发生"稀释"，但这些计划的确会将潜在收益的所有权转移给被授权人，从而"稀释"公司自身的价值。尽管如此，因后文会更详细讨论的各种原因，战略联盟仍然是任何融资战略中至关重要的组成部分。

真正的非稀释性资本，如来自政府机构或疾病基金会的研究拨款，可以成为整体融资策略的重要组成部分，尤其是对于那些需求未得到充分满足的领域，或政府具有强烈建设意愿的公共卫生领域的企业（如传染病领域）。这些资金来源我们将在后文展开讨论。

什么时候开始融资

现实情况是，由于需要与现有或潜在的投资者进行持续沟通对话，生物技术管理团队通常觉得自己一直在融资的路上。但是，成功的几轮融资的时间是一个重要的考虑因素。从估值和稀释的角度来说，在创造价值的相关"里程碑"事件（例如，对重要的概念论证或临床试验结果）之后进行融资是最可取的，重要的是不要低估完成几轮融资所需的周期，即便是在相对健康的投资环境下。周期拖得太长的管理团队会发现自己的选择余地更小。此外，如果公司在资产负债表上有足够的现金流储备，那么他们与潜在投资者谈判时更占上风。事实上，公司在价值创造事件之前完成一轮融资的情况并不罕见，其接受相对较低的整体估值，以换取在事件结果不明确或消极时消除无法完成交易的风险。

适当保留资本

大多数公司会遵循传统的融资模式，包括多轮风险投资、与大型制药或生物技术公司的一次或多次战略合作、IPO，以及后续进行的公开募股。但是，生物技术公司非常有必要采用或获得一些非传统的融资模式，并开发新的业务模型，以此来最大程度减少现金净流出。

借助对困难融资周期（或业界所称的封闭"窗口"）的管理经验，公司和投资者制定了各种策略来保护稀缺的资金：

●将某些非核心业务外包给低成本市场；

●通过广泛的非独家核心技术许可或为其他公司提供研究服务来开发新的现金流来源（这种策略在欧洲资本相对稀缺的时期引起了关注）；

●追求罕见病，这类疾病通常只需要规模更小且花费更少的临床试验；

●利用生物标记物或其他精密医学技术，更精确地识别可能从特定疗法中受益的患者；

● 采用"快速失败"（且便宜）的开发模式，该模式可以利用特殊的技术，尽早发现实验或试验设计中的缺陷，以避免这种缺陷在昂贵的后期临床试验中出现；

● 参与竞争前的行业联盟，这些联盟正在研究行业内共同的（潜在的）科学问题，或互相结合数据来发现新的见解，以及提高效率；

● 在新市场中重新定位药物。

无论是开发一个广泛的技术平台，还是采用更具针对性的方法，公司及其投资者都应当专一地执行他们所选择的策略。

地理位置的考虑

像房地产一样，在生物技术领域融资中，地理位置也非常重要。美国拥有迄今为止生物技术最开放和最具活力的融资环境，且拥有一批经验丰富的风险资本投资者和以机构资本池（例如共同基金和养老基金）为特征的公共市场，这些投资者对风险较高的领域（如研究和开发阶段）也表现出更高的意愿，并可以承担所有固有的风险。美国股权市场的监管集中在信息披露方面，而不是像其他国家那样，限制允许筹集资金的公司类型。世界许多地区都存在生物技术创新和投资业务，但是在美国的融资和分配的资金比在其他国家更有优势。因此，在本书接下来的章节中，大部分的讨论都集中关注美国金融市场的动态，其中大多数概念已适用于欧洲和其他存在影响力较大的生物制药公司的地区。

资金来源

种子轮

种子资本融资通常被称为"亲朋好友"回合，小规模的前期风险融资在生物技术领域实际上不如在高科技领域那么常见。在高科技领域，一个公司以相对较小的规模进入市场并开始产生盈利的情况是很常见的。鉴于产品开发的时间周期和生物技术领域对大量资金的普遍需求，大多数公司在开始时都会进行一轮风险融资（这将在下文进行更详细的讨论），投资者通常会承诺在公司未来的发展过程中提供其他额外的资金。也就是说，如果一家新成立的公司需要一定的资金来实现早期的里程碑事件，或对概念进行一些前期论证，以便引起风险投资者的兴趣，那么除了抵押房屋或来自亲朋好友的帮助，还会有一些其他的渠道与来源。

天使投资人　天使投资人通常是积累了一定财富的人，他们可以选择单独或与其他投资者在天使网络中共同投资于初创公司，这些投资者往往是该行业的资深人士，并且了解生物技术商业模式的风险状况。天使网络在美国和欧洲的许多城市运作。专门针对生命科学的天使网络通常出现在行业集中的地区，例如波士顿（大众医疗天使）和旧金山（生命科学天使）。[9]新罕布什尔大学彼得·保罗商业与经济学院风险研究中心的风险年度研究报告显示，2000 年至 2014 年间，天使投资人对生物技术公司的投资约占整个天使轮投资总额的 5% 至 15%。[10]

众筹　不要与众包相混淆，众包作为一种手段，使许多具有不同背景的人参与到一个特定的挑战（科学、设计、商业等）中，众筹的目的是寻找愿意为一个特定的想法投入资金的个人。众筹可以根据出资方是否获得了风险公司的部分股权（即投资者）、一些其他对价（即客户）或根本没有任何诉求（即捐赠方）而作进一步区分。股权众筹模式也受各国证券法的约束与监管，并且通常是通过互联网进行。近年来，世界各地推出了许多众筹网站，其中包括一些专门针对生命科学的网站，比较有代表性的包括美国的 Polliwog，[11]英国的 SyndicateRoom 和法国的 Wiseed 等[12]。寻求以这种方式筹集资金的公司需要考虑众筹服务所在国的证券法和自己国家的法律，以免违反相关信息披露规定或其他法律要求。大多数股权众筹网站都专注于几千美元到几百万美元的中等规模的投资业务。

值得提醒的是：在全球大多数市场，股权众筹尽管尚处于起步阶段，但随着时间的推移，可能会获得更多的关注和接受度。但生物技术企业家需要牢记，上述关于生物技术药物研发所需资金数量的讨论是一个"长期游戏"的过程。这种类型的早期种子资本可能会使公司能够完成重要概念的证明，从而获取更多的资金，这部分投资多数来自风险投资人。也就是说，风险投资人通常更喜欢"干净"的交易，即没有或仅有少数几个非创始人股东的公司。含有数百名持股人的资本结构，可能会增加公司运营的复杂性和管理的分散性，这足以吓跑一个本来有兴趣的风险投资人。因此，考虑进行众筹的创业者，应该权衡这一风险以及获得其他类型融资的能力，例如政府发放的各种类型的研究补贴，后面章节我们将继续讨论。

政府资助　本章稍后将详细介绍，许多早期的生物技术公司已经从美国政府的小型企业创新研究（SBIR）计划（www. SBIR. gov）等途径获得了政府拨款，并以此证明这些公司的技术有潜在的可行性，从而能够吸引更多风险投资人或其他股权投资者。

风险投资

绝大多数生物技术公司的启动资金都来自风险投资公司。在该行业的早期，领先的风险投资公司通常是专注于高科技或多元化的公司，他们也将生物技术视为下一个创新的前沿领域。随着行业发展越来越成熟，投资者对生物技术的商业模式和投资风险有了更好的了解，以生命科学为重点的风险投资公司变得更加普遍。这些投资资金来源往往包括在该行业有大量投资和运营经验的合作伙伴。

生物技术的创业者在获得第一轮融资之前会继续与许多潜在投资者接触，并保持有效的沟通。很常见的是，风险投资公司自身会对有前途的新技术领域进行研究，授予必要的知识产权，确定管理和科学顾问团队，并启动公司。这种共同创造模式使大规模的筹款对首次创业者而言极具挑战性。因此，创业者需要了解哪些风险投资公司可能对某项技术感兴趣并尽可能早地建立关系，甚至是在正式成立公司之前。创业者应当期待那些表示有兴趣的潜在风险投资者对技术、基础专利、所选治疗领域的竞争状况、潜在的报销挑战和管理团队的经验进行广泛的尽职调查。

在传统的投资模式中，公司创始人持有普通股股份，而风险投资人投资于可转换的优先股。一家公司在进行 IPO 之前，通常会完成三到五轮风险融资（标记为 A 轮、B 轮、C 轮等）。根据公司财务报表，2013 年至 2015 年期间，美国和欧洲的 224 家完成了 IPO 的生物技术公司，在 IPO 交易之前筹集了 6200 万美元的风险投资资金。[13]

IPO 之时，优先股会根据每轮中定义的条款自动转换为普通股。优先股之所以得名，是因为它具有某些特征，赋予其持有人优先于普通股持有人的权利。这些权利通常包括：

- 在公司出售或清算时，在向普通股东提供任何回报之前获得特定金额的权利（清算优先权）；
- 在特殊事件或特定日期之后，公司回购股票的权利（回购权）；

● 分红时，优先于普通股股东获得股息的权利；

● 在董事会中具有代表权；

● 对普通股股东投票的所有事项有投票权，并有权批准某些交易，包括出售公司和发行新股；

● 如果公司出售股票的价格低于最初投资时的金额，则有权在转换时获得额外的普通股股份（反稀释保护）。

通常，较晚一轮的融资可能比较早一轮的融资更有利，例如，在出售公司时，C 轮股权的持有人可能有权在 B 轮、A 轮或普通股股东之前获得全额清算的优先权。

尽管某些风险投资公司可能会选择投资整个 A 轮，但通常情况下，有两到三家公司将作为一个团体进行投资。在进行 A 轮投资时，这些公司也会保留部分资本，以便参与未来几轮的融资（优先股协议的条款通常包括对不按比例投资的公司的重大处罚，包括以较差的价格将现有的一轮投资转换成普通股）。后续融资中，将一个或多个新投资者加入投资团体，以帮助确定该轮融资的价格。某一轮风险投资分批投入一个公司的情况也越来越普遍。例如，在 A 轮宣布价值 1000 万美元的融资，投资者可同意在交易完成时出资 500 万美元，其余 500 万美元在实现特定目标（例如雇用管理人员或实现早期临床结果）或在经过一段时间后再出资。以这种方式进行投资，可以使风险投资公司减轻一点风险，并提高其总体回报率。

上述大多数优先股的作用是，如果公司最终没有像预期的那样成功（或有价值），优先股可以提供一定程度的保护。这些优先股中的每一个都必须由管理层和投资者协商决定。鉴于这些条款的复杂性，必须聘请在谈判此类安排方面具有适当经验的外部法律顾问。发行优先股的一个附加的益处是，在比较的基础上，公司的普通股的每股价值会降低。这使得公司可以向员工发行购买普通股的期权，并且是以较低的交易价格购买，这可能是一个重要的招聘和留住员工的有效方法。

总的来说，风险投资人不是被动的投资者，他们希望密切参与监督公司的战略和运营，并利用他们的资源网络为公司带来价值。因此，正如风险投资人会对公司进行尽职调查一样，公司的创始人和早期管理团队对潜在投资者进行调查也很重要。虽然一个公司的谈判筹码可能随着投资环境的变化而变化，但仍然有以下几个关于潜在投资者的重要因素需要了解一下：

●投资理念：公司是投资具有广泛产品机会的技术平台，还是更有针对性的单一候选产品？

●相关经验：除了投资现金，公司和个人投资人能给公司带来什么经验和资源网络？

●未来轮次：投资者对未来几轮融资承诺的金额是多少，以及公司对与这些投资有关的决策过程投入了多少？

●基金的寿命：风险投资基金通常有 10 年的寿命，并在前 5 年内完成全额投资（包括未来几轮的承诺资金）。为了避免投资集团内部的战略分歧，最佳的方式是投资集团的所有成员都从具有相似剩余寿命的基金中进行投资。

企业风险投资

近年来，大型制药公司风险投资部门的投资已经成为生物技术公司一个重要的资本来源。制药公司投资群体因自身的情况而有不同的目的，有些制药公司的投资仅仅是为了获得收益回报，而有些则具有双重使命，即在获得收益回报的同时，需要帮助公司了解新兴的技术领域。企业风险投资通常作为与传统风险投资联合投资的一部分，很少单独领导或控制一轮融资。由于许多处于早期阶段的初创公司未来将被更大的制药公司收购，初创公司通常希望在联合投资中拥有不止一名企业投资者，因为这有助于公司更加了解潜在收购者的利益与需求。这本质上也是一种对冲，多个企业的风险投资集团在选择投资的公司中拥有权益，故该公司不会被视为受制于单一的大型制药投资者。还存在一种看法是，拥有企业投资者可为公司的技术提供科学验证的光环，尽管企业风险投资与后来进行同一实体的战略联盟或其被收购之间几乎没有关联[14]。

正如第 1 章所指出的，信息技术公司在健康领域已经非常活跃，故也有活跃的风险投资部门投资于健康技术。虽然这种投资主要针对的是专注于医疗保健的互联网和软件实体，但某些公司（包括字母表公司）也对传统的药物开发公司进行了投资。[15]

风险投资债务

在美国，某些贷款方已经创建了针对创收前的生物技术公司的贷款产品。

虽然没有现金流的公司借入额外资金看似有悖常理，但这些决策的背后的支撑点是扩大资金赛道，以增加公司达到下一个增值"里程碑"的机会。这些贷款通常以公司的所有资产作为抵押担保，其中可能包括（或明确排除）其知识产权。银行作出提供这些贷款的决定，在一定程度上取决于借贷公司的技术及其管理团队，但更重要的是基于他们对风险投资集团质量的看法，包括风险投资集团是否会提供更多轮的融资（使贷款得以偿还）。贷款方从贷款利息、费用以及获得购买优先股的认股权中寻求回报收益。

跨领域投资者

近年来，生物技术公司在启动 IPO 之前立即与某些"跨界"投资者（既投资于私人实体又投资于公共实体的投资者）完成最后一轮私人融资的情况越来越普遍。这样做能够改善公司的财务状况，并通过增加一批可能在 IPO 交易中成为购买者的投资者，来增加公司成功完成 IPO 的整体机会。这些投资者通过以（降低的）私人估值来获得一部分投资，并从中受益。

公开投资者：IPO 流程

IPO 是一个公司生命中的重要里程碑，这不仅是因为在交易中筹集到了资金，还因为它为将来从公众投资者那里获得更大的资金提供了机会。IPO 通常被描述为投资者的退出事件，然而，在生物技术领域，它被称为流动性事件更为恰当。实际上，生物技术公司的风险投资者（以及上面提到的跨领域投资者）在 IPO 中购买股票的情况并不少见。他们通过这样的方式向市场表明他们的支持，并确保公司筹集到足够的资金来实现其近期的研发目标。最终，风险投资者确实出售（或分配给投资者）他们的股票，然后大多数人将退出董事会，以便专注于新的投资。

从广义上讲，有两种类型的投资者收购了 IPO 发行的大部分股份：专注于该领域的专门专业投资基金和跨领域投资的普通投资者。普通投资者，包括大型多元化共同基金，代表着更大的资金池。2013 年至 2015 年期间，当生物技术的 IPO "窗口"向公众敞开时，它通常是受到普通投资者寻求市场超额回报的热情驱使。

成功交易背后的管理团队通常是在正式 IPO 程序开始前几个月，通过所谓的"非交易路演"与关键的专业投资者建立关系。这些会议的目的是让投资者熟悉公司的管理、技术、市场机会和即将到来的关键里程碑事件。当其团队在时间紧迫的 IPO 过程中拜访这些潜在的投资者时，对话的重点可以集中在所取得的进展上，而不是对公司及其技术的初步介绍。这个过程也可以在投资者眼中建立起对公司管理层的信任，因为他们将看到公司实现其战略。

实际的 IPO 流程（图 2-5）通常是从选择投资银行开始的，它是一个为期数月的过程，涉及许多参与者和大量费用。除了 IPO 交易本身筹集的资金，公司还可以通过后续的 IPO 活动再发行股份，为未来筹集大量的资本。但是，管理团队应该认识到，这种机会伴随着遵守公开市场上市要求和满足公众投资者期望的高昂成本，这意味着需要更多的管理人员和更高的法律、会计、保险和其他外部成本。作为一家上市公司，还需要首席执行官、首席财务官（CFO）和其他管理人员投入大量时间与股东沟通，并增强公司事务的透明度。如果不遵守披露和沟通义务，则可能会导致严重的处罚和丧失市场信心。

IPO 准备		IPO 执行		IPO 实现
1. 选择分析策略	5. 评价组织的 IPO 准备情况	9. 最终确定 IPO/交易团队（银行家/律师/审计师）	14. 获得监管部门的批准和证券交易所的准入	17. 与积极的投资者保持联系
2. 准备给投资者展示的演示文稿	6. 正式成立 IPO 准备团队	10. 设定时间表，开始尽职调查	15. 完善询价、订单分析、发行价格和分配	18. 管理分析师和投资者的期望
3. 形成交易日历	7. 建立公开招股公司的结构和管理	11. 微调商业计划书、实录、介绍、股权故事	16. 证券交易所的价格，IPO 仪式	19. 保持可靠的预测、报告和信息披露
4. 与投资者进行"试水"会议	8. 执行 IPO 准备的路线图、人员、流程、系统	12. 像上市公司一样运作（每季度结算）		20. 兑现 IPO 承诺
		13. 最终确定招股书/文件		
IPO 前 18 个月至 36 个月	IPO 前 12 个月至 18 个月	IPO 前 6 个月至 12 个月		IPO 后

来源：安永分析

图 2-5　IPO 流程

此外，管理团队必须考虑公众投资者和监管机构的期望。因此，在上市前或上市时，公司需确定其当前的做法与监管机构/投资者的期望之间是否存在差距。需要解决的常见问题包括：

- 董事会的组成和独立性；
- 规章制度或公司章程，其中涉及董事选举换届的年限等问题；
- 董事会委员会（审计、薪酬等）和相关委员会的章程；
- 更加正式的报告程序和员工政策；
- 加强整体的内部控制环境和程序。

公司通常会选择三到四家投资银行来参与 IPO 交易。其中一家银行被选为牵头人或"账面管理人"。投资银行的作用是承销 IPO（即同意购买所有的股票，然后将其转售给投资者）。为了完成这项任务，银行们会对公司进行广泛的调查，并与管理层一起向潜在的投资者推销该公司。除银行之外，IPO 交易团队通常还包括法律顾问、外部审计师、专利顾问和投资者关系/通信公司。投资银行会派出他们自己的法律顾问代表，协助尽职调查过程，并参与起草发行文件（起草工作由公司及其法律顾问来完成）。投资银行会得到一定比例（通常是 6%）的交易收益和某些服务的实际费用。此外，公司一般会额外支付 200 万美元至 300 万美元的与交易有关的专业服务费用。

如前所述，在交易结束后，公司必须完全遵守证券法，包括那些围绕季度、年度信息披露和与股东沟通的法律。一个保持良好信誉的公司可以用更少的精力和时间来筹集后续的几轮资本。

快速启动我们的企业初创期法案

美国拥有生物技术公司最强劲的股票市场：每年在美国市场筹集的资金总额使所有其他市场都相形见绌。这是多种因素共同作用的结果，其中包括经验更丰富的投资者群体，他们了解与生物技术相关的风险投资；经验丰富的管理团队；有利于对营收前的新兴公司进行融资的股票市场（和法规）。2012 年 4 月制定的《快速启动我们的企业初创期法案》（以下简称《JOBS 法案》）阐明了最后一点因素。

2008 年金融危机后，IPO 活动大幅度减少，特别是在创新型新兴公司中。

因此，美国国会试图营造一种环境来鼓励 IPO，以及 IPO 融资可能带来的创新和创造就业机会。此外，《JOBS 法案》创建了一种新的公司类别，称为新兴成长型公司。新兴成长型公司是指在最近一个完整的会计年度中年总收入低于 10 亿美元的公司。对新兴成长型公司的某些监管要求是在 5 年内（被称为 IPO "斜坡"）逐步实施的。

与以往的做法相比，《JOBS 法案》进行了重大变更，允许新兴成长型公司在保密的基础上向证券交易委员会提交其 IPO 注册声明和随后的修正案。在保密注册声明提交过程中，证券交易委员会的工作人员可以发表评论，如果新兴成长型公司最终决定进行 IPO，则在公开提交之前作出回应并提交保密修正案。

重要的是，《JOBS 法案》还允许公司与潜在投资者举行"试水"会议，以分享他们的故事并评估对未来 IPO 交易的兴趣。这些会议可以在公司承担准备注册声明的费用之前进行。

最后，《JOBS 法案》免除了新兴成长型公司在上升期的某些要求。这些规模化的信息披露通常仅允许暂时而非永久性免除一些报告要求，包括：

- 减少经审计的财务报表期数；
- 减少高管薪酬的披露；
- 推迟遵守《萨班斯-奥克斯利法案》第 404（b）条规定的审计员对财务报告内部控制的证明。

具有新兴成长型公司资格的发行人，在其普通股首次公开发行 5 年后，或在其达到与收入、发债或整体市场价值有关的某些规模标准时，将失去作为新兴成长型公司的资格。综合来看，上述因素减轻了小型生物技术公司 IPO 过程中的成本和负担，进而推动了 2013 年至 2015 年生物技术 IPO 活动的增加。

来源：2013 年 11 月 7 日安永技术线实施《JOBS 法案》。

政府补助金和疾病基金会

来源于政府和私人的捐款，例如基金会，以及越来越多的患者权益团体和关注疾病的基金会，是非稀释性资金的重要来源。各方均对创新科学和研究的进步具有浓厚的兴趣，其投资原因超出了纯粹的财务回报。对政府而言，这通常是一个经济发展或为社会取得更广泛的健康成果的问题，包括为传染病的流行或战争作好准备。捐款通常来自国家、地区或各级地方政府。私人慈善机构也可以探索特定领域的健康结果（例如，比尔和梅琳达·盖茨基金会致力于消除疟疾）或者推进有前景但高风险的疗法，从而解决未得到满足的重大医疗需求。与患者权益团体和疾病基金会合作，除获得资金外，还可以获得合格的临床试验参与者人群库，这对于致力于研究罕见病的公司尤其重要。另外，让感兴趣的病人参与开发过程，他们可以为公司提供宝贵的信息，使公司更全面地了解患者面临的实际挑战（例如，围绕药物管理和依从性的问题，关于这一主题的更多讨论详见第 6 章），从而进一步开发真正以患者为中心的治疗方法。

尽管从这些来源获得的资金可能规模不大（例如，只足够抵销一部分临床试验的费用），但在许多情况下，由此获得的资金数字是相当可观的，有时甚至超过 1 亿美元。许多公司在获得这些资金来源方面已经变得熟练和富有创造性（请参阅以下福泰制药公司案例研究）。

创业慈善事业：囊性纤维化基金会和福泰制药

囊性纤维化（CF）是一种遗传性疾病，它是由一种缺陷基因导致的，这种缺陷基因使人体产生异常浓稠的液体，称为黏液。这种黏液积聚在肺部的呼吸通道和胰腺中，导致致命的肺部感染和严重的消化系统问题。该疾病还可能影响汗腺和男性生殖系统。数百万人携带 CF 基因但没有症状，这是因为 CF 患者必须遗传到两个缺陷基因，一个来源于父亲，一个来源于母亲。约 29 个美国白人中会有 1 个具有 CF 基因突变的人。[16]

囊性纤维化基金会（CFF）赞助了针对该疾病的大部分研究，对该疾病的患者预期寿命产生了重大影响。该基金会赞助了相关学术研究，并向多家领先的生物制药公司提供了超过 4.25 亿美元的资金。[17]

CFF 从 1999 年开始资助研究 CF 的极光生物科技公司（Aurora Biosciences）。[18] 极光生物科技公司进行了高通量筛选，试图寻找出对 CF 有活性的化合物，随后极光生物科技公司被对其资产感兴趣的福泰制药公司收购。但是，CFF 和福泰制药公司随后达成了一项创新协议，即 CFF 向福泰制药公司提供约 1.5 亿美元的研究资金，作为交换，CFF 将获得未来由该资金开发的任何药物的最高特许权使用费的 12%。福泰制药公司管理人员评论说，这些资金对于他们决定是否继续开发 CF 治疗药物至关重要。[19]

迄今为止，这项研究已经批准了两种药物——卡利迪科（依伐卡托）和奥尔康比（鲁玛卡托/依伐卡托），这两种药物对患者的作用被描述为具有颠覆性意义，因为它们解决了疾病的潜在机制，而不仅仅是缓解症状。基于这些药物的预期未来销售额，2014 年 11 月，CFF 以 33 亿美元的惊人价格将其获得未来特许权使用费的权利出售至药业特许公司（Royalty Pharma, Inc.）。[20]这一成功不仅使 CFF 获得了更可观的储备金，以向许多其他学术机构和生物制药公司提供资金，还使得许多其他疾病基金试图模仿 CFF 的这种成功模式。

战略联盟

自现代生物技术产业诞生以来，战略联盟一直是生物技术融资领域不可或缺的一部分，几乎已经成为每个生物技术公司融资策略的重要组成部分。第 3 章将详细介绍战略联盟。

事实上，每年数十亿美元的许可费、研发支持费用和里程碑式费用从大型制药企业流向了新兴的生物技术公司。

基于资产的融资

经常出现的战略联盟的一个变种是基于资产的融资。在这些结构中，金融投资者向生物技术公司提供研发资金，以换取对开发中产品的经济利益。这种获益的形式，可能伴随着产品的研发进展并最终进入市场，从而获得未来对产品的成功付款和特许权使用费的权利。总体回报可能有一定的上限，也可能没有上限，但旨在奖励投资者所承担的风险（换句话说，候选产品越早进入开发阶段，越需要更高的总回报）。在这些合作的形式中，生物技术公司将其技术授权给一家由投资基金创立的新公司。然后，该基金将支付产品的持续开发费用，包括不时对邀请赞助的生物技术公司有偿进行研发服务。如果开发按计划进行，生物技术公司可以行使选择权，以高于投资基金投资额的价格购回技术；如果不行使选择权，则投资基金拥有该产品并可以寻求其他合作伙伴，或选择自行开展或终止研究工作。

生物技术公司达成这种合作的前提是获得资本和价值套利，如果该公司认为其股票被市场低估，并且担心以较低的价值筹集资金，那么这种结构允许研究在第三方提供的资金下继续进行。如果研发工作取得了成功，并实现了相关的里程碑，则在理论上而言，公开市场将认可这些事件，从而出现股价上涨，使公司能够为里程碑式付款提供资金，或以较低的整体稀释水平回购技术。鉴于上述过程的复杂性和风险，这些结构并未得到广泛采用，并且在 IPO 市场不向生物技术公司开放时变得更加常见，但是这些结构仍然是一个可用的选项，一些投资基金会对此感兴趣。

兼并和收购的世界

在该行业的历史上，已经成立的数千家生物技术公司中，只有少数几家公司从初创期发展成为商业领袖。事实上，大多数已取得一定临床研究或早期商业成功的公司最终都被寻求增长和/或利用其商业基础设施机会的大公司收购了。这些大型并购（M&A）事件为股东提供了丰厚的回报，因此是该行业整体融资生态系统的重要组成部分。

虽然出售公司可能是最终的目的，但这并不是管理层能够控制的策略，因为它要求另一个利害关系方愿意支付合理的金额来获得投资者的兴趣和认可。因此，管理团队必须建立自己的业务和融资计划，以期达到全面商业运营（无论是否有联盟伙伴）和盈利目标，同时对出售公司的可能性保持开放，即在任何一个时间点为股东创造最佳价值的选择。当人们考虑到今天的公司必须建立额外的商业化和患者参与能力，才能在基于价值的药物定价中取得成功时，这一点尤其正确，这将在本书的后面章节中进行描述。

要点总结

• 在实现创收之前，药物开发平均需要 10 年或更长时间和大量的资金。在推出第一个产品之前，公司需要支出超过 5 亿美元（有时甚至更多）的情况并不少见。

• 考虑到药物开发所需的资金规模，许多参与者必须参与到一家新成立的生物技术公司的成功融资中，而没有一个参与者有能力独自提供全部资金。

• 管理团队必须建立财务选择权，以确保有足够的资源来实现科学支点，这可能是必要的，因为获得了更多关于候选技术或产品的知识。

• 成功的公司必须具备两个核心能力：一是了解投资者和战略合作者的利益和需求的规则；二是具有解释公司故事的能力。企业家必须培养自己推销公司、讲故事的能力，包括如何减轻固有风险的能力。

● 生物技术公司的融资和资本分配策略必须与研发和商业战略紧密相关，包括确定优先事项（如果候选产品在开发过程中被推迟或失败，则要重新分配资本）、相关预算和关键里程碑。

● 由于需要与现有和潜在的投资者进行持续对话，生物技术管理团队通常感觉他们一直在筹集资金。然而，连续几轮融资的时间是一个重要的考虑因素。拖得太久的管理团队可能会发现他们剩下的可行选择更少了。

第 3 章
通过合作取得成功

近年来，FDA 批准的药品中，很大一部分是生物技术公司和制药公司合作的产品[1]。此外，有大量尚处于开发阶段的、非常有前途的晚期资产是由目前的所有者以外的公司开发的[2]。安进公司（Amgen）和基因泰克公司等开创性生物技术公司开启了业内的合作趋势：他们向大型制药公司授权其开发的第一个产品［安进公司的产品为依普定（Epogen/Procrit），基因泰克公司的产品为优泌林（Humulin）］，为大多数生物技术公司在随后的几十年里树立了一个模式。这些早期交易的驱动因素今天仍然具有相关性，包括新技术、新工艺的获取和验证。事实上，战略联盟的数量和种类不断增加，正是因为他们的结构能够满足参与者的特定需求。

在未来，行业将主要基于其交付的价值进行付款。具有灵活性的联盟或通过改善健康结果，或通过提高效率，将助推行业向未来发展。规模更大的公司更有可能开发出必要的商业性专业知识和达到临界质量，以构建和监控基于结果的支付安排。此外，随着该行业从销售单一药物逐渐转向创造专注于患者需求的解决方案，人们设计出了多种新型的合作方

Managing Biotechnology: *From Science to Market in the Digital Age*, First Edition. Françoise Simon and Glen Giovannetti.

式来整合多种产品（例如，治疗特定类型癌症的多药"鸡尾酒"）和相关服务（这些服务可能是由那些拥有互补性技术或数据的信息技术公司提供的）。在某些情况下，一家公司可能拥有某种产品所需的所有组件，但更有可能通过联盟交易来集齐相关组件。

联盟的演变：更多的参与者与新型的结构

随着生物技术产业不断成熟，处于商业化阶段的大型生物技术公司已发展成为活跃的被许可人，常常与传统制药合作伙伴和特殊药品生产企业竞争，这些公司的战略是收购后期或已获得批准的药物，而不是亲自从事研发工作（图 3-1）。此外，大型制药公司围绕某一特定的治疗领域相互合作，以开发新的联合疗法或管理竞争产品组合的整体开发风险。

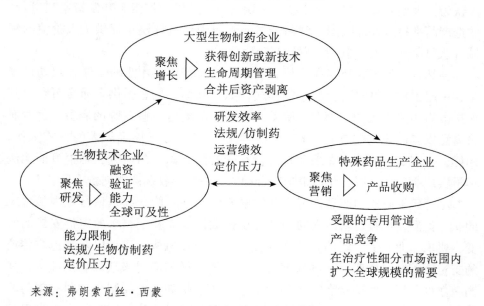

来源：弗朗索瓦丝·西蒙

图 3-1 生物制药联盟的驱动和制约因素

当前，药物开发的时间和成本持续增加，而药物获批的成功率仍然很低[3]，为了应对这些挑战，联盟结构不断演变，如今已成为各种规模生物制药公司的研发、商业业务和融资战略的关键组成部分，这一点并不令人惊讶。如上所述，科学复杂性、尚未解决的重大公共卫生问题如阿尔茨海默病和其他神经退行性疾病等挑战，正在向基于价值的付款方式转变。这一切都表明，新的合作形式非常有必要。

从研发的角度看，许多人认为，电影产业和好莱坞发展模式将更适合生物制药行业面临的研发挑战[4]。那些制片厂或工作室（与制药公司类似）曾是完全一体化的运营商，拥有或运作着电影业务的所有方面，从创意（编剧、导演和演员等）到营销和电影发行等。随着时间的推移，这一整合系统已经支离破碎，创意开发人才（类似于学者、生物技术公司以及药物研发涉及的主要服务提供者）开始独立运作。如果有非常适合个人才华的发展机会，他们将围绕项目在短时期内共同工作并完成作品，而电影公司则专注于融资、营销和跨地域和平台的发行工作。研发新药的时间显然要比制作电影长得多，尽管如此，人们还是普遍承认，有必要从外部寻求创新理念和能力。甚至有人认为，大型制药公司应完全放弃早期研究，采用"搜索和开发策略"，所有候选产品都将从外部收购，制药公司应聚焦于通过规模化提供最大价值的领域（大型临床试验、制造、营销与分销等）[5]。

当然，任何模式都存在挑战。例如，将具有特定才能的个体在短期内聚集在一起工作，将需要新的薪酬模式，如好莱坞的创意提供者通常可获得其所拍电影相关收入的一部分。除此之外，还需要有一些特殊的雇员，这些雇员愿意以自由职业的方式工作，或愿意以相当于好莱坞经纪人的方式工作。同样，一家制药公司，如果在特定治疗领域缺乏深入的研究，则很可能无法尽早实现突破性进展，从而很难以合理的价格持续收购该类创新项目。

尽管研发阶段的产品许可和开发联盟一直并可能继续是该行业中最常见的交易类型，但最近新出现的药品定价挑战以及向基于结果的定价安排的转变，要求企业与更广泛的参与者如支付者、医疗机构、患者以及其他非传统的支付者等结成联盟。在某些情况下，需要这样的联盟来获取新的能力，如高级数据分析、对消费者行为的深刻理解等。例如，生物制药公司有望与非传统合作伙伴结成联盟，以获取和分析证明其产品价值所需要的真实世界的数据。此外，如果生物制药公司想要通过构建整体的"超越药片"解决方案来改善结果和降低成本，他们必须扩展其商业模式，并与医疗机构、信息技术和电信公司以及其他企业结盟。特别是，当涉及生物制药公司和支付者之间的关系时，这些新模式将要求企业进行思维转变，即需要从交易性（单位价格最大化）转变为合作性（基于患者结局改善和系统范围内的成本节约的共同成功）。图 3-2 和图 3-3 提供了按基本驱动因素进行分类的联盟交易示例，包括传统的、以产品为中心的联盟，以及更新颖的协作形式。

结构	范例	目标
产品许可和开发	▶多示例	较大的生物制药公司对候选药物进行授权，各方共同承担在特定市场开发和推出药物的责任。最传统的联盟形式
非独占许可证	▶罗氏/奥尼兰姆	许可方获得知识产权的广泛使用权，在明确的治疗领域内进行自己的研发
平台交易	▶赛尔基因/安吉奥斯制药（Agios） ▶赛尔基因/朱诺制药（Juno）	基于技术的排他性联盟，可能包括其他联盟的某些要素（与大兄弟联盟相关的股权或收购期权）
大兄弟联盟	▶罗氏/基因泰克 ▶赛诺菲/再生元 ▶拜耳/克里斯珀	管线联盟（一个或多个治疗类别的所有产品），其中较大的公司采取重大或控股的股权地位，使生物技术免受资本市场波动的影响
收购期权	▶阿特维斯/瑞塞姆 ▶诺华/普洛恩（Proteon） ▶赛诺菲/曲速驱动生物（Warp Drive Bio） ▶武田制药/绿谷制药（PVP Biologics） ▶武田制药/马弗里克治疗（Maverick Therapeutics）	制药公司有权在实现商定的里程碑后以预先确定的价格收购生物技术公司
治疗领域规模	▶葛兰素史克/辉瑞	公司向范围比每家公司的单个业务更广的新公司（ViiV）捐赠艾滋病毒资产
学术伙伴机构	▶赛诺菲/加州大学旧金山分校 ▶辉瑞/哈佛大学 ▶赛尔基因、哥伦比亚大学、约翰斯·霍普金斯大学和西奈山伊坎医学院	制药公司与大学实验室合作，支持研究，并可能获得对新开发技术的首次谈判权
竞争前的研发	▶TransCelerate（临床试验标准） ▶生物标记物联合会	生物制药公司联合会将人力和财务资源结合起来，来解决研究和临床发展中确定的共同挑战

来源：安永分析

图 3-2　以获取创新为目标的联盟：战略性目标定义了交易结构

商业需求	目标	范例	分析
展示产品价值	获取真实世界的证据	▶阿斯利康/和仕康	合作伙伴关系使阿斯利康公司能够利用真实世界证据在多个实例中巩固其品牌药物的有利处方
	围绕药品解决方案进行开发	▶阿斯利康/行政会议触控（Exco In-Touch） ▶诺华/瓦瑞利	合作使用一套交互式移动、基于互联网的治疗慢性阻塞性肺疾病患者的健康工具； 诺华公司向瓦瑞利生命科学公司授权使用智能透镜技术，帮助糖尿病患者连续测量血糖水平
	衡量结果	▶费森尤斯医疗/安泰保险	伙伴关系为终末期肾病患者创建了协作护理模式
扩展访问权限	创新性分销	▶费森尤斯医疗/印度邮政局 ▶默沙东/欧帕特	通过从农村邮局销售非处方药物这一设想来促进准入； 合作创建一个学习实验室，并根据测量结果来扩展基于价值的支付模式
	创造意识	▶诺和诺德/世界糖尿病基金会/中国原卫生部	该项目旨在提高中国二、三线城市华人社区对糖尿病的认知，在患者、医生和政府官员之间进行沟通
	开发生物仿制药	▶渤健/三星 ▶安进/阿特维斯/合成子（Synthon）	成熟的生物技术公司为开发生物仿制药贡献了专业制造知识
	提高支付能力	▶罗氏/瑞士再保险集团	确定针对癌症的特定保险范围，以增加中国获得昂贵药物的机会
探索新的商业模式	以患者为中心	▶默沙东/健康管理资源 ▶辉瑞/IBM 沃森健康	提供循证的体重管理干预措施； 开发创新的远程监控解决方案，旨在改变临床医生为帕金森病患者提供护理的方式
	供应链创新	▶辉瑞/CVS 药品连锁（CVS Caremark）	在美国提供了一种销售勃起功能障碍药物"伟哥"的直面患者的供应链模型

来源：安永分析

图 3-3　满足不断演化的商业需求的联盟

大型生物制药公司与小型生物制药公司之间有着悠久的合作历史，他们了解如何构建和管理传统的产品开发联盟。但对生物制药公司和非传统合作方（如信息技术公司、医疗保健支付者和医疗机构等）来说，他们之间的联盟就完全是另一回事了。如第 1 章所述，信息技术公司通常对产品周期、在监管环境下与消费者进行互动的能力等有着非常不同的期望。同样，支付者通常受到年度预算的限制，药物的益处可能通过减少治疗费用来实现。涉及非传统合作伙伴的业务安排是按服务（或产品）收费，还是根据实现的成本节约或其他一些措施来分享收益、共担风险，还有待观察。

在这些关系中分配利益也将是具有挑战性的，例如，双方必须就每个组成部分（药物或有助于确保患者按处方服用药物的移动设备）实际产生多少价值达成共识。因此，迄今为止，生物制药公司与非传统参与者之间的大量联盟可以被描述为试点项目，因为双方都在尝试新的商业模式，并尝试了解哪种类型的安排能够实现有意义的规模。

在这方面，药物和诊断公司在精准医学领域的联盟历史（请参阅第 4 章）可能具有指导意义。生物制药公司越来越追求"为细分患者群体开发药物"的策略，因为他们的基因构成更有可能对药物产生反应。这一策略将使临床试验用时更短、成本更低、成功的可能性更高，还能帮助公司向支付者证明其治疗药物的价值。许多诊断公司——其主要使命是开发生物标记物测试以识别合适患者——最初认为，他们将获得更多诊断药物组合的总体价值。然而，事实证明，系统构建风险分担安排是很困难的，大多数诊断程序仍在按服务收费。

战略联盟：生物制药行业的中坚力量

联盟在生物制药行业中很常见，这是因为他们能有效地解决每位参与者面临的战略问题。对于生物技术公司而言，联盟可以提供：

- 研发资金的重要来源；
- 分担风险的手段；
- 公司技术与投资者的相关性的验证；
- 获得生物技术公司不具备的能力，或者，某种成本太高导致难以构建的能力（例如，管理大规模临床试验、生产制造、药品注册和全球规模的商业化活动）。

对于制药公司，联盟可以使其：

● 获取创新性产品和对新技术领域的深入了解。制药业管线中的很大一部分都是由联盟伙伴发现的候选产品。

● 获取前沿技术（如 RNA 干扰或基因编辑技术）。这些技术因知识产权考虑或缺乏专业知识而难以在内部复制。

● 降低风险。联盟可以使制药企业获得某一特定药物产品的所有权，而不必直接收购拥有该药物的企业。

对于特殊药品生产企业，联盟可以使其：

● 获取产品——符合治疗重点的创新产品或目前已上市的成熟产品。

如前所述，学术界和生物技术界不断增加的新技术和药物开发战略，使产品和技术的外部采购对于企业的长期可持续性发展至关重要。此外，经历了过去 20 年里大型制药企业的合并，各个企业终于明白，研发不像制造或其他商业功能那样能够从规模经济中获益。由此引发了研发生产力危机，即增加的研发支出并未带来获批药物数量的增加。这让企业进一步相信，走出围墙、寻找创新想法是至关重要的。除了积极寻求生物技术领域的合作者，大型制药公司还采取了多种开放式创新战略，包括以下内容：

● 创新中心：强生公司在全球各地的主要生物技术研究集群中建立了区域创新中心，以便在研发的早期阶段发现有前途的科学和技术，并与当地的科研人员、创业者和新兴公司开展合作[6]。

● 与外部风险投资集团的联盟：葛兰素史克公司和强生公司共同投资了一个由指数风险投资公司（Index Ventures，现在称为美迪西公司）管理的风险投资基金。通过该基金，制药公司可以为创业者带来资本和专业知识[7]。

● 与学术界的联盟：辉瑞公司发起了治疗创新中心（CTI）。通过与学术科学家的合作，该中心致力于开发候选药物。CTI 于 2010 年开始与加州大学旧金山分校开展广泛的合作，此后在纽约、圣地亚哥和波士顿等地陆续建立了研发网点，每个网点都与多达八家学术机构相联系[8]。

- 众包：UCB 制药公司赞助了一项针对癫痫病的众包项目，目的是在癫痫病方面获得更多创新（并发展以患者为中心的研发工作）[9]。

杨森和 OSE 免疫疗法：在欧洲背景下的交易策略

作者：克莱尔·尚普努瓦（Claire Champenois），法国南特高等商学院副教授；弗朗索瓦丝·西蒙

强生公司伦敦创新中心、杨森生物技术公司（Janssen）和埃霏蒙公司（Effimune）（现称 OSE 免疫疗法公司）展开了合作，致力于开发一种用于自身免疫性疾病和移植的新疗法。强生公司的免疫学产品组合在逐渐扩大，其范围已超出类风湿关节炎（RA）产品组合，包括雷米凯德（英夫利西单抗）、欣普尼（戈利木单抗）和斯泰拉（乌司奴单抗）等，这些成绩部分是通过联盟来实现的，主要包括与葛兰素史克公司联合开发的治疗类风湿关节炎的西鲁库单抗、从墨菲西斯公司（MorphoSys）获得治疗银屑病的古塞库单抗授权。位于法国南特的生物技术公司埃霏蒙，其临床前产品 FR 104（一种单克隆抗体片段和 CD28 蛋白拮抗剂）可能为强生的免疫学产品组合提供新的补充，这种产品可应用于多种自身免疫性疾病和移植。另有一种竞争性产品——鲁利珠单抗聚乙二醇，目前正处于百时美施贵宝公司的二期临床阶段，但有不同的应用（狼疮）。

杨森/埃霏蒙协议

在伦敦创新中心促成首次接触后，杨森生物技术公司和埃霏蒙公司于 2013 年 9 月签署了 FR 104 的全球许可协议。该协议基于强大的临床前出版物、科学能力以及与欧洲领先的移植中心南特泌尿肾脏移植研究所（ITUN）、法国国家健康与医学研究院（INSERM）等的密切联系。根据交易条款，埃霏蒙公司授予杨森生物技术公司开发 FR 104 的排他性选择权和相关全球性权利。杨森生物技术公司负责所有的临床开发、注册和商业化工作。这笔潜在交易的总价值为 1.55 亿欧元（1.72 亿美元），包括里程碑式的付款和基于销售额的特许权使用费。2016 年 7 月，FR 104 的一期临床结果公布，杨森生物技术公司行使了许可期权，并支付了 1000 万欧元，预计开发将继续到第二阶段。

埃霏蒙的演变：从许可到合并

埃霏蒙公司创建于 2007 年，是南特泌尿肾脏移植研究所的子公司。2007 年至 2013 年，其主要从私人和公共渠道获得资金支持，但并不依赖于创投风险资本，一方面是为了避免可能存在的限制，另一方面也是因为法国的创投风险资本的可用性很低。埃霏蒙公司一共筹集了约 600 万欧元的资金，其中有 150 万欧元来自欧盟委员会，有 300 万欧元来自天使投资人和家族办公室等私募基金。

2016 年 5 月 31 日，埃霏蒙公司与 OSE 免疫疗法公司合并，旨在将自身免疫性疾病和肿瘤学领域的产品组合合并的同时平衡相关风险，具体产品涉及从临床前到第三期的产品。OSE 免疫疗法公司的重点免疫肿瘤学产品特多比（Tedopi）正处于肺癌的三期临床研究阶段，它的临床前化合物包括用于自身免疫性疾病的 Effi-7 和新型靶点抑制剂 Effi-DEM。OSE 免疫疗法公司于 2015 年在泛欧交易所首次公开募股，筹集到资金近 2110 万欧元，并在法国和以色列签署了其他交易。

埃霏蒙公司在早期融资中得到了欧洲网络的帮助，该网络隶属于法国国家健康与医学研究院、牛津大学和格拉斯哥大学以及荷兰灵长类动物研究中心组成的 TRIAD 联盟。OSE 免疫疗法公司还受益于其在法国南特生物集群中的位置，在基因和细胞治疗方面具有强大的能力。

本案例展示了一家欧洲初创企业的创新演变过程，该企业没有求助于风险资本，而是通过一项重要的临床前许可协议和一次合并，使其投资组合多样化。

联盟与并购

如图 3-4 所示，在药物开发的情境中，要确定战略联盟是否比并购更可取，需要考虑很多因素。对制药公司而言，联盟结构可能更可取，因为它允许制药公司获取其候选产品，却不需要承担收购整个企业的成本和风险。联盟之间的许可协议通常会明确，如果制药公司对其开发前景的看法发生变化（或其自身专注的治疗领域发生了变化），其有权在短时间内终止合作关系。

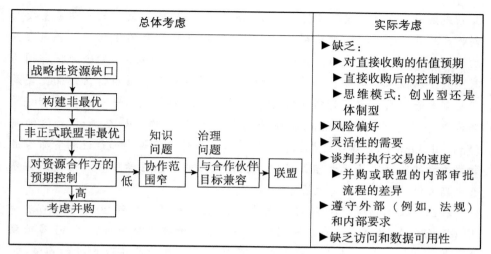

来源：安永分析

"总体考虑"部分节选自 *Build, Borrow or Buy*, by Laurence Capron and Will Mitchell , HBR Press, 2012

图 3-4　战略联盟与并购

规模较大的企业可能还希望其联盟伙伴能保留其创业文化和运营上的灵活性，而且他们可能会担心，一旦被收购并整合到规模更大的企业中，本企业将失去发展重点（也可能会失去关键人力资源）。如果某生物技术公司已经创建了一个创新性技术平台，而某制药公司意图（或需要）阻止其他企业获取该项技术，那么该制药公司收购该生物技术公司是可取的。当然，在这种情况下要满足该目标生物技术公司对并购估值的期望，可能极具挑战性，尤其是对那些早期的技术而言挑战性更大。我们将在下文详述，以期权为基础设计的交易架构，是解决这一问题的常见手段，因为期权手段使制药公司或大型生物技术公司有能力在一段时间之后再获取多个候选产品或整个公司。

从生物技术公司的角度来看，要作出是否应被收购的决策，需要根据已知或预期的风险（技术、财务、业务）对公司当前价值与潜在价值进行评估。此外，开发单一候选产品的生物技术公司可能更愿意被收购，因为一旦其主要资产（或唯一资产）获得许可，其股东的经济上行空间可能有限。

赛尔基因：通过联盟创造管线选择性和科学学习

许多商业化阶段的生物技术公司均通过并购交易来增强其产品管线。行业领先企业如安进、吉列德科学（Gilead Sciences）等，他们的一些最重要的创收产品就是通过收购来获得的。实际上，大多数主要的生物技术公司在并购市场上都很活跃。然而，有一家名为赛尔基因（Celgene）的企业，却因为与新兴生物技术公司联盟而声名显赫，无论是在数量、货币价值方面，还是交易创意等方面，都具有明显的优势。赛尔基因公司是唯一一家在早期科学领域进行投资的公司，它还积极地与联盟单位合作，如桑德福·伯纳姆（Sanford Burnham）等研究机构，以及学术性合作伙伴等，如最近刚宣布结成联盟关系的宾夕法尼亚大学医疗中心、哥伦比亚大学医学中心、约翰斯·霍普金斯大学以及西奈山伊坎医学院等。

在生物技术领域，从2008年与Acceleron制药的联盟到2017年与百济神州（BeiGene）的交易，赛尔基因公司与小型生物技术公司进行了30多项联盟交易，这些公司大多为私营企业。联盟交易的目的是获取广泛的血液学、肿瘤学、炎症和免疫学等候选产品管线。尽管每笔交易的具体内容各不相同，但赛尔基因公司已表现出对期权交易模式的偏好——在类似交易中，它通常会支付大额预付款来换取一种期权，即在全球范围或者特定地区，收购合作伙伴研发工作产生的特定数量候选产品的权利。在某些案例中，赛尔基因公司还收购合作伙伴的股权，包括2015年以惊人的8.5亿美元收购了免疫-肿瘤学先驱巨诺医疗（Juno Therapeutics）公司10%的股权。这些股权交易为赛尔基因公司提供了一个额外的渠道，使其能够获取产品收入以外的回报。尽管赛尔基因公司的交易需要大量的资金支持，但它们带来了大量的创新科学管线，使赛尔基因公司的股东有效地拥有了许多最令人兴奋的技术股份。

赛尔基因公司建立联盟的方法主要包括以下要素：

- 对研发外部化的承诺；
- 通常在开发的早期阶段，能够利用深厚的内部专业知识，来辨识他人正在开发的有前途的技术与平台；
- 决策的灵活性，以及创造性地构建交易（以满足潜在联盟伙伴需求等）的意愿；
- 愿意进行"豪赌"，以便向较小的联盟伙伴提供充足资金支持来开发感兴趣的技术；
- 使用期权锁定从其合作伙伴的研究中获取产品的权利。

实现价值最大化的结构考虑

大多数生物技术公司最终都将通过与大企业的并购交易而退出，因此，生物技术管理团队必须作出战略选择，以实现企业价值最大化。特别是以平台为中心的公司，更应该认真考虑如何基于底层技术和早期阶段的产品管线，最大程度地实现企业价值，尽管潜在收购者可能只对单项重要资产感兴趣。管理团队需要了解公司各部分估值的总和，并仔细思考能够充分反映公司总价值的交易结构。

一些初创企业试图在面临收购提议时剥离早期资产，以实现价值最大化的目标。另一些初创企业则从一开始就积极应对，将本企业的组织形式注册为"有限责任'转嫁实体'"，一旦发生具体资产转让，能够尽可能地节约税收成本。

虽然这种结构不适用于上市公司，但由于各种战略和从非传统来源获得的私人资本越来越多，这类结构可能会更加普遍。这是因为，对于那些很有前途的、能产生和剥离多个候选产品的平台公司来说，可能没有必要进行 IPO。

剥离重点

除了从外部采购技术，药品定价的压力还使人们普遍认识到，一家公司不可能在每个治疗类别（或相邻业务）中都是赢家。这就产生了一种趋势：为使企业专注于那些能够产生规模经济或构建竞争优势的领域，企业可以有针对性的方式将某些资产或业务剥离或分拆给股东。一个很好的例子是，百时美施贵宝公司为重新进行资本布局、获取特定治疗领域的创新性技术和药物，将其非制药业务（医疗器械、营养品等）全部出售，这就是所谓的"珍珠串战略"。最近，默沙东公司将其消费者健康业务剥离给拜耳公司，并将部分收益用于收购生物技术公司库比斯特（Cubist）及其抗感染系列产品，这补充了默沙东公司现有以医院为基础的产品组合。

除了将他们的消费者健康业务进行合并，葛兰素史克公司和诺华公司在 2014 年还进行了业务交换——葛兰素史克公司收购了诺华公司的疫苗业务，诺华公司接管了葛兰素史克公司的肿瘤业务——两家公司在各自领域内实现了规模扩张。在生物技术领域，2016 年 5 月，渤健公司宣布拆分其血友病业务，以专注于其核心的神经退行性疾病业务。

对某个特定的患者群体，可能会有多个具有相同作用机制的药物在争夺市场份额，无论是老企业还是新进入者，都可能会以牺牲定价权为代价，来获得或保持市场份额。特定的治疗市场越是拥挤，公司就越应冷静分析其发展前景，作出相应反应，通过未来投资或者竞争力不强的领域进行业务剥离或合并，来增强自身的实力[10]。

做交易

成功的联盟取决于正确的产品、正确的合作伙伴和正确的结构的组合。图 3-5 描述了从差距分析到执行和监控的战略联盟过程。

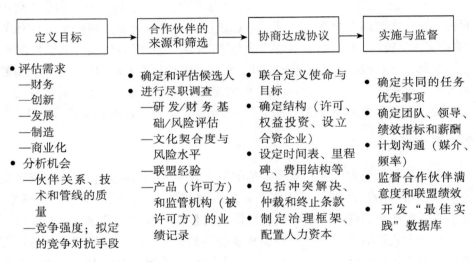

来源：弗朗索瓦丝·西蒙

图 3-5　战略联盟流程

合作伙伴选择

正如第 2 章所讨论的那样，生物技术管理团队常需向潜在投资者讲述本企业的故事，因此，非常有必要通过与大型生物制药公司培养关系来建立意识与信任，这些大型生物制药公司很可能成为未来的联盟伙伴，他们也很乐意看到自己在高度竞争的交易环境中被视为首选合作伙伴。幸运的是，从新兴生物技术公司的角度来看，所有大型制药公司、商业化阶段的生物技术公司都配有庞大的业务开发团队，其主要的使命就是，为实现并购或联盟而搜寻新技术和有前途的候选产品。在行业活动中与这些团队会面比较容易（包括许多聚焦联盟的活动,这些活动都是以生物技术为主题的),许多制药公司也提供关于其团队和兴趣领域的在线数据[11]。

除了业务开发团队,通过科学协会、会议等直接与研发组织的相关成员建立关系也很重要。产品所处开发阶段越早(例如在概念验证测试之前),这一点就越必要。虽然业务开发团队负责交易的搜寻与执行,但生物技术公司与研发领导者建立关系并得到其大力支持,对达成交易以及交易达成后的价值最大化至关重要。

一旦确定了特定联盟交易的战略理由,公司就应进一步精选其潜在合作伙伴清单。尽管在早期关系建立过程中,企业已经学习到很多关于选择合作伙伴的要点,但应特别注意重点评价以下几点关键属性:

- 互补性(或潜在竞争性)资产或专业知识;
- 合作伙伴资产/属性的唯一性;
- 战略一致性程度;
- 排他性(无法获取或复制合作伙伴的资产);
- 文化兼容性;
- 早期的联盟经验和成果。

一旦评估完成,公司就可以根据潜在合作伙伴的优先顺序清单来评估是否需要与对方建立正式的合作关系。

使命与目标

对所有参与者来说,联盟带来了复杂的挑战。为确保交易成功,必须发生思想的碰撞,以此明确交易的具体需求,并推动交易的建立。一般而言,在建立一个战略联盟之前,需要经过几个月的时间,对与交易相关的科学、财务和文化要素进行相关的讨论和尽职调查(双方都需进行)。在这个过程中,双方可在谈判进程的早期就草拟一份条款清单,勾勒联盟安排的一般性条件,作为继续讨论的基础。但是,在确定详细的合同条款和明确彼此义务之前,至关重要的是,合作伙伴要确定联盟的目标,因为这些讨论将为谈判和最终伙伴关系的管理设定框架。事实上,合作伙伴必须就一些主要问题达成共识,如在战略联盟关系中,双方将如何定义成功,通过什么样的逻辑、在何处创造价值等。如果双方尚未就总体目标达成完全一致,就直接进行交易的谈判,可能会导致缺乏灵活性和产生后续分歧，因为开发计划不可避免地需要更改。

结构

交易背后的战略理由决定了交易的结构。图 3-6 描述了常见的企业间协作的各种结构——从高度非正式联盟到并购，以及每一种结构的关键属性。虽然生物制药公司可能已经与各种学术机构建立起正式或非正式的联盟，也参与到行业联盟，以共同制定行业标准或解决共同的基础技术问题，但从协作结构的角度看，这些传统联盟的大多数都属于合约许可这一类别。企业间的交易也可能涉及少数股权投资。但是，在没有更深层次战略关系的情况下，制药公司很少会对生物技术公司进行少数股权投资（第 2 章所描述的公司风险投资除外）。同样，正式的法律实体合资企业（JVs）在制药业和生物技术合作伙伴之间也相对少见，尽管在某些情况下也存在制药公司与制药公司成立的合资公司。例如，2009 年，为提高规模和竞争力，辉瑞公司和葛兰素史克公司成立了一家合资公司（ViiV），将各自的艾滋病毒专利权许可和产品管线结合起来。另外，各制药公司也与地方企业成立了各种合资公司，以扩大其在新兴市场的影响力。一般来说，包括正式法律实体在内的合资公司，常因为过于烦琐而难以实现退出，而且与合约式联盟相比，他们通常需要投入额外的资金和人力资源。

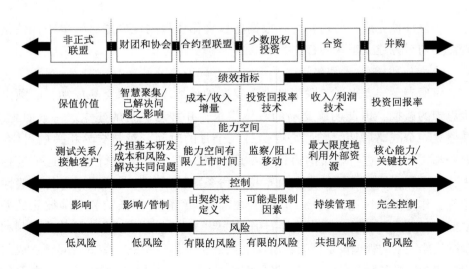

来源：安永分析

图 3-6 从并购到非正式联盟的连续统一体

最常见的制药公司-生物技术企业联盟，是"许可与开发协议"，其典型特征是，某企业将一个或多个候选产品授权许可给另一家企业，同时向被授权企业收取预付许可费，在达到预定里程碑（开发、临床和商业等）后有权获得额外的收费权，以及在制药公司最终实现的许可产品销售额中获得下游特许权使用费。此外，制药公司可能会同意，根据事先商定的预算，为生物技术公司的后续研究工作报销费用。

联盟交易通常一宣布就是数十亿美元的交易，但实际上，预付许可费只是交易协议中唯一有保障的付款（图3-7）。

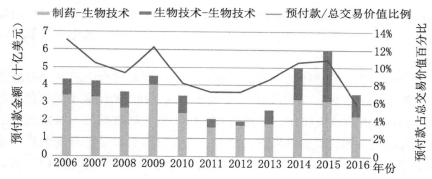

来源：安永分析、芯康生物和公司新闻

图 3-7　美国和欧洲战略联盟趋势：预付款占总交易价值的百分比（2006 年至 2016 年）

许可人（通常是生物技术公司）可以在全球范围和局部区域，对其产品进行授权许可。在生物技术产业发展的早期，对产品进行全球范围的授权是很普遍的。然而，随着生物技术公司获得了更多的经验，谈判力量的平衡发生了改变，近年来，生物技术公司保留美国市场（世界上最大的、最具营利性的药品市场），而将世界其他市场的权利授权出去的现象越来越普遍。即使决定在全球范围内许可候选产品，生物技术公司也可以保留某些地区的共同推广权，这为生物技术公司提供了参与产品商业化（从而建立内部销售与营销能力）的选择权，以换取更高的回报。生物技术公司还可以采取这样的策略——以市场为基础，将不同的市场权利许可给不同的合作伙伴，例如北美国家、欧洲国家、日本和其他亚太国家。这种方法有两方面的缺点：首先，生物技术公司需协调多个不同的合作伙伴；其次，这种方法可能仅会吸引区域性合作伙伴，而难以吸引具有全球化规模与全球一致运作能力的大型跨国制药公司。

联盟的结构也将受到在研产品性质的影响，例如，与靶向性或孤儿适应证的治疗产品相比，初级保健性产品就需要更多的销售人员，而对靶向药或孤儿药，专科医生和患者可以由较小的、有针对性的销售团队负责。早期阶段的生物技术公司要建立自己的销售团队和医疗事务职能通常会很难，成本也非常高，所以，其通常会将自己研发的初级保健性产品完全外包出去。孤儿药或高度专业化的药物最好由生物技术公司自己进行商业化，因为生物技术公司本身对关键意见领袖、患者权益组织甚至患者个人（通过临床试验注册）有更深入的了解。健赞公司（Genzyme）为戈谢病（Gaucher）和法布里病（Fabry）开发的酶替代疗法取得了巨大成功，其正是采取了这一策略。

联盟的一个常见变种是平台技术联盟，这种联盟适合于那些拥有多项药物开发技术（或平台），并有望在一个或多个治疗领域产生多个候选药物的生物技术公司。在这些安排中，交易合作伙伴可就生物技术公司将发现或已开发候选药物的具体数量的许可进行谈判，其预付款可以是已开发候选产品的许可费用，也可以是未来产品许可的期权费，还可以为候选产品的发现提供资金支持。

一种不太常见的基于期权的结构，实际上是一种适用于 IPO 前企业的结构，其为制药公司提供了获取整个生物技术公司的权利。在这种结构中，只要发生某种触发事件（通常是临床试验结果），制药公司就有权以预定的价格收购整个生物技术公司的股权。这种结构的例子包括，诺华公司与普洛恩公司的交易[12]，以及基因泰克公司收购星座制药公司（Constellation）的期权，当然，该期权于 2015 年到期且未执行[13]。这种类型的交易实际上只适用于 IPO 前的公司，因为这种出售的期权从技术的角度看是由公司的股东授予的，而上市公司的股份非常分散，要让分散的股东同意这种期权安排是非常困难的（尽管也有例外，包括下文所述的罗氏公司和基因泰克公司的交易）。另外，期权定价会给公司估值设置一个有效的上限，这对风险投资人来说是合理的，因为他们希望其退出时的收益是可预测的，但对拥有多个可投资实体的公共投资者来说则不太合理（公共投资者希望上涨无上限）。为提高投资退出的可预测性的风险投资人，已采用"为卖而建"的结构，在这种结构中，收购者和收购价格在制药公司成立时就已经确定。赛诺菲公司与曲速驱动生物公司及三石投资公司（Third Rock Ventures）的交易就是这种结构的一个例子[14]。

就药物生产和价值创造而言，生物制药行业有史以来最成功的合作是罗氏公司与基因泰克公司之间的长期协议。该协议起始于 1990 年，因 2009 年罗氏公司收购了基因泰克公司而结束。罗氏公司最初收购了基因泰克公司的控股权以及基因泰克公司剩余股份的期权[15]。随着时间的推移，双方对这份协议进行了修改，延长了期权的期限，还立下约定：如果罗氏公司不行使期权，基因泰克公司的股东有权将他们的股份卖给罗氏公司[16]。在这份协议尚未完成的期间，公司股票的交易范围很窄。罗氏公司最终行使了期权，并立即在公开股票发行中出售了大部分股份，实现了巨大收益。更关键的是，这种"兄弟姐妹"关系有效地使基因泰克公司在其发展的关键时期免受资本市场的短期压力和波动的影响，同时允许其保留决策自主权、文化和员工激励。

令人惊讶的是，这种结构没有被频繁模仿。确实，采用这种结构需要有一种长期观点，并愿意承担比一般形式联盟更多的风险。这类交易最近的例子包括赛诺菲公司与再生元制药公司的关系（见"赛诺菲–再生元：一种有价值的关系"），它始于 2003 年，是一项典型的联盟交易，但随着时间的推移，联盟关系的内容逐渐扩展。普渡制药公司（Purdue）与英菲尼制药公司（Infinity）以肿瘤学为重点的联盟（现已终止）[17]，以及赛诺菲公司、健赞公司与奥尼兰姆制药公司于 2014 年成立的联盟[18]，都是这种方法的变体。这些交易中的每一笔都包括购买大量（非控制性）股权（不含购买公司其他股权的期权）。与罗氏–基因泰克公司的案例相似，这些联盟为每一家生物技术公司提供了财务资源，并为多个已确定及未来的候选产品提供了长期开发和商业化合作伙伴。罗氏公司最近应用这种结构收购了基础医学公司（Foundation Medicine）的控制性权益，该公司本身并不开发药物，而是基于肿瘤的遗传图谱，就可能的癌症治疗组合和方案提供数据驱动的见解。除了拥有股份，罗氏公司也为额外的基因组图谱测试提供研发资金，并将利用基金会的数据库来规范临床试验测试。这一设计旨在使用于研发的临床试验结果具有可比性，并最终用于临床[19]。

赛诺菲-再生元：一种有价值的关系

赛诺菲公司于 2003 年首次与再生元制药公司合作。当时，再生元是一家有抱负的正处于研发阶段的生物技术公司。赛诺菲公司的前身之一法德制药公司安万特（Aventis）与再生元制药公司签署了一项联盟协议，旨在开发其血管内皮生长因子（VEGF）Trap 技术。在接下来的十多年里，安万特公司及其继任者赛诺菲公司多次扩展了二者之间的合作关系，以支持多个单克隆抗体技术和产品的开发。迄今为止，二者的合作产生了两个获批产品，一是用于治疗大肠癌的阿柏西普（ziv-aflibercept），二是用于治疗不受控制的高胆固醇的波立达（阿利西尤单抗），还有许多临床阶段的候选产品。

随着再生元制药公司产品管线的成熟，以及其产品开始进入市场，再生元制药公司面临来自股东的压力，股东们要求公司平衡好研发投资与短期利润，或者成为收购目标（再生元制药公司在某种程度上受到保护，不会受到股东的影响，因为再生元制药公司采用了两级普通股结构，重要的投票权仍保留在管理层手中）。

部分由于这些压力，生物技术行业的历史就是"成功的企业被收购"的历史。事实上，30 多年来，该行业成立了数千家初创公司，但只有不到 30 家年收入超过 5 亿美元的公司尚保持独立（包括再生元制药公司）。为使再生元制药公司无需顶着压力向外界重复地筹集资本，也无需担心被收购，而是安心地致力于有前途的研发工作，赛诺菲公司发挥了重要的作用。其从 2007 年开始就收购并持有再生元制药公司约 20% 的股份（随着赛诺菲公司在公开市场上又购买了再生元制药公司的股权，其实际持有再生元制药公司的股权比例已经发生了变化），向再生元制药公司提供了大量研发资金。与 20 世纪 90 年代罗氏公司和基因泰克公司的开创性合作关系不同，这一重要关系使再生元制药公司得以积极地开展研发项目。从 2007 年底到 2016 年年中，再生元制药公司的市值从 20 亿美元增至近 400 亿美元。赛诺菲公司在 2007 年不收购再生元制药公司的决策可能受到了多种因素的影响，但一个主要的原因是为了保持再生元制药公司灵活且非常成功的研究文化，如果早早地将再生元制药公司合并到赛诺菲公司规模更大的业务体系中，这种文化可能早就消亡了。不收购的结果是什么？波立达获得批准，产品管线仍然保持稳健，赛诺菲公司的持股回报也不算太差。

关键交易条款

无论联盟采用哪一种结构，都必须就某些关键领域进行谈判，将达成的一致意见纳入联盟协议。这些条款包括：

- 范围：企业联盟覆盖的技术、产品、治疗领域和地区。
- 职责：明确由哪一方来负责研究、开发（包括临床试验的设计与执行）、制造和商业化等工作。联盟合作方在临床开发和商业化等领域分担责任和成本的情况并不少见。在经营规模和资源存在差异的情况下，生物技术公司要想取得成功，比大型制药公司更加依赖战略联盟。因此，联盟协议应包括一项勤勉条款，要求制药公司利用所有商业上合理的努力来承担其责任。
- 财务条款：许可合作伙伴将支付的对价，包括固定对价和或有对价。固定对价通常包括预付许可费或期权费，以及按照具体的员工人均费率或事先约定的预算来报销的研发成本。或有对价通常包括成功实现某种里程碑后应支付的金额，这里的里程碑包括研发里程碑（例如，确定候选产品或成功完成临床试验）、监管里程碑（批准在特定市场上市）以及商业里程碑（达到特定的销售水平）等；或有对价还包括基于销售额计算的特许权使用费。财务条款也有可能包括以事先协商好的价格同时购买股权。
- 知识产权：确定既有知识产权以及由联盟产生的知识产权。被许可方通常拥有开发和销售被许可产品的所有权利，而许可方则保留对促成新开发的产品的核心平台技术进行实质性改进的权利。
- 排他性：确定合作期内联盟各方可以开发竞争性产品的程度，这种竞争性产品一般处于同一治疗领域或具有同一作用机制。
- 治理与争议解决：确定联盟的治理机制以及解决联盟所产生的任何争议的办法。大多数联盟由一个联合指导委员会（JSC）管理，该委员会通常由来自联盟各方的 2 名至 3 名代表组成。联合指导委员会还可以得到联合开发和商业化委员会的支持。联合指导委员会的职责是制定和监督联盟的业务计划，包括关键里程碑和预算，并在适当审查事实（例如，临床试验的规模和设计）后作出运营决策。如果联合指导委员会陷入僵局，决策事项将上报给高级管理层成员讨论。最后，通常有一方（一般都是被许可方）拥有最终的决策权。

● 期限及终止：确定协议的期限和各方提前终止的权利，包括任何一方控制权的变更或违反协议的重大条款。联盟的期限通常被确定为许可协议所涵盖的最后一个到期的专利的期限。但通常情况下，联盟的期限可能会更短。一般而言，联盟可以在许可方提前 3 个月至 6 个月通知后终止，而被许可方只能因许可方未纠正的违约行为而终止联盟。期限及终止条款通常还应当明确，当联盟协议终止时，基础产品或技术如何分配。一般来说，如果被许可方（制药公司）终止了联盟协议，则技术和所有改进通常归许可方（生物技术公司）所有。

关系的重要性

联盟协议应明确规定双方的责任，并确定发生分歧时的处理方式。联合指导委员会应该制订一个详细的联盟计划，确定预算、里程碑、时间表以及项目层面的职责分工。然而，联合指导委员会通常每年只召开 2 次至 4 次会议。任何联盟的成功，除了需要研发的技术成果，更多建立在联盟各方的多层次、高质量合作关系的基础上。因此，重要的是，各方领导都要致力于联盟的发展，通过正式会议定期进行沟通并及时解决问题。大型公司常设有联盟管理办公室，负责监控双方关系的进展。在生物技术公司方面，除了以职能为导向的项目经理，管理层还应考虑设置一个联盟经理来负责联盟事项。联盟经理应具备不同的技能，以应对联盟的长期目标以及实现这些目标所需的战略[20]。

监督结果和学习

由于联盟在生物制药行业的战略重要性，企业可能会与多个合作伙伴进行联盟。尽管每笔交易均可能具有独特的属性，但对所有企业而言，最重要的是建立流程，监控单个联盟是否符合预期（通过上文介绍的联盟经理和联合指导委员会完成）和整个联盟流程是否成功（图 3-8）。监控的措施应尽可能客观和可量化，囊括内部措施和外部措施（如果可以合理的成本获得），从这样的分析中总结出来的知识应积极应用于新交易。

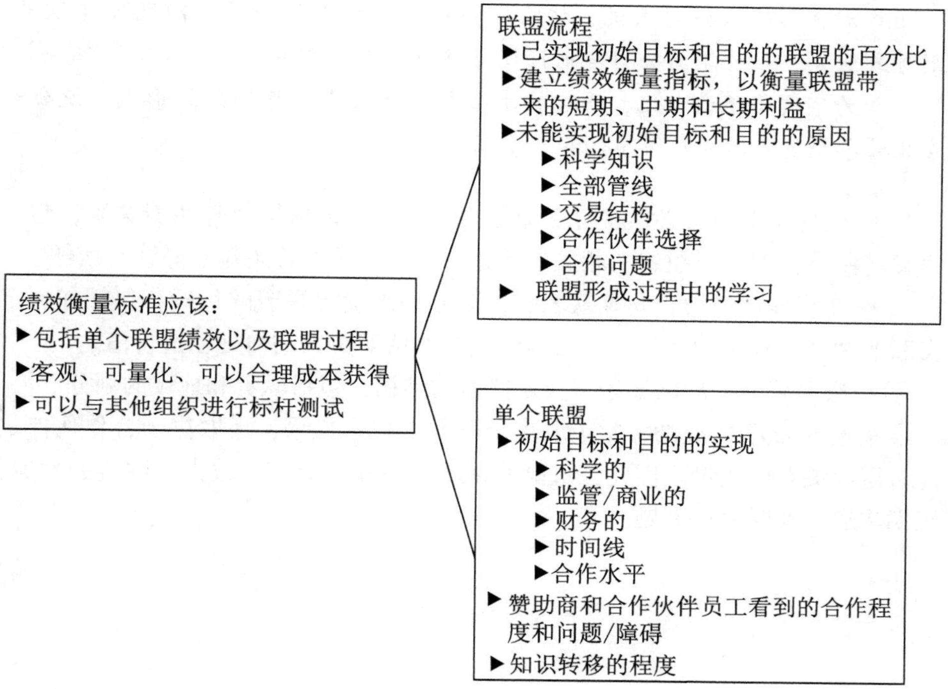

```
联盟流程
▶已实现初始目标和目的的联盟的百分比
▶建立绩效衡量指标，以衡量联盟带
  来的短期、中期和长期利益
▶未能实现初始目标和目的的原因
        ▶科学知识
        ▶全部管线
        ▶交易结构
        ▶合作伙伴选择
        ▶合作问题
▶  联盟形成过程中的学习
```

```
绩效衡量标准应该：
▶包括单个联盟绩效以及联盟过程
▶客观、可量化、可以合理成本获得
▶可以与其他组织进行标杆测试
```

```
单个联盟
▶初始目标和目的的实现
        ▶科学的
        ▶监管/商业的
        ▶财务的
        ▶时间线
        ▶合作水平
▶赞助商和合作伙伴员工看到的合作程
  度和问题/障碍
▶知识转移的程度
```

来源：安永分析

图 3-8　监测联盟的工作成果

要点总结

- 联盟结构在应对特定的业务挑战时不断演变，目前已成为各种规模的生物制药公司的研发、业务和融资战略的关键组成部分。

- 研发阶段的产品许可与开发联盟已经是并可能继续是行业中最常见的交易类型，但行业新近出现的药品定价挑战以及不断转向基于结果的定价机制，要求联盟具有更广泛的参与者，包括支付者、医疗机构、患者以及其他非传统的参与者，如数据和其他信息技术公司、医疗服务提供商等。

- 联盟与收购：

○ 对于制药公司而言，联盟可能比收购更可取，因为其允许制药公司获取其所需的候选产品，而无须承担收购整个企业的成本和风险。较大型的公司也可能希望保留其联盟伙伴的创业文化和运营灵活性。

○ 对生物技术公司来说，收购的决策取决于在已知或预期风险（技术、财务或业务）条件下对公司当前价值与潜在价值的评估。

○ 为实现价值最大化，平台技术公司应该考虑合适的组织形式，使公司在出售单个资产时能尽量节约税收费用。

● 生物技术公司必须在特定交易之前与潜在的联盟伙伴培养关系，包括直接与制药公司研发组织的相关成员建立关系，从而开始建立好感与信任。

● 在明确详细的合同条款之前，双方必须确定联盟的目标，包括如何定义联盟关系过程中的成功，以及他们期望在联盟关系的何处创造价值。

● 交易背后的战略原理将决定联盟的结构，包括职责和地域的划分。

● 任何联盟的成功，除了取决于研发的技术成果，还取决于合作伙伴之间多层次关系的质量。因此，重要的是双方的领导层都应致力于联盟的发展，定期沟通、及时解决问题。

新业务和营销模式

第 4 章

精准医学

什么是精准医学？

精准医学描述的是在合适的时间向合适的患者提供合适的药物，从而促进健康结果的过程。精准医学有时也被称为"个体化"或"个性化"医学，近年来最常指利用基因技术来确定某个患者是否可能对特定疗法产生反应。如今，大多数获批的药物仅对服用该药物的部分患者有效。精准医学支持者的美好愿景是，在未来能够为每位患者提供量身定制的治疗药物，获得更好的治疗结果，同时能够降低成本，减少不必要的资源浪费和不恰当的治疗。

以分子靶向治疗为主要形式的精准医学，已经在几种类型的癌症治疗中成为现实。但这一概念正在不断演变，其内涵将包括任何有助于更好地定制药物和提高疗效的工具或数据。从更广泛的意义上说，精准医学正受到多种相互关联的力量的推动，这些力量包括数字化技术、支付者对价值的看重和消费者授权等，它们正在不断改变医疗。当然，也存在很多障碍可能会推迟精准医学的广泛应用。但精准医学已经在

Managing Biotechnology：*From Science to Market in the Digital Age*, First Edition. Françoise Simon and Glen Giovannetti.

© 2017 John Wiley & Sons, Inc. Published 2017 by John Wiley & Sons, Inc.

不断改变生物制药的研发、商业化战略和商业模式。生物制药公司必须采用新的思维模式，拥抱新的数字技术，并与传统医疗利益相关者和新参与者等进行新型的合作，以此来帮助解决精准医学面对的挑战（图4-1）。这样的思维和合作模式的转变，将确保他们主动推动医疗事业向更加个性化的方向转变，而不仅仅是被动地受精准医学的影响。

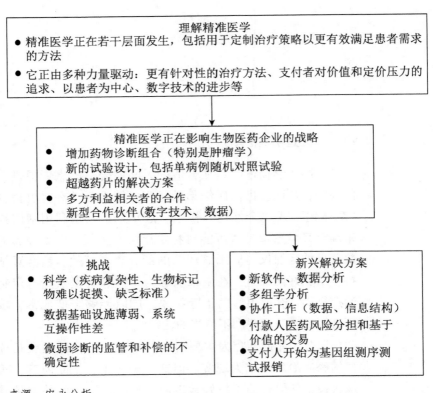

来源：安永分析

图4-1　理解精准医学

靶向药物成倍增加，药物诊断组合却很罕见

为具有特定基因突变的患者设计的靶向抗癌药物的数量迅速增加，表明精准医学在迅速发展。例如基因泰克公司的乳腺癌药物赫赛汀（曲妥珠单抗），已获批用于治疗具有高水平HER2的女性患者，还有诺华公司的格列卫

（伊马替尼），获批用于治疗慢性髓性白血病和胃肠道间质瘤，这些药都需要与诊断测试一起使用，以揭示患者的基因组特征，进而决定是否适合治疗。这些检测被称为伴随诊断。

根据个性化医学联盟的数据，在 2006 年，只存在 5 对这样的药物诊断组合，并且全部在肿瘤学领域。到了 2014 年，随着基因组学和基因测序技术的加速发展，已存在超过 100 个跨治疗领域的药物诊断组合，包括免疫学、心血管疾病、胃肠病和传染病等领域[1]。最近则又增加了阿斯利康公司的非小细胞肺癌药物泰瑞沙（奥希替尼）——用于治疗对较早的靶向治疗产生耐药性的非常特异性突变的患者，以及福泰制药公司的囊性纤维化治疗药物卡利迪科（依伐卡托）和奥尔康比（鲁玛卡托/依伐卡托）。

靶向药物以及生物标记物（可以指示疾病发病率和/或药物是否具有预期效果的可测量物质）的广泛使用，通过提前辨识哪些患者最有可能作出反应，帮助生物制药公司减少了药物开发的时间与风险。最近的一项研究发现，使用预测性生物标记物开发的药物获得批准的可能性是未使用的药物的 3 倍[2]。这为生物制药公司提供了一个提高研发效率的巨大机会。

然而，获得批准的药物诊断组合只是"例外"，而不是"常规"。尽管其获得监管部门批准的可能性在增加，但一系列科学的、监管上和商业化的挑战阻碍了药物诊断组合的发展和广泛采用。其中许多挑战正在被解决，尽管很费时间。新的基因组测序工具和技术以及新的、更强大的生物标记物的发现与验证，应该支持药物诊断组合的增长。重要的政策举措也会加快这一进程，包括美国的"精准医学计划"，该计划推动了将基因信息与治疗联系起来的研究项目[3]。已经产生了大量的数据收集计划，其他国家也在进行类似的计划。

精准医学正在多个层面发展

精准医学并不局限于药物诊断组合，这一概念包括更广泛的机制和工具，可用于将治疗范围更精确地缩小到满足患者的个体需求，从而实现更好的疗效。在分子领域，精准医学有各种靶向程度：最具靶向性的，是提取和修饰患者自身细胞的自体基因和细胞疗法。这些疗法代表了个性化医疗的终极目标：必须根据每个病人的情况定制独特的治疗方法。与个体化治疗相比，基于特定基因突变或异常蛋白质组的药物诊断组合靶向程度低，但比许多患者常见的过程靶向药物（例如阻断肿瘤血管生长的血管生成抑制剂）的靶向程度高（图4-2）。这些分子靶向疗法又比化疗精确得多——化疗同时作用于正常细胞和癌细胞。

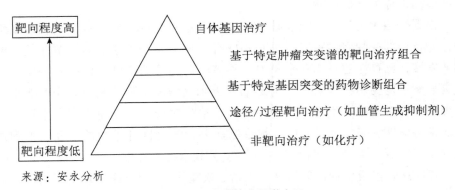

来源：安永分析

图4-2　分子精准医学水平

精准医学还将扩展到基因组之外的领域，因为科学家试图解开不同病理背后的许多其他生物学步骤，包括基因如何转录（转录组）、表达哪些蛋白质（表观基因组和蛋白质组）以及产生哪些代谢物（代谢组）。

科学之外的多种力量正在推动精准医学的发展

这种向更具针对性的疗法的转变不仅仅是由科学推动的，它是由支付者、医疗机构和患者自身来推动的。它通过新的数字技术和数据源来实现，包括能够实时捕获生理和其他数据的可穿戴传感器——有时被称为"数字生物标记物"。这些额外的数据能根据个人的生活方式和优先事项，来优化治疗方案和药物依从性。

事实上，一些团体开始使用一个新的术语——P医学——来描述那些愈加广泛却紧密相连的推动医疗领域变革的力量，包括患者赋权和数字化健康。P医学包含个性化、精确性、预防性、预测性、药物治疗性和患者参与医学等[4]。即使发现了更多的基因突变和生物标记物，也无法单独实现更有效的药物治疗和更好的治疗结果。只有极少数疾病被认为与特定基因突变直接相关，大多数疾病是由生理、病理、行为、心理和环境因素等更复杂的组合共同导致的结果。

P医学不仅包括新的科学与技术的潜力，还包括一种新的思维方式：更加重视预防，在预防和解决健康挑战方面更加重视与利益相关者的合作，更

加认同 "不治疗" 才是对患者的最佳护理的观点。

　　玛拉·阿斯皮诺尔（Mara Aspinall）曾是文塔纳医疗系统公司（Ventana Medical Systems，现为罗氏公司的一部分）的首席执行官，目前是基因匹克和 CA 治疗公司（GenePeeks and CA Therapeutics）的执行主席、亚利桑那州立大学生物医学诊断学院的共同创始人，她总结道："在为个体患者寻求合适治疗的过程中，精准医学是技术包容和技术不可知的。它不限于患者的基因组图谱或任何其他单一数据图谱，而是要获得必要的、充分的数据，使患者与对他们有效的治疗相匹配。"[5]

　　这种向日渐普遍的精准医学（最终形成的 P 医学）的科学和文化上的转变对生物制药公司的研发和商业战略具有深远的影响，它正改变企业研发的药物种类、研发方式以及这些药物的报销和销售方式。药物越来越具有特异性，常与生物标记物相关；此类治疗的试验需要新的设计，将受益于那些能够促进患者招募和实现患者报告结果测量的新工具。

　　报销方式已经从按服务付费的模式，逐渐转向与结果挂钩的基于价值的支付模式，这一转变趋势将迫使生物制药公司与支付者建立新型的关系[6]。事实上，精准医学正在推动（并要求）医疗领域所有利益相关者之间的关系进行调整。生物制药行业最近采纳了 "以患者为中心" 的原则，即患者积极参与药物开发的各个阶段，这也是向精准医学发展的一部分[7]。随着公司寻求开发 "药片之外" 的解决方案，例如提高患者依从性的支持技术或让患者更密切参与的数字化工具，他们也在构建更针对患者需求的治疗方法——更精确的药物。

支付者更精准地控制成本

　　为了控制成本，政府和商业支付者已经应用他们自己的标准，针对其覆盖人群的特定部分进行更仔细的治疗。这样的非分子细分已在美国施行多年，其目的是限制那些高价药物的摄入。分布治疗方案是先为患者提供最具成本效益的药物，包括仿制药，然后再为患者提供更昂贵的治疗。大多数支付者要求对高价药进行事先授权，这决定了医生需要在开具处方前向保险公司核实某一患者是否符合报销条件。在欧洲，卫生技术评估机构（如英格兰和威尔士的国家卫生与保健卓越研究所）根据成本效益标准对医药费用报销进行了限制（参见第 7 章和第 8 章）[8]，患者登记也被用于辨识某些疾病领域的合格患者，并减少使用标签以外的治疗。

　　对疾病亚型更为准确的定义，以及对高价特殊药物的推动，进一步加强了由支付者驱动的细分。监管机构更严格的药品标签要求在这方面也起到了明显作用。例如，FDA 批准的安进公司和赛诺菲/再生元制药公司的 PCSK-9 抑制剂瑞百安（依洛尤单抗）和波立达（阿利西尤单抗），不是为所有的高胆固醇患者提供初级预防（类似于他汀类药物），而是针对那些服用他汀类药物后胆固醇水平仍然很高的患者（以及某些具有高胆固醇特征的遗传性疾病的患者）[9]。关键的是，FDA 并没有特别地批准这些药物用于对他汀类药物不耐受的患者，这提供了将药物限制在二线治疗的理由，从而为支付者节约了数百万美元。事实上，尽管结果数据显示重大心血管不良事件的风险已降低，但支付者制定的使用管理要求成功地缩小了其使用范围，这导致两种药物在上市后的使用量均低于预期[10]。

医疗机构尝试精准医学计划

医疗机构承担着越来越大的压力——他们被要求在降低成本的同时改善治疗结果，这是基于价值的医疗健康服务的一部分。在美国，既有的综合交付网络，如山间医疗保健公司（InterMountain Healthcare）或瑞典医学中心，加上一流的学术医疗中心如梅奥诊所、哥伦比亚大学医学中心和斯坦福大学等，在配备实施基因组学驱动的精准医学所需的系统和基础设施方面处于领先地位（至少在肿瘤学方面如此）。这些组织机构希望为他们的患者提供最有效的治疗，但他们也希望利用这些信息减少不适当的药物使用和不必要的成本。

山间：癌症的精准基因组学

山间医疗保健公司针对晚期癌症患者的精准基因组学计划自 2013 年开始实施。该计划对肿瘤样本进行下一代测序，检测所有可能的癌症突变类型。一旦检测到这些突变，山间医疗保健公司会召集一个专家小组来解释数据，并为患者确定最合适的治疗方法。山间医疗保健公司癌症基因组学医学总监林肯·纳道尔德（Lincoln Nadauld）认为，数据解释是最困难的工作，因为这种相对复杂的测试发现的大多数基因改变对大多数肿瘤学家来说都是陌生的[11]。

该计划的一项配对队列研究表明，尽管每周治疗费用并无显著降低（5%至 10%）[12]，但与标准的化疗相比，接受精准医学治疗的患者的生存率显著提高。纳道尔德认为，当前，"精准医学的最佳应用是在棘手的病例中"。对几乎没有其他选择的患者来说，在对癌症基因组图谱的理解不断增加但仍然不完全以及靶向治疗设备有限的情况下，"尝试新方法是合理的"。在许多癌症的早期阶段，"我们知道什么才是治愈的最佳机会，而且很难介入并扰乱这一黄金标准"。但这种情况将会改变，纳道尔德表示，将该计划扩展至早期癌症患者是山间医疗保健公司未来三年到五年的计划之一。

目前，大多数精准医学项目仅限于最先进、资金最充足的卫生系统、医学研究中心以及晚期癌症患者。但所有的医疗机构都拥有一套不断发展的新技术和数据源，可以根据患者的个人需求和优先事项提供更好的医疗护理，即使这些技术和数据源不是在基因组水平上定义的。例如，采用电子健康记录系统、建立护理路径并使用临床决策支持软件和结果跟踪的医院或医疗机构，能够为医生提供必要的数据和支持，以便在各种情况下提供更适合患者的、个性化的、质量更高的护理。例如，美国最大的非营利性综合管理式诊疗集团凯泽（Kaiser Permanente），拥有被称为 KP HealthConnect 的电子健康记录系统，该系统收集了每位患者的详细的病历，医生可以访问系统并获取病历信息[13]。

数字化精准医学

随着可穿戴传感器、远程监控工具的应用，在线信息源和社交网络可提供新的数据类型（包括"小数据"和"大数据"），以及对个人状况和需求的深入了解，非特异性体质患者的信息范围和深度将不断扩大。这些数据大部分是长期实时捕获而采集到的，包括对个体活动和运动的跟踪。

随着所收集数据的种类越来越多，对类风湿关节炎和多发性硬化等慢性病的护理将有所改善，其发展将会超越通过试错来确定的治疗方案。信息收集还可以捕捉睡眠和情绪模式。这些数据能够展现行为、社会和环境等因素对健康的影响，并揭示基于生活方式和/或个人优先事项的最合适的治疗模式。

所有这些数据都可能会导致采取其他成本更低的、更切实可行的选择，用于对患者进行细分，以获取最佳的治疗方案：精准医学的"数字"形式，可能适用于更广泛的疾病，包括糖尿病和心血管疾病等慢性疾病。事实上，在糖尿病领域，个性化糖尿病管理平台的出现，说明了一个未来的可能方向，即用实时数据来校准治疗建议。为了加快数字标记在糖尿病和其他疾病治疗中的应用，FDA 创建了一个数字健康部门，来阐述和修订连接设备和医疗应用程序的指南。

目前尚未出现数字化精准医学，基础设施、存储、标准和分析等都需要进一步发展，观察到的数据对疾病结果影响的强度和相关性也需要测试和衡量。然而，在未来，数字化精准医学可能提供更准确的疾病鉴别和定义，比目前大多数治疗领域的情况更详细，但颗粒度（和复杂性）比单个患者的基因组图谱要小。

大量以患者为中心的数据与患者对自身健康和福祉的更多参与密切相关——将精准医学从治疗转向预防，向斯坦福大学医学院的科学家所称的"精准健康"迈进[14]（图 4-3）。

趋势	利益相关者
基于价值的医疗护理	→支付者：更具针对性的药物提供了一种控制成本的方法
	→医疗机构：更有针对性的药物有助于改善患者的预后；新的数字工具（包括可穿戴监测器）可以实现更精确的患者细分；整合意味着医疗机构有能力推行更雄心勃勃的精准医学计划
消费者授权	→患者：精确的药物给病人提供了更好的治疗效果和更大的获益可能性；由于通过网站和宣传团体，如常见癌症（Cancer Commons）、"像我一样的病人"、"我的明天"（MyTomorrows）实现了试验和治疗信息的民主化，患者意识有所提高
专科医学兴起	→制药公司：更有针对性的药物通过更小、更短的试验提供更高的研发和商业效率；他们还提供了更大的定价灵活性和产品差异性
科学进步	→更快、更复杂的基因组测序工具（和更低的测序成本）；生物标记物的科学进展；通过跨"组学"技术的研究，改善对疾病进化的理解
数字技术	→数字技术、可穿戴设备和传感器允许更精确、实时的测量，并提供反馈选项，使治疗方案能够适应患者的需要

来源：安永分析

图 4-3　精准医学的驱动力量

精准医学实践：癌症的教训

精准医学在癌症领域最为突出，是因为基因变化与癌症之间的相关性相对较强。癌症是一种复杂的多基因疾病，但它通常发生在特定的肿瘤中，其基因特征可以被读取和分析。尽管仍然面临巨大的挑战，但肿瘤特征及生物标记物鉴定的进展能够帮助科学家更好地了解癌症，并为之开发更好的治疗手段。20 年前，治疗癌症的主要手段是化疗和放射疗法，这两种疗法不加区分地杀死了癌细胞和健康细胞。从那之后，已经出现了大量的靶向药物，旨在识别和攻击特定类型的癌细胞和/或允许这些细胞生长、扩散的系统。有几种新疗法还能引导免疫系统识别并对抗癌症。目前，癌症的靶向疗法已成为精准医学的基石，在未来这一领域也将持续被关注。

1997 年，FDA 批准了第一个分子靶向抗癌药物利妥昔单抗，它针对参与癌症发展的免疫细胞表面的蛋白质。随后，很快出现了其他靶向药物，包括 1998 年的赫塞汀（曲妥珠单抗），用于 HER2 蛋白过度表达的乳腺癌患者，以及 2001 年诺华公司的格列卫（伊马替尼），通过应对由特定染色体突变引起的缺陷，改变了一种罕见白血病患者的前景。2003 年，阿斯利康公司的易瑞沙（吉非替尼）成为第一个获批的抑制表皮生长因子受体（EGFR）的药物。EGFR 是一种细胞表面蛋白，当其发生突变或过度表达时，就会触发癌细胞的生长。

许多癌症对现有治疗具有耐药性，从而引发了新一代靶向治疗的出现。施达赛（达沙替尼）成为对格列卫有耐药性的肺癌患者的一种替代选择。施达赛与格列卫针对的是相同的突变蛋白，但二者的治疗机制不同。类似的例子还有阿斯利康公司的泰瑞沙（奥希替尼），它于 2015 年 11 月获批，用于（突变导致的）对现有 EGFR 抑制剂［如阿斯利康公司的易瑞沙和罗氏公司的特罗凯（厄洛替尼）］产生耐药性的肺癌患者[15]。研究人员正在测试多种疗法组合，包括结合靶向药物或将靶向药物与化疗相组合的方案。疗法组合的目的是，经由不同的机制来攻击最具侵袭性的癌细胞，从而阻止其生长，进而减少产生耐药性的机会。

尽管具有靶向性，但这些药物大多数在初始审批时，其伴随诊断方法并没有被批准。除了少数例外情况（包括赫赛汀，其伴随诊断方法 HER2 测试同时被批准，HER2 测试是由另外一家公司进行的），伴随诊断方法出现的时间较晚。

伴随诊断挑战

很少有药物和其伴随诊断方法同时获得批准，有多个原因。在靶向药物应用的早期阶段，研究人员经常不知道个别患者的突变情况会显著影响他们对药物作出反应的概率。例如，易瑞沙在美国获批后，在（非选定的）试验患者中表现出高度不同的反应。这导致该药物在两年后因缺乏疗效而被停用[16]。

即使理解了变异，将伴随诊断方法与药物开发相结合也是一项挑战。开发人员必须了解哪些患者最有可能从药物中获益，并确定一个能够可靠地辨识出这些患者的生物标记物。然后，诊断本身必须通过一条单独的监管路径进行，这就为本就困难的进程增加了更多的成本和复杂性。最后，某些疗法的使用取决于阳性检测结果，与那些没有此类限制的疗法相比，它的市场是有限的。换句话说，迄今为止，生物制药公司缺乏为其靶向疗法同时开发伴随诊断方法的商业激励。

然而，这种情况正在改变。随着支付者对高价药物的抵制、对结果证明的要求，以及研发成本的持续上升，生物制药公司开始利用精准药物来获得优势。

提前辨识出最有可能对特定药物产生反应的患者，可以减少临床试验所需的患者数量，从而降低研发成本[17]，同时还能缩短审批时间（见"泰瑞沙与易瑞沙：从防御目标到进攻目标"）。这两个因素都提高了研发效率。即使在选定的患者群中进行测试也不能保证药物一定有效，但至少可以降低失败的成本。

靶向药物可能会提高疗效，但不一定会提高销售额

从理论上说，靶向药物目标人群的范围相对较窄，目标人群治疗成功的概率较高，因此，与伴随诊断方法联合使用的药物，其价格也会较高。在实践中，定价将取决于竞争环境和其他市场条件。

当然，靶向药物也有占据大量市场份额的成功案例——赫赛汀，包括一项伴随诊断，2016 年的销售额达到 67 亿美元[18]。伴随诊断也可能使"过气"药物复出。例如，2013 年 FDA 批准厄洛替尼（特罗凯）的一个伴随诊断方法，使罗氏公司一款已有 9 年历史的药物成长为治疗 EGFR 阳性转移性非小细胞肺癌的首选药物[19]。

更广泛的证据表明，目标范围越窄的靶向药物越能获得更高的销售额，但这些证据最近才开始出现，这对许多人来说是难以预料的。百时美施贵宝公司的欧狄沃（纳武单抗）和默沙东公司的可瑞达（帕博利珠单抗）之间的竞争说明了当前的市场动态。这两种药物均于 2015 年获批用于治疗非小细胞肺癌，都以程序性死亡蛋白 PD-1 为靶点。但与欧狄沃不同的是，可瑞达的使用仅限于 PD-L1 生物标记物过度表达的患者。如第 5 章所细述，起初欧狄沃赢得了更大的市场份额，然而，随后的一线临床试验未能证明欧狄沃的疗效优于化疗，而可瑞达的临床试验结果是更优的。可瑞达更好的一线临床试验数据使默沙东公司的药物更具优势，尽管实施伴随测试时复杂性会有所增加。事实上，在 2017 年 5 月 FDA 批准可瑞达的使用是基于一个特定的生物标记物，而不是肿瘤起源地，这是巩固可瑞达相对于竞争对手疗法优势的重要一步。从广义上说，这是精准医学领域本身的一个关键进步[20,21]。

　　可瑞达和欧狄沃的临床结果说明了有效开发和使用药物-诊断组合所面临的更广泛的挑战。伴随诊断并不是依常规实施管理的，包括与可瑞达同时获批的 PD-L1 诊断。许多医生并不了解现有的诊断方法，也未接受过如何使用现有诊断方法的培训。拥有这方面知识的人并不总有时间等待测试命令和结果返回，因为这可能需要耗费好几天的时间。

　　此外，诊断并不总是能够提供明确的二元（是或否）判断信息，例如，PD-L1 过度表达是一个"滑动量表"，它只是就药物对特定患者是否有效提供了一个建议，而不是一个决定性信号。有些人认为，PD-L1 表达并不是一个足够有效的选择工具。考虑到这些不确定性，面对两种类似的药物，若其中一种需要额外测试，那么许多医生大概率都会选择更简单的方法，这是可以理解的[22]。

泰瑞沙与易瑞沙：从防御目标到进攻目标

　　过去，某些靶向药物是在复苏原本失败药物的努力中产生的，而如今，这些靶向药物本身已成为研发的目标，有望获得最佳治疗效果，且支付者应用自己的患者细分策略的可能性也较低。阿斯利康公司开发的肺癌药物易瑞沙（吉非替尼）和泰瑞沙（奥希替尼）的获批相隔了 12 年，这充分说明了这一演变现象。

　　2003 年，易瑞沙首次在美国作为非靶向治疗药物获批，但由于缺乏疗效而在两年后被停用。日本市场仍然在销售易瑞沙，2008 年开展的一项泛亚试验（IPASS）的事后分析表明，EGFR 突变阳性的患者最有可能从该药中受益[23]。鉴于此，欧洲监管机构于 2009 年批准了易瑞沙。美国直到 2015 年 7 月才重新批准易瑞沙，其伴随试验一起获批。有近 3000 名患者参与了易瑞沙的临床试验，从一期临床到监管备案，共耗时近 7 年的时间[24]。

于 2015 年 11 月首次获批的泰瑞沙，讲述了一个与易瑞沙不同的故事。该药物是与一种诊断试剂共同开发的，这一诊断试剂根植于试验开始前发现的预测性生物标记物。泰瑞沙与诊断试剂一起获批用于 EGFR 的特定亚结构域突变（T790 M）疾病的患者，他们的癌症在使用特异性较低的 EGFR 抑制剂治疗后有所进展。泰瑞沙在 411 例患者中开展研究，从首次开展人体试验到批准，仅用了两年时间。

泰瑞沙在上市的头几周只卖出不到 2000 万美元，但销售额预测最高达 10 亿美元。2013 年，易瑞沙达到了其销售高峰 6.47 亿美元，但现在的销售额呈下降趋势。

在 20 世纪 90 年代易瑞沙的开发过程中，业界对靶向生物学的理解还不够深入，即使阿斯利康公司曾为此作出努力，也无法实现精准药物开发。尽管如此，泰瑞沙的上市历程证明了前瞻性精准医学战略的功效。

挑战：科学、基础设施、监管和商业

诊断驱动的精准医学在概念上的优势非常明显：对患者而言，避免了不必要的治疗；对支付者而言，可以避免产生不必要的成本；对医疗机构而言，推动了成本效益的提高；对生物制药公司而言，可以提高研发的经济性。然而，科学、监管、教育以及商业方面的挑战却阻碍了药物-诊断组合的发展和广泛应用[25]。

药物诊断仅占所有癌症治疗药物的一小部分。在主要的国际生物制药公司中，只有罗氏公司持续和全心全意地致力于药物诊断。2015 年 1 月，罗氏公司收购一家癌症基因组公司——基础医学公司——的多数股权，进一步证明了这一点。

基因组测序正在迅速发展，但在成千上万个基因或基因突变中，目前的治疗方法只能应对少数的基因或基因突变[26]。更多的靶向治疗方法正在开发中，基于生物标记物的测试正在增加[27]。

若想要更广泛地使用伴随诊断方法，还需要在教育事业上作出努力，但目前做得不够。在最基本的层面上，医生和患者需要了解有哪些测试可用、如何使用、准确性和可靠性如何，以及如何帮助指导治疗等。他们还需要明

晰哪些测试是保险能涵盖的。

　　除此之外，医生必须适当地向患者传达这些测试的益处与风险，例如，是否可以依赖测试结果来确定治疗选择或是放弃治疗，这可能会带来法律上和道德上的挑战。

　　同时，发现新的、临床上相关的生物标记物是非常困难的。无论是单独还是联合开展和设计生物标记物靶向药物的研究，都需要新的临床试验方法和新的证据标准。适应性试验设计——试验参数（剂量、患者选择标准、药物组合或其他）应针对试验的中间结果做出改变——正获得企业的青睐和监管机构的支持，但它们的广泛应用需要更多的专业知识和基础设施[28]。某些观点认为，对一个人进行的研究——单病例随机对照试验——将是精准医学的一个关键组成部分，尽管我们并不是很清楚研究中获取的数据将如何使用[29]。简言之，导致精准医学没有像许多人认为的那样迅速发展的一个原因是：诊断的监管和报销环境需要明确。

　　科学和临床挑战

　　癌症（与许多其他疾病一样）是高度复杂、异质性和适应性的。肿瘤会不断演化以抵抗治疗，并经常与其他系统相互作用，但在每个个体中的作用方式并不一定相同。

　　由于疾病的复杂性，想可靠地、准确定位预测性生物标记物是非常困难的，即便对严格定义的疾病亚型也是如此。越来越复杂的药物靶点和靶点组合将增加临床试验中寻找和验证有用的生物标记物的挑战。此外，生物标记物并不总是二元性的（表达/非表达），它们可以提供一个滑动的表达量表，类似于 PD-L1。

　　为了更好地预测更多治疗方法和治疗领域的反应性，可能需要基因组之外的信息，例如蛋白质或代谢物数据。测试本身可能要花费数千美元。

　　然而，这并不仅仅涉及开发更多的测试，还需要更新证据标准，以确定特定肿瘤生物标记物或基因数据何时可以指导患者管理。在一个快速发展的领域，解释复杂的基因突变图谱需要大量的专业知识，这些都很难确定。有的业界人士呼吁通过更广泛的对话来确定证据标准[30]。

　　行业还需要新的临床试验设计，以利用生物标记物驱动的医疗健康的发展成果[31]。尽管如此，还是有一些基本问题需要回答，包括有多少患者和治疗组、患者群是否应包括生物标记物阴性患者。一个尚未解答的关键概念性问题是，应该为试验找到患者还是为患者设计临床试验。

有助于应对这些挑战的新工具和科学见解迅速涌现，但生物标记物开发、标准化和试验设计挑战需要更长的时间才能解决。

基础设施的挑战

基于药物基因组学的临床策略既需要电子健康记录系统，也需要临床决策支持工具。但这两种工具还未在大多数的医疗机构网络中普及。此外，此类系统还必须足够强大，以容纳大量非结构化的患者个人数据，这就使数据的存储、使用和隐私政策等问题受到一些挑战。这些问题将在第 10 章中详细讨论。另外一个复杂的问题是，各医疗系统之间以及不同的利益相关者——如实验室或成像中心等——之间缺乏互操作性，这就使得许多支付者无法获取与精准检测相关的数据，继而难以对治疗决策产生影响。

应对数据共享挑战，需要文化和思维方式等方面的转变，在某些情况下甚至要求立法上的改变。技术上的障碍将通过采用新兴技术（如机器学习和云计算）和新数据分析方法来解决（参阅第 10 章）。

监管的挑战

诊断和治疗的监管和报销途径是独立的，这增加了药物–诊断组合上市销售的复杂性和所需资源。FDA 于 2014 年发布了关于伴随诊断方法的开发和审查指南，但该指南没有明确指出使药物和诊断方法同时获批所需的精准步骤[32]。此外，尽管基于生物标记物的方法越来越清晰，但 FDA 关于诊断方法的临床相关性标准缺乏稳健性[33]。同样有问题的是，没有审查诊断方法的成本效益的数据标准，现有的流程缺乏一致性和透明度，再加上许多新型测试的高成本，这些因素限制了精准医学实践的广泛采用。

克服监管挑战的预期时间框架为中期（五年）。FDA 支持个性化医疗方法，药物诊断申请的增加也将迫使其不断发生改变。从医药科技评估欧洲网络（EUnetHTA）等合作性技术评估工作的进展来看，明确的诊断学卫生技术评估方法的出现还需要较长时间。

商业挑战

当前，不同医疗系统的诊断和伴随诊断的费用报销比例并不一致，许多支付者不愿为患者报销基因检测费用，部分支付者将基因检测费用报销限制在晚期癌症患者范围内。此外，在支付者组织内部，对药物和诊断的审查，可能是由不同的独立团队来负责。预先支付的诊断测试费用（最高 5000 美元）可能会使整体费用减少，但目前缺乏有效的证据使支付者（包括欧洲）相信这一点。另外，预防和筛查检测费用的报销情况也不乐观。

时间上的限制也阻碍了伴随诊断的采用，这是因为，如果治疗很紧急，但测试结果没有在可接受的时间内出具，临床医生可能会选择一种没有伴随诊断的替代药物。

复杂的测试结果无法为治疗提供一个是或否的确定答案，这导致解释测试结果的困难性成为另一个更甚的抑制因素。许多专家和患者不了解现有的诊断测试，也不知道这些诊断方法如何指导治疗。测试结果是否可靠，本身就充满了不确定性，这种不确定性又很可能对其是否将限制治疗产生一些伦理甚至法律上的问题。迄今为止，大多数诊断都强调敏感性（发现真阳性）而不是特异性（正确识别真阴性），因此，这些测试都倾向于发现问题，而不是给出确定答案，这些导致了对不当过度治疗和浪费金钱的担忧，并为诊断测试增加了证据障碍。由于复杂的"多重"测试要求专家将测试结果转化为具体的临床行动，这些证据障碍又将进一步加剧——谁将为此类分析付费，它又如何用于指导治疗决策，仍然存在着不确定性。

对生物制药公司来说，对诊断的知识产权保护越薄弱，意味着在按诊断价值付费方面越存在真正的抑制因素。因此，诊断产品的制造商一直在寻找激励其诊断开发的合作伙伴。对诊断的较低评价，导致了一个恶性循环：使用伴随诊断的临床试验资金不足，未能产生支持市场广泛使用伴随诊断所需的证据[34]。更为复杂的是，不同的市场对诊断有不同的监管和测试标准，这增加了药物诊断在全球上市的成本和复杂性，却没有提供任何正向激励，例如如何促进更快上市等。

随着医疗系统成本节约的证据越来越多，生物制药公司将看到，结合诊断技术而开发的药物将获得更大市场份额，一个正反馈回路将促进它们的使用，以及未来对治疗-诊断组合的投资。

更多的应用伴随诊断，需要文化和教育方面的变革，这可能需要更长的时间。需要牢记的是，精准医学是一门新学科，需要新的工具和分析能力。在对新治疗方法更为保守的市场中，获得靶向治疗以及相关的基础测试可能会受到限制。

分散的卫生技术评估方法

为诊断进行卫生技术评估（HTA）很具挑战性。很少有卫生技术评估机构明确哪些类型的诊断需要正式审查，也很少有卫生技术评估机构建立评估分子诊断的程序。包括英国国家卫生与保健卓越研究所的诊断评估计划、加拿大药品和卫生技术评估机构（CADTH）在内的部分机构的审查方法、证据标准和决策都很少是完全透明的。因此，对诊断产品制造商及其生物制药合作伙伴来说，要找到最合适的证据来证明诊断的价值，还面临着一场艰苦的战斗。

随着经验增长和证据出现，当这些证据是那些更常见、更容易理解的突变测试的证据时（例如肺癌中的 EGFR-TK），最佳实践将会出现。例如，2013 年中英国国家卫生与保健卓越研究所的一份独立诊断指南显示，在 10 种可用的 EGFR-TK 测试中，有 5 种针对转移性非小细胞肺癌患者的治疗是具有成本效益的[35]。协调统一工作可促进不同卫生技术评估机构之间的知识共享。

数字化驱动的精准医学将面临一系列类似的障碍。对手机应用程序、监控设备和工具的监管仍处于起步阶段。如何最好地分析和解释数字医疗技术中产生的大量新数据，也同样面临着挑战。这些并非都与患者护理有关。必须对新技术进行可靠性和可用性方面的进一步测试，消费者需要也必须能够使用可穿戴设备、传感器或应用程序等，以便为治疗提供有价值的信息，继而改善治疗。另外，这些数字医疗工具的费用是否能够报销，还是一个未知数。

克服障碍以实现医学革命

精准医学面临的挑战是可以克服的。许多问题已经得到解决，而且，初步的成功将为面对以后的挑战提供所需的证据。阐明科学、建立标准、促进监管和报销都将推动人们对精准医学的接受和文化变革。

由于技术进步和需求增长，诊断测试的侵入性越来越小，准确性越来越高，价格越来越便宜，目前业界正在努力地使诊断测试更可行、更负担得起，例如，通过开发多重测试试剂盒，可以用一个测试样本来检测某些癌症中最常见的几个基因突变[36]。这对支付者尤其具有吸引力，多重测试试剂盒只需要一项单独的测试就能判断出治疗类似适应证的多种药物中哪一种最有可能发挥最佳作用，而当前的方法则需要多次单独测试才能实现效果，支付者当然愿意为前者付费。这种合并起来的肿瘤图谱测试被高容量、快速的下一代测序技术（NGS）低估。

在解释从测试中获得的数据、测试在特定的基因突变水平上是否足够可靠，以及在什么情况下可以获得费用报销等方面，仍然存在障碍。但是，假设这些测试最终还是能够为靶向治疗提供充分的准确性和可靠性，它们可能会成为特定治疗领域内最切实可行的解决方案。2015 年 11 月，赛默飞世尔科技公司（Thermo Fisher Scientific）与诺华公司、辉瑞公司签署了一项协议，开发一种通用的多标记下一代测序技术，用于多种非小细胞肺癌药物项目，目标是允许定制治疗方法[37]。除此之外，基础医学公司也正在做类似的开发工作。与此同时，更复杂的测试选项正在出现，涵盖蛋白质组、转录组或微生物组内的其他若干层信息（见"多'组学'分析"）。

多"组学"分析

随着科学家们进一步探索蛋白质组、转录组和代谢组内丰富的"数据高速公路"，企业开始提供提取和分析此类"多组学"数据的工具。

新成立的全球基因组学集团（Global Genomics Group，G3）表示，他们正在从各个角度进行研究，从 DNA 本身到 DNA 如何在生物网络的多个层面上表达。G3 已与赛诺菲公司达成协议，共同探究动脉粥样硬化疾病的新信号通路[38]。

人类长寿公司（Human Longevity）由基因组学先驱克雷格·文特尔（Craig Venter）创立和领导，并获得了诊断集团因美纳和生物技术公司赛尔基因等投资者的支持，正在建立其所称的世界上最大的人类基因型和表型数据库，以应对与衰老相关的疾病。2016 年 4 月，该公司宣布与阿斯利康公司达成一项为期 10 年的协议，对临床试验的 DNA 样本进行测序。医疗保健信息技术公司南特健康（Nant Health）正在采取类似的整体方法来检查肿瘤细胞以实现精准医学，而字母表公司旗下的瓦瑞利生命科学公司正在与杜克大学和斯坦福大学合作，开展项目基线研究，其目的是收集广泛的健康数据，制定人类健康参考标准[39]。

新的试验设计正在测试中。例如，肺癌主方案（Lung MAP）试验正在同时测试四种药物，试图将肺癌肿瘤的生物标记物与这些药物的特定组合相匹配。试验的目的是改进和加速药物开发，当然，生物标记物的广泛使用应该会使试验更有效率[40]。

包括 FDA 在内的监管机构正在鼓励采用生物标记物驱动的方法来实现精准医学。FDA 出台了生物标记物资格计划，以指导药物开发人员开发生物标记物，帮助他们将开发的成果纳入监管审查，确保可靠性和有效性，并明确寻求"促进生物标记物开发"[41]。

"精准 FDA"（PrecisionFDA）是一个研发门户网站，允许科学界测试和验证处理大量基因组数据的方法，这些数据大多是使用下一代测序技术收集的，测试版网站于 2015 年 11 月启用[42]。NIH 基金会管理的一个公私合伙项目，正试图加速基于生物标记物的技术和药物的开发和监管批准。欧洲药品管理局就生物标记物和其他新方法提供建议和意见，还尚未发布具体的指南，但其正在加强与学术界的合作，以建立生物标记物鉴定和其他新方法学方面的专业知识。

FDA 还就如何监管数字健康技术和可穿戴设备进行了咨询，因为这些工具在促进更合适、更个性化护理方面非常有潜力。麦迪数据公司（Medidata）是一家基于云技术的临床试验解决方案和数据分析提供商，该公司首席运营官迈克·卡彭（Mike Capone）称，很多数字工具都在临床试验中进行测试，FDA 对此"非常鼓励"[43]。但欧洲药品管理局并没有明确阐述将如何实现试验和药物的数字化。该组织在 2016 年的工作计划中提到了医疗健康领域的新数据和工具迅速增加，并承认对"健康、敏捷的信息技术基础设施"和"管理数据的新能力"的迫切需要[44]。

建设精准医学的基础设施

精准医学的基础是可获取、可解释的数据。为了帮助科学家和临床医生建立起遗传学和疾病之间的联系、识别新的生物标记物、设计靶向治疗试验，并揭示医疗结果更多元的决定因素，必须在大量患者队列中系统地、一致地收集数百万个数据点。收集和解释此类数据需要多方利益相关者的合作。2015 年，基因组学公司基础医学公司的首席执行官迈克尔·佩里尼（Michael Pellini）在宣布其公司与全球信息和技术服务集团艾美仕市场研究公司（IMS Health）的合作时指出，"丰富且高度可信的信息将成为广泛采用精准医学的主要动力，特别是在癌症领域"[45]。

目前，多项数据收集工作正在开展，包括由政府资助的研究计划，以驱动并理解精准医学背后的科学原理（图 4-4），这些工作需要强大的集成信息技术系统，包括数据分析软件和专业知识，还需要安全存储日益庞大的基因组和相关个性化数据。

政府主导项目

—英国 10 万个基因组项目：2012 年成立，对 7 万名罕见病或癌症患者的基因组进行测序，并在国家卫生服务部门启用基因组医学（http://www.genomicsengland.co.uk）。
—美国精准医学倡议：2015 年 1 月启动，从 100 万个或更多个体中收集基因组、药物基因组、临床和其他类型的数据（https://www.nih.gov/precision-medicine-initiative-cohort-program）。
—美国百万退伍军人计划：执行观察研究，并建立生物库，旨在揭示基因、行为、环境和健康的联系。迄今为止，已经收集了 40 万名新兵的数据。

私人项目

—项目基线研究：瓦瑞利生命科学公司、斯坦福大学和杜克大学等机构之间签订了一项倡议，从大约 1 万名参与者那里收集数据，以开发人类健康和从健康向疾病过渡的基线图。
—华大基因百万基因组：中国基因组研究公司计划对 100 万个人类基因组、100 万个动植物基因组和 100 万个微生态系统基因组进行测序，这需要开发新的测序技术。
—人类长寿公司：这家由克雷格·文特尔支持的公司致力于研究衰老问题，希望到 2020 年对 100 万个基因组进行测序。
—精准医学交换联盟：由基础医学公司于 2015 年 9 月与美国学术医学中心、地区医院系统和社区肿瘤医院发起，旨在促进分子信息的交换，并将基因组分析整合到癌症治疗中。
—多发性骨髓瘤研究基金会的 CoMMpass（将多发性骨髓瘤的临床结果与遗传特征的个人评估联系起来）：纵向研究，要招募 1000 名新确诊患者。全面的分子（基因组）分析将与临床结果相关联，以更好地了解对治疗的反应。

来源：安永分析

图 4-4　部分精准医学数据收集项目

数字和数据革命（在第 10 章中讨论）提供了发展精准医学所需的基础设施。新系统、新软件和新工具等已经出现，有的来自 IBM、甲骨文（Oracle）、苹果、英特尔和字母表等老牌科技巨头，有的来自初创企业。某些医疗系统已在使用由风险投资支持的 Syapse 精准医学平台，该平台具有临床和分子数据整合、决策支持、结果跟踪以及共享学习循环等功能，有助于基于真实世界的结果来发展最佳实践。甲骨文公司于 2016 年 1 月推出了自己的精准医学软件[46]。

在数据收集伙伴关系加速发展的同时，管理和控制此类数据使用所需的法规和指南逐步出台。美国数据隐私标准包含在 HIPAA （《健康保险流通和责任法案》）隐私规则中，旨在保护患者医疗记录和其他健康信息，并限制这些数据的使用方式。《基因信息非歧视法》也有助于保护个人数据免受滥用。但数据隐私和保护问题仍然具有挑战性，特别是在德国等欧洲市场。

同时，临床药物遗传学实施联盟（CPIC）已经制定了如何负责任地使用基因组数据开具处方的指南。2007 年，该医学研究所发起了一个圆桌会议，该圆桌会议召集了各方面利益相关者的专家，通过举办研讨会、讨论会和专题讨论会等，共议如何将基因组学研究转化为医疗健康应用[47]。

支付者开始资助精准医学

美国联合健康保险等支付者开始为某些患者群体（如四期非小细胞肺癌患者）的分子图谱分析提供费用支持。独立蓝十字会宣布，它将为治疗选择有限的患者的全基因组测序付费：患有罕见癌症、三阴性乳腺癌、转移性疾病及其他疾病治疗无效的患者，以及患有肿瘤的儿童[48]。包括法国政府在内的若干欧洲支付者，已经开始资助癌症患者的分子检测费用[49]，欧洲单一支付者医疗体系的优势在于，许多国家拥有实施诊断驱动战略所需的基础设施。

与此同时，更多的靶向产品正持续进入市场。今天，只有 15% 的肿瘤药物被认为是靶向药物，在此之前，这个数字是 50%[50]。随着这些疗法的出现以及对疾病特征和亚型的进一步了解，精准医学面临的障碍将继续减少。

精准医学领域中利益相关者的发展

作者：克里斯汀·波蒂埃（Kristin Pothier）、赖恩·杨特多（Ryan Juntado），安永-博智隆

解锁"个性化"或"精准"医学——在合适的时间为合适的患者提供合适的治疗的能力——要求在日益复杂和多样化的利益相关者之间扩大合作，这些利益相关者需要跨越医疗领域进行合作。此外，行业内的资源限制已经推动药品开发商采用更精简的组织。因此，内部能力往往会被削弱，甚至被完全削减，从而需要将制造、信息技术、物流甚至基础研究等各种职能工作外包。要与众多潜在合作伙伴斡旋合作，是一个日益严峻的挑战，但为了发现、开发和商业化未来的治疗方法，创新者需要克服这一挑战。

首先，潜在合作伙伴的数量正在成倍增加，无法再像过去那样通过医生和病人之间一对一的关系来提供医疗服务。事实上，发明、转换并向患者提

供护理所需的利益相关者数量不断增加，这带来了一系列必须克服的结构性、文化性和商业性挑战。

其次，潜在的合作伙伴也日益多样化。当今医疗保健领域的利益相关者，尤其是精准医学领域的利益相关者，似乎与为患者开发的治疗方法一样丰富多样。当前，药物和诊断开发人员共同合作研发靶向药物，患者对药物的使用权由诊断决定。支付者与政策制定者试图理解合作伙伴多样化的金融和监管意义。在消费者"健康爆炸"的推动下，患者权益团体和患者自己以一种更加团结的、不可忽视的数字声音来控制他们的道路。

最后，利益相关者正变得越来越全球化。精准医学的推出不再局限于美国等发达国家的市场。今天，世界各地的市场都在呼吁精准治疗，以更好地治疗本国的传染病、心血管病和肿瘤患者。然而，世界各区域在实施精准医学、面临的挑战等方面大不相同，利益相关者在各个区域发挥着不同的作用。例如，利益相关者在西班牙提供的精准医学与在科威特提供的精准医学截然不同，一个区域合适的伙伴关系战略也将与另一个区域截然不同。

在经济压力日益增长、充满不稳定性及错综复杂的世界里，外包和合作伙伴战略为医疗创新者提供了生存和发展的机会。这些合作关系将使企业能继续推动更具个性化的医疗方法。在不久的将来，这些合作关系从发现到开发到商业化都会加速发展。正如医患关系已经改变一样，医学的其他部分也必须接受多样化的促成因素，以促进成功的伙伴关系，并为全世界的患者提供更好的医疗护理。

其他资源：Palmer S., Kuhlmann G., Pothier P., "IO Nation: The Rise of Immuno-Oncology", *Current Perspectives in Pharmacogenomics and Personalized Medicine*, 2015; 12: 176–181; Pothier K., Gustavsen G., "Combatting Complexity: Partnerships in Personalized Medicine", *Personalized Medicine*, 2013; 10 (4): 387–396.

生物制药必须主动推进精准医学，而不是被精准医学驱使

随着障碍的克服，推动精准医学的力量将势不可挡；随着成本上升，支付者驱动的患者细分将继续；随着治疗结果的转变，医疗数字化将不可避免地增加。这使生物制药公司别无选择，只能积极采用各种形式的精准医学。生物制药行业必须开发出具有足够靶向性的药物，以推动具有一致性的报销政策，而不是冒险让支付者根据自己的标准来限制风险。

更广泛地使用药物诊断，可能会减少采用某种特定药物进行治疗的患者的数量。然而，一个更小规模的、明确定义的市场，对在竞争性市场中获得差异化和优化结局来说，可能是一个值得的权衡。对广泛的人群均有效的药物是相对稀少的。明确地将更好的销售与分子靶向治疗联系起来，可能还为时过早，但在一个基于价值的医疗体系中，无论是从财务角度（对于支付者）还是从声誉角度（对于生物制药公司），为那些对特定药物无反应的患者开具治疗处方，已经说不过去了。

精准医学最终将通过提高研发效率（因为试验规模更小、成本更低、开发时间更短），更有针对性地提交合规性资料以及更安全的报销政策等，带来更大的商业上的成功。在一个越来越需要专业知识和数据共享的医疗环境中，精准医学也要求并鼓励更多的利益相关者合作（包括与患者加强合作）。

精准医学需要新的合作方式

实施精准医学需要新型的合作伙伴关系和协作，既需要医疗领域的利益相关者之间的合作，也需要与技术、数据分析等领域的专家合作（图4-5）。药物开发人员已经开展相互合作、测试药物组合，例如，将靶向治疗与免疫肿瘤学方法组合。他们需要与诊断公司合作，这是因为诊断公司熟悉市场相关的监管法规和商业专业知识。这种伙伴关系尽管还不稳定，但已经有所增加（图4-6）。

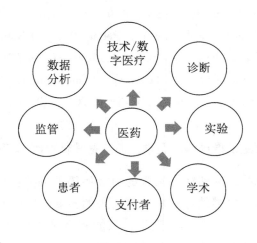

来源：安永分析

图4-5　精准医学需要生物制药行业组成多个利益相关者联盟

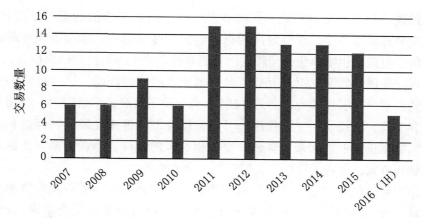

来源：安永分析、英富曼的战略性交易数据库

图 4-6　药物开发商和诊断开发商之间的交易演变

生物制药公司和诊断企业的动机并不总是一致的。药物开发商总希望能够快速开发精确的、低成本的诊断测试，以便确定药物的受众范围，这可以带来可观的收入，特别是在长期使用的情况下。诊断开发商只有在患者做测试时才能获得报酬。如果人群太小，报销的方法可能不奏效。对于较大的人群，可能会出现关于如何获取和使用测试的营销和教育，与此同时，竞争性诊断方法可能会很快出现，从而压低价格。

应对这些不同需求的方法包括购买诊断能力（如罗氏公司所为），或与大型的多平台诊断公司签订长期交易协议等。2014 年，礼来公司和杨森生物技术公司分别与凯杰公司（Qiagen）和适应生物技术公司签署了全面的协议[51,52]。诊断企业之间的整合，可以使其获取必要的能力，但也可能导致诊断价格更加昂贵，因为潜在的合作伙伴数量因整合而减少了。

生物制药公司-支付者风险分担框架

精准医学还要求生物制药公司与支付者建立更多的合作关系，通过鼓励与治疗结果相关的付款交易模式来提供一个交易框架。

支付者总是希望在他们为测试付费（可能会花费几百美元到几千美元）之前就能够看到证据，证明诊断关联疗法或数字医疗不但实用，而且能提供金钱价值。解决这一困局的方法是实现支付者与生物制药公司之间的风险共享，即将药品定价与治疗带来的真实结果相联系。这些交易（第 7 章有更详细的描述）一直被双方回避，但随着医疗体系向基于价值的医疗模式转变，这些交易开始被关注。严格定义的患者群体和高反应率，如精准医学理论所预示的，应该让生物制药公司和支付者更有信心将价格与治疗结果挂钩。

医疗保健的数字化以及互联、赋权消费者的同时崛起，已经迫使一些生物制药公司采用以患者为中心的方法[53]，也推动了精准医学所需的一些跨学科合作和实验。新技术、应用程序、可穿戴设备以及迅速发展的基因组和非基因组大数据正在汇集起来，尝试改变药物试验的设计、患者招募方式以及治疗的管理方式，并将治疗的定义扩展到"药片之外"。

这些尝试包括"药片之外"的解决方案、移动医疗、适应性监管途径和试验设计等，还包括更多的患者参与、更广泛地使用患者报告结果（PRO）和电子 PRO 等。这些实验有助于定义和制定未来更具靶向性的药物的规则。

生物制药和诊断企业必须与监管机构保持经常性的对话，因为监管机构正在调整其流程，来适应基于生物标记物的药物开发、新型数据和日益数字化的医疗。尽管药物监管机构的首要任务是保证药物的安全性和疗效，但他们也像生物制药公司一样，希望更高效地开发药物和更快地获得有效药物。

精准医学的未来

分子驱动的精准医学仍处于起步阶段。它起源于癌症药物开发，尤其是在晚期癌症患者中已有一定的基础。伴随着精准医学获得成功的证据出现，从结果和成本两个方面来看，它都将传播到其他治疗领域。根据个体化药物联盟的数据，FDA 在 2015 年批准了 13 种新型个性化药物，其中 8 种药物是针对癌症以外的疾病，包括哮喘、精神分裂症、囊性纤维化和高胆固醇血症。

但诊断驱动的个性化医疗的普及不会一蹴而就。灰鸟基金（GreyBird Ventures）联合创始人汤姆·米勒（Tom Miller）认为，"改变医学……从过度使用和过度治疗到更精确的精准医学，是一个 20 年的过程"。灰鸟基金专注于投资精准医学的初创企业[54]。基于分子的精准医学不会在所有条件下都可能实现、切实可行和负担得起。对许多慢性病而言，"数字化"精准医学，通过新的可穿戴工具和数据源实现的更具靶向性的治疗（和预防）方法，将会被证明更富成效、更具成本效益。玛拉·阿斯皮诺尔总结道："我们需找到一个数据水平，以更具体的方式来定义和区分疾病。"[55]

精准医学将使传统的基于人群的治疗更加个性化，而不是要取代它。但向更专业、更具靶向性药物发展的趋势，不可能无限期地持续下去，卫生系统将无法承受针对性越来越窄的产品所带来的价格上涨。精准医学必须务实地应用于各个治疗领域、卫生系统和地理区域，使用更智能化的、基于人群的方法来治疗某些慢性病，以及其他情况下在个体水平上进行诊断驱动的靶向治疗。

精准医学也可推动更具针对性的预防策略，理论上有助于控制成本。分子标记物能够在症状出现之前发出疾病风险信号，从而使筛查工作能够聚焦于风险人群。例如，具有某些基因变异（BRCA1 或 BRCA2）的女性，在其一生中患乳腺癌的可能性是那些没有基因变异的女性的 6 倍以上。恩为诺公司是基因测序巨头因美纳新分离出来的企业，其正在开发一种血液测试（称为"液体活检"），可以在查出肿瘤前检测出癌症 DNA 的微小片段[56]。其他国家也在进行类似的项目。然而，任何由此产生的测试都必须是高度准确的，对看起来尚健康的个体进行的治疗都应该具有高度的靶向性，并且没有副作用或副作用最小。

生物制药公司必须确保他们的产品组合包括疾病细分市场的候选产品，这些疾病的细分市场应该界限明确，允许采用靶向治疗方法，并且规模还要大到可以维持公司业务的正常运营。公司也必须提前规划伴随诊断策略，保持充分的灵活性，以便应对市场向多元化测试的转变以及支付者的态度变化。治疗大型慢性病的公司必须获得相关技术和专业知识，以实现数字化精准医学。而且，随着真实世界证据的反馈——药物的使用方式、用于哪些患者以及治疗结果等，企业必须迅速调整产品定价、定位和营销策略。

精准医学并不是孤立出现的，而是伴随着医疗领域其他同样具有颠覆性的变革而出现的。通过采用灵活的、以合作为导向的方法，继续专注于如何为患者实现最佳结果、取得新型专业知识，生物制药公司将变得更强大、更高效，并更多地与客户打交道。

要点总结

• 在技术进步（如基因组学和测序技术）和市场力量（如患者赋权和降低不当治疗成本的需要）的推动下，精准医学——在最合适的时间为合适的患者提供合适的治疗——正快速发展。

• 精准医学在癌症治疗中尤为突出。在癌症治疗中，靶向治疗和药物－

医疗器械组合正在成倍增加，为患者提供了新的选择。

- 精准医学不仅仅是关于药物–医疗器械的搭配，它包括更广泛的工具和机制，目的是将治疗范围精准地缩小到单个患者的需要，进而实现更好的治疗效果。这些新工具包括一系列的数字技术，例如可穿戴传感器和智能手机应用程序，它们可以为患者提供见解，并提供定制化的治疗模式。

- 在未来，这些新的数字技术将使"P 医学"（个性化、精确性、预防性、预测性、药物治疗性和患者参与性医学）成为可能。

- 精准医学的兴起对生物制药公司有着深远的影响。它正在改变生物制药公司研发药物的种类、研发方式以及报销和销售方式。

- 基于分子的精准医学的商业模式尚不清楚。更窄的目标范围意味着更小的患者群体。目前，几乎没有证据能够证明更具靶向性的治疗与更高的销售额相关。支付者无法支持越来越高的价格，然而，在一个日益看重价值的医疗体系中，为一个对药物无反应的患者开具治疗处方已不再可行。

- 最终，精准医学应该通过开展规模更小、更具针对性的临床试验来提高研发效率，允许更有针对性的药物注册申请和更安全稳健的报销体系。

- 精准医学的传播面临着科学、结构、监管、商业和教育等方面的挑战。收集和解释大量数据，并将其应用于临床决策，需要新的专业知识、系统和流程。同时，与伴随诊断相关的法规在不断变化，报销政策也不一致，导致精准医学的使用受到限制。

- 这些挑战正在得到解决。主要的数据收集项目正在进行中，监管机构正在鼓励基于生物标记物的策略，支付者开始资助一些分子层面的分析项目。

- 精准医学的兴起要求生物制药公司与诊断公司、技术公司和支付者等建立新型合作关系。许多类似交易已经完成。

- 精准医学还提供了一个框架，以便与支付者进行更有力的、有数据支持的、基于结果的交易。进而，它体现并促成了生物制药公司所称的以患者为中心的医疗方法。

第 5 章

精准营销

介 绍

从消费者趋势到监管审查，支付者权力和产品组合等多种因素，导致生物制药公司的营销战略发生了改变。药品支出获得了高度关注，部分原因是吉列德科学公司推出了治疗丙型肝炎的高价药品索华迪（索非布韦）和夏帆宁（来迪派韦/索非布韦），以及政府对定价的审查逐步增加。各国人口老龄化也加剧了卫生预算的压力。2016 年，美国处方药的总支出增长了近 6%，达到近 4500 亿美元，尽管仿制药使用率接近 90%。自 2010 年以来，商业保险公司承保的患者共付医疗费也增长了 25% 以上[1]。

不管美国以外的政府支付者的谈判能力如何，医疗费用的增长趋势是全球性的。根据昆泰医药公司（Quintiles IMS）2016 年的预测，到 2021 年，全球医药支出预计将达 1.5 万亿美元，年复合增长率较过去几年有所下降，但在未来 5 年内仍将达到 4% 至 7%。在此期间，医疗支出的一个关键驱动因素将是肿瘤疾病，年复合增长率达 9% 至 12%，与过去 5 年基本

Managing Biotechnology: From Science to Market in the Digital Age, First Edition. Françoise Simon and Glen Giovannetti.

相似[2]。消费者对价格的担忧已成为首要问题。根据哈里斯（Harris）2015 年对 2255 名美国成年人的在线调查，69% 的人表示如果有选择，他们会更频繁地选择仿制药，30% 的人表示他们会一直选择仿制药。这一趋势在老年群体中更为明显，62% 的千禧一代（出生于 1981 年至 1997 年）更喜欢仿制药，而 73% 的婴儿潮一代（出生于 1946 年至 1964 年）和多达 78% 的 70 岁以上人群，表现出对仿制药的偏好[3]。

随着高价特效药和生物制剂主导了企业的产品组合，市场对精准营销（作为精准医学的对应概念）特别是对循证战略的需求十分明显——在精准营销和循证战略中，产品定位由临床和经济数据支持。

本章首先重新界定以下概念，包括品牌模式、证据与经验的平衡、新的目标市场细分（如按基因型细分）、从药物向综合解决方案的演变、开发双重目标和广泛的品牌模式等。接下来分析预启动、启动策略以及多渠道传播。最后，通过产品组合管理、多适应证和后续分子等，来评估传统生命周期以外的可持续性战略（图 5-1）。

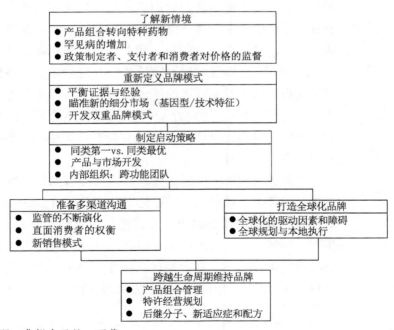

来源：弗朗索瓦丝·西蒙

图 5-1　精准营销策略

从产品组合转向特种药物

根据 2016 年艾美仕市场研究公司的一份报告，过去 5 年中，在肿瘤、肝炎和自身免疫性疾病治疗的驱动下，特种药物的支出翻了一番，目前占美国未统计药物支出的 36%。而到 2016 年，美国特种药物支出占药物净支出的 42.6%[4]。

除对特种药物的投资增加外，另一个关键的因素是药品价格上涨。2013年，100 多名专家在《血液》（Blood）杂志上发表的一篇文章指出，医疗成本正在快速上升，特别是在肿瘤学和血液病（例如慢性髓系白血病）等领域[5]。作为回应，业界已在开发用于比较临床价值的新指标，如美国临床肿瘤学会的价值框架和纪念斯隆-凯特琳癌症中心的药物核算工具[6]。

近年来，罕见病的增长尤其迅猛。由于罕见病的患病人群规模较小，需要药品定价高昂以收回研发成本。许多孤儿药已经成长为畅销产品，如赛尔基因公司治疗多发性骨髓瘤的瑞复美（来那度胺），2016 年其全球销售额接近 70 亿美元。

在美国，多达 3000 万患者患有罕见病。然而，即便是这一数字也很可能低估了实际患病人数，因为每个患者在得到准确诊断之前的近 5 年时间里，平均每人会寻找 7 个医生就诊。与此同时，人们对这些药品价格标签和监管法规的关注度也越来越高。《孤儿药法案》制定了包括营销排他性和税收抵免的激励措施，目前正在审查之中。

孤儿药的患者人群规模小，其支出不会严重地影响总预算成本[7]，因此，它们此前并未受到足够的重视。而现在，孤儿药已经出现在支付者的视野中。

这些趋势呼唤循证策略的出现，也要求企业与患者群体进行密切沟通。他们在全球范围内彼此联系，对新疗法有着敏锐的认识。这一事实可能是一把双刃剑：他们可提供参与项目的机会、加快试验患者招募，但他们也可能期望过高，忽略其中可能存在的副作用，施加压力招募一些不符合试验方案的患者。基于此，一些公司选择了开放标签研究，通过多渠道（如倡议组织、会议、大会和社交媒体等）来管理期望和说明资格标准。例如，福泰制药公司就很好地传递这样的信息：卡利迪科（依伐卡托）只应用于具有特定基因突变的囊性纤维化患者的极小一部分[8]。

平衡证据与经验

虽然消费者研究已表明了解患者旅程的重要性，但生物制药公司还面临如何平衡证据和经验的挑战。有几种趋势促使人们转向依靠可靠的证据：

- 全球的监管机构对仿制药的容忍度都比较低，法国已建立一种基于新产品创新性的排名体系。
- 欧洲大部分地区的支付者要求提供药物经济档案，而美国相关团体正在开发比较药物有效性的方法。2015 年 7 月，非营利组织临床与经济评价研究所（ICER）启动了一项新药评估计划，其目的在于制定一个基于价值的价格基准，该基准以患者的实际利益为导向[9]。
- 自从 2004 年默沙东公司大幅度召回其关节炎药物万络（罗非昔布）以来，医生们对药物召回一直很敏感，通常会要求提供确凿的临床数据。
- 消费者可以在线访问科学数据，访问的途径包含搜索引擎、期刊。

鉴于当前产品范围的广泛性，经验营销将与循证营销继续共存。在肿瘤学等关键领域，循证营销将占主导地位。在过敏等非关键领域，经验营销将继续适用，但考虑到品牌的传播，有判断力的消费者还是会期望获得有区分的证据支持。

经验营销还部分适用于监管机构和支付者的决策，因为随机试验得到了患者报告的结果和观察研究的补充。对医生和患者而言，给药方式、服药方便性和生活质量等也会影响治疗依从性（图 5-2）。

	监管机构	支付者	医生	消费者
证据	• 疗效、安全性、耐受性 • 随机试验	• 疗效/安全性与护理标准 • 竞争产品 • 相对有效性 • 参考定价	• 疗效/安全性的硬临床终点 • 关键意见领袖的影响 • 对合规性的影响 • 市场准入	• 功效/安全性 • 疾病教育 • 医生和药剂师的影响 • 报销/共付
经验	• 患者报告结果 • 观察试验	• 患者报告结果 • 交付、易用性和剂量 • 伴随诊断成本/易用性 • 合规性	• 交付或服药的便利性 • 患者临床支持 • 继续医学教育计划 • 医学联络人/虚拟销售人员	• 在线社区支持 • 交付/给药易用性 • 生活质量改善 • 社会化媒体 • 企业声誉

来源：弗朗索瓦丝·西蒙

图 5-2　证据和经验驱动因素

未能考虑利益相关者需要的一个著名例子，是辉瑞公司的吸入式胰岛素"Exubera"。对支付者来说，该产品的上市价格被认为与其他胰岛素相比毫无竞争力；对医生来说，他们非常担心胰岛素对肺的长期影响；对患者而言，主要障碍是在开始治疗前需要进行肺功能测试，以及使用大型、不便的设备。辉瑞公司是以 13 亿美元的价格从赛诺菲-安万特公司（Sanofi-Aventis）手中收购了该药物的全球权益。然而，由于 2007 年该药物的全球销售额仅为 1200 万美元，同年 10 月辉瑞公司宣布该药将退出市场[10]。曼恩凯德生物医疗公司（MannKind）最近推出了其吸入式胰岛素"Afrezza"，其吸入器具有更小的尺寸和呼吸激活系统，可靠性得到了提高，但对其系统性影响和可接受性的担忧仍然存在[11]。

研发与商业协调

在上述现实情况下，一个关键成功要素就是，研究团队和商业团队在开发初期的紧密配合。研究人员对患者需求可能并没有清晰的认识。例如，骨质疏松症患者使用每月而不是每天的方案，以最大限度地减少双膦酸盐［如罗氏公司的博尼瓦（伊班膦酸钠）］对胃的副作用，但每月服药一次对老年人来说可能是个障碍，因为他们很难记住用药周期，在这方面商业团队就应该发挥作用。

诸如视频日记之类的新型数字化人种学工具，可能有助于揭示现实生活中药物的使用价值，但收集这些证据可能面临障碍。特别是目标产品简介（TPP）可能无法描述产品的实际价值。在科学和商业团队的合作中，目标产品简介应包括以下问题：

● 患者：目标患者是谁？患者的就诊历程是什么？预处理信息以及医疗、财务和生活方式存在哪些挑战？哪些治疗结果对他们最有意义（例如多发性硬化患者的活动度与脑损伤）？

● 医生：各专业的关键决策标准是什么？最相关的结果是什么？治疗上的挑战（包括缺乏依从性）是什么？

● 监管机构：新疗法与医疗标准相比如何？如果它是同类第一，比较的标准是什么？创新和医疗收益的相对水平是多少？

● 支付者：新产品将如何影响预算成本？对于小规模患者人群来说，价格敏感性是否较低？是否会进行成本效益研究？

公司要想解决所有利益相关者的问题，一个关键要素是采用"由外而内"的方法，从尚未被满足的需求和客户体验开始。

研发与商业紧密协作的例子是赛尔基因公司，其将科学作为公司增长和成功的产品开发的关键驱动力。

科学是新的营销手段

作者：杰奎琳·福斯（Jacqualyn Fouse），赛尔基因公司退休总裁兼首席运营官；迈克尔·菲尔（Michael Pehl），赛尔基因公司血液学和肿瘤学总裁

多年来，赛尔基因公司旗下大大小小的生物技术公司一直在追求尖端科学，并通过治疗方法创新将科学成果带给患者。该行业当前正在经历一场新的科学突破浪潮，这可能是由基因组学、蛋白质组学和免疫学分析的进步驱动的，它们通过生物标记物及伴随诊断对患者群体进行反应测试，从而发现更具针对性、更有效的、耐受性更佳的治疗方法。这可能在癌症患者的治疗中最为显著——这些患者见证了基于基因标记物、检查点抑制剂和免疫-肿瘤学领域正在进行的大量项目，在其他严重疾病的治疗方面也取得了重大进展，

包括多发性硬化症和银屑病。

　　将这些治疗方法向最需要它们的患者传递，就需要考虑营销在其中的作用。长期以来我们一直相信，在赛尔基因公司，营销的作用始终根植于科学，并且必须将患者的利益放在首位。随着时间推移而改变的是跨职能、综合发展计划中商业和市场准入的性质和时间安排。

　　传统上，这些职能部门在为晚期资产提供基于机会的战略框架方面，发挥了并将继续发挥重要的作用，这涉及机会优化、生命周期优先序、产品与疾病教育以及具有强大科学与疾病背景的商业同事等。当前，它们则从目标识别开始就与其从事科学和临床工作的同事们一起，共同开始新的征程。

　　因此，我们的早期商业化和市场准入团队，通过跨职能工作的方式努力理解驱动产品创新的科学；就科学、临床和结果研究如何更好地服务尚未被满足的医疗需求提供意见；通过科学和出版的证据来教育、引导市场，目的是为患者提供可证明的收益和改善医疗系统的结果。

　　一个代表性的案例是，我们与合作伙伴阿吉奥斯制药公司正在进行的 AG-221（依那西替尼）开发项目，这是一种用于急性髓系白血病（AML）和骨髓增生异常综合征（MDS）患者的 IDH-2 抑制剂。通过深入了解潜在的表观遗传学，我们确定了一个药效学标记物和一个具有 IDH-2 突变的独特患者片段。我们对 AML 生物学的深入理解，以及与我们的转化医学研究、临床研究、市场准入和早期商业化等同事的密切合作，促成了一个量身定制的开发计划，不仅最大限度地改善了患者的收益风险状况、支付者的价值主张，还把从首次对人试验到提交监管审查的时间缩短为 3 年。

　　我们相信，许多因素共同决定了赛尔基因公司有其独特的方法。首先，我们最近成立了专门化的早期商业化和早期项目领导团队，以实质性地支持我们的跨职能方法。其次，我们通过研发合作伙伴群体建立了合作关系网络，并利用其进一步支持这项工作。这种合作组合从业务发展和研究模式的角度来看是不同的。

　　长期以来，我们的患者和医疗机构一直要求我们如此，我们也与他们保持完全一致。这种药物开发以及向患者提供新型有效治疗的方法，起源于一种过去不太光彩的药物——沙利度胺——转变成一种安全、延长生命的治疗多发性骨髓瘤的方法，这种方法至今仍在使用。如今，随着对成果数据的访问越来越方便，以及多方都在权衡如何评估创新的价值，支付者和监管机构也在向我们提出更多的要求。

对我们来说，除科学和临床证据之外，任何其他证据都不能支持我们的产品在所服务的市场上的合理使用。我们的方法变得更加关键，因为我们的许多产品用于血液病和实体瘤的联合治疗，我们必须了解这些药物组合背后的科学和临床数据，以帮助医生与患者共同选择最佳治疗方案。即使这些组合中的某些药物并不是我们的产品，我们也必须这样做，而且应该以完全客观、以数据为导向的方式这样做。今天的创新环境，使对科学和数据的关注比以往任何时候都更重要，这就是今天我们相信基于科学的营销方法对于我们的患者、医疗系统和医疗界是正确方法的原因。

除了关注科学，还需要了解患者的体验，以确保产品和服务满足他们的需求。

体验价值：消费者决策之旅

各行业都对消费者与品牌之间的联系开展过研究。虽然没有生物制药品牌能与迪士尼公司或苹果公司的情感力量相媲美，但随着消费者从无连接转向高度满意、感知品牌差异并充分连接，连接途径可能适用于医疗保健行业。评估和利用这种情感连接的步骤包括：

●从自有媒体（网站）到赢得媒体（通用平台和在线患者社区）收集市场研究和客户洞察数据。

●分析最优秀的客户——那些最具品牌忠诚度和宣传力的客户，如博客作者和患者社区的领袖。

●确保高层领导的认可，而不仅仅是品牌团队的认可[12]。

此外，一种创建消费者旅程的新方法正在出现。传统的消费者旅程可用漏斗来隐喻（认识、考虑、购买）——从许多品牌开始，然后收缩到最终选择。而新的消费者旅程可按四个阶段来推进——考虑、评估、购买、享受/倡导/结合：

●考虑阶段包括从广告、口碑或专业推荐中获得的心目中最重要的品牌集合。

- 在评估阶段，从消费者同行、在线评论员和竞争对手品牌传播中寻求意见。
- 在购买阶段，销售点的因素，如配备药剂师（例如转换到仿制药），也发挥了作用。
- 在享受/倡导/结合阶段，消费者继续在线研究；如果关系牢固，这一阶段可能会跳过早期阶段，并产生长期忠诚度。

在这种情况下，营销人员具有三个主要角色：

- 跨职能部门（产品开发、营销、客户服务、销售和信息技术）和渠道的沟通协调者。
- 跨业务部门的发布者和内容管理器。例如，苹果公司已经统一了产品描述，并创建了一个演示视频库。
- 市场情报领导者。市场和竞争数据通常由不同的职能部门和业务部门收集[13]。

在医疗保健领域，决策流程尤其复杂，包括"选择退出"的步骤：

- 诊断前信息——某些症状可能会出现。
- 寻求专业帮助——这可能是标准药物或替代药物。
- 医学诊断——试图理解治疗或选择替代疗法。
- 开具处方——从好处与副作用的角度出发，选择继续或放弃治疗。
- 病情变化——如果未达到稳定或治愈，则需要新的决策周期。

公司通常不会在最早阶段就让患者参与。谷歌或优兔的搜索结果中可能包含外部来源，而不是公司信息。类似地，开一张处方的时间只是众多接触点之一，其他接触点可能影响更大，例如第一次生物注射的疼痛或使用哮喘吸入器的困难，这可能会影响依从性。

在早期阶段，消费者的见解可能来自搜索引擎和患者社区，在开发的后续阶段，可能来自药房的保险理赔信息和电子病历[14]。

药片之外的营销

通过决策过程进行的精准营销，将生物制药公司模式从检测与治疗转变为预测与预防。

在预测阶段，基因组数据库和工具（如沃森健康）可以识别早期基因突变，并支持药物和伴随诊断（CDx）的联合开发。1998年，基因泰克公司用赫赛汀（曲妥珠单抗）开创了这种模式，该模式旨在阻断转移性乳腺癌中HER2的过度表达，它与丹科公司（Dako）合作进行赫赛汀伴随诊断测试。

这需要协调两个不同的过程。对诊断和治疗来说，发现时间表、审批标准、渠道、客户和利润率等均不相同。必须协调实验室和医生的双重销售力量，对消费者和医生进行教育，以宣传伴随诊断的重要性。上市后，则有必要通过生物传感器跟踪和生物标记物进行监测，以支持长期结果、四期研究与出版物[15]。这一双重过程如图5-3所示：

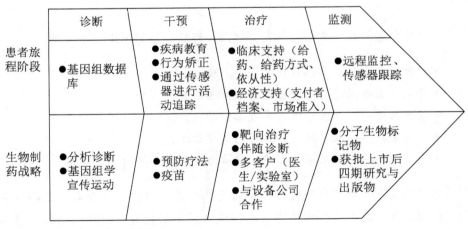

来源：弗朗索瓦丝·西蒙

图 5-3　药片之外的营销

瞄准新的消费群体

在精准营销中，第一个细分基础是基因类型，其次是疾病状态（从早期到晚期）。对于生物制剂而言，除年龄和收入等标准的人口统计学数据外，地点也很重要。远离输液中心的农村患者在有选择的情况下，可能会选择皮下注射。另外，种族和性别也很重要，因为临床试验越来越强调性别比较和种族亚型。

消费者的态度也很关键，如消费者个体的态度是积极的还是消极的，患者是主流医学导向的还是替代医学导向的。在艾滋病领域，奉行积极主义的消费者在加快抗病毒药物获得批准以及通过"同情性使用计划"在上市前就获得这些药物方面发挥了重要作用[16]。技术统计学现在也是一个有影响力的细分基础。

特别是在罕见病和关键领域，互联网领导者发挥着强大的传播或批评作用，甚至可以触发观察性试验，就像"像我一样的病人"网站成员对肌萎缩侧索硬化症进行的锂研究一样。这项研究证明了锂是无效的，而后这一观点被一项随机试验证实。

医生群体的细分

这些市场细分的基础也相应适用于医生群体。在罕见病或需要双重专长的疾病中，例如白血病的血液学/肿瘤学研究，全球可能只有 5000 名相关专家。启动前的一个重要因素是，务必抓住关键意见领袖（KOLs）作为试验调查人员。

按业务类型进行细分也是关键。许多集团业务禁止销售访问，但对按需提供的虚拟细节或医学联络人（MSLs）等是保持开放的。

按态度进行细分也很重要，因为公司必须确定早期的采用者，并避开保守的医生或成本意识强的医生的担忧。

对医生来说，科技消费学遵循与消费者相同的模式，这些消费者包括网络关键意见领袖（博客作者或网络研讨会演讲者）、消极的信息寻求者以及医疗社区用户，如"Sermo"医生社交网站或"Doximity"医疗服务平台等。这些分段基础如图 5-4 所示：

	基因类型/疾病状态	人口统计学特征	态度	行为	技术图形
消费者	● 基因突变特异性 ● 疾病早期/晚期	● 性别、年龄、种族 ● 位置 ● 收入、教育等	● 主动/被动 ● 主流与替代医学导向	● 合规/不合规 ● 品牌忠诚/品牌转换	● 网络信息被动探索者/互动用户/博客作者 ● 在线社区成员
医生	——	● 执业类型（独立/医生群体/责任医疗组织） ● 职业生涯阶段 ● 意见领袖/调查员 ● 专长	● 创新与保守 ● 有成本意识 ● 早期采用者/追随者	● 高处方者/低处方者 ● 销售人员可触达/不可触达	● 网络意见领袖（博客） ● 被动用户 ● 医疗社区的使用（Sermo/Doximity）

资料来源：弗朗索瓦丝·西蒙

图 5-4　细分基础

利用这些细分基础，需要实施以下特定计划：

- 对靶向治疗，投资于预测工具和基因型的早期诊断；
- 与医生和患者关键意见领袖合作进行医学和观察研究；
- 培养对基因组筛查和伴随诊断的前期认识；
- 在治疗期间和治疗后，通过生物传感器和生物标记物来监测行为、依从性和结果，以支持具有真实世界证据的四期研究。

双重品牌推广模式

这些不断演化的市场细分基础，导致了针对目标细分市场产品和大众市场产品的两种不同的品牌模式。许多生物技术公司专注于靶向药物，这对拥有广泛产品组合的大型制药公司来说是一个挑战。例如赛诺菲公司，其生产的胰岛素解决了全球 3.5 亿糖尿病患者的问题，但其基因酶药物，如治疗庞贝病的肌酶（α-葡萄糖苷酶），在全球只有 5000 名至 10 000 名受众患者。尽管该人群数量有限，但由于价格很高，靶向治疗仍可能获得很高的收入。罗氏公司的美罗华（利妥昔单抗）和赫赛汀（曲妥珠单抗）2016 年全球销售额分别达到 86 亿美元和 67 亿美元[17]。

这些药物卓越的投资回报，是由其商业模式的若干组成部分支持的：只需较少的销售人员、对医学联络人和患者顾问的较高依赖、不使用或较少使用大众媒体、与患者社区的紧密联系——这些患者社区能够支持产品扩散。受益于紧密联系的专家社群和标准化的治疗规程，这些药物实现了快速的全球扩张。相比之下，大众市场产品如可定（瑞舒伐他汀）等，则面临着销售人员成本、多个专科和地区治疗差异等挑战。

对于阿克托奈尔（利塞膦酸钠）等骨质疏松症药物，医疗目标可能包括全科医生、内分泌科医生或骨科医生（骨折后阶段），治疗方法可能因国家而异，从生物制剂 [如安进公司的普罗力（地舒单抗）等] 到双膦酸盐、降钙素、激素或钙等（图 5-5）。

	定向的	一般的
产品示例	卡利迪科/依伐卡托	可定
疾病类型	基因突变特异性、小群体	非基因特异性，大群体
医生	专科医生	全科医生、家庭医生
患者	基因型特异性	广阔的市场
治疗方法的变化	全球性协调	区域性
经济学	高成本、竞争程度受限、患者可触及项目	拥挤的类别/竞争激烈/支付者审查
沟通渠道	• 医学联络员/训练有素的小型销售团队 • 在线外展服务/患者社区	细分的大型销售队伍

来源：弗朗索瓦丝·西蒙

图 5-5 品牌模式的范围

尽管存在差异，但大型制药公司的一个成功因素是跨模式的知识转移，特别是将循证营销应用于大众市场产品。

立普妥的成功：循证营销

在华纳-兰伯特公司（Warner-Lambert，后被辉瑞公司收购）准备推出其降血脂药立普妥（阿托伐他汀）时，其面临着一些障碍——作为他汀类市场的一个迟来的追随者，立普妥在他汀类药物中只排名第五。然而，立普妥由于能够显著降低低密度脂蛋白，从而实现基于证据的差异化，后来成为该类药物的领先者和世界一流的顶级产品，最高年销售额近130亿美元。在立普妥上市前十多年，默沙东公司推出的美降脂（洛伐他汀）及其于1992年推出的舒降之（辛伐他汀），因疗效和耐受性而处于他汀类市场领先地位。

华纳–兰伯特公司将立普妥的临床试验设计为"头对头比较"，尽管这项研究规模不大，其研究结果却使立普妥获得了FDA的快速批准资格，因为临床试验显示，立普妥对某种高脂血症有功效，能够更好地降低低密度脂蛋白和甘油三酯。

立普妥最初只面向医生销售，其价格低于舒降之，从而被快速纳入处方药。华纳–兰伯特公司还通过与美国心脏协会合作来推广使用指南，并就高脂血症尤其是糖尿病的风险对公众进行教育，赢得了市场信誉。

成功的关键要素包括：

- 比较试验数据和基于证据的定位；
- 渗透定价策略/全球协调发布；
- 最初向医生进行营销/广泛的出版物和后续试验；
- 与医学协会的合作，例如美国心脏协会。

阿斯利康公司对其推出的可定（瑞舒伐他汀）采用了循证战略，其价值主张是作为一种高效他汀类药物。其发起了由克利夫兰诊所临床研究人员领导的SATURN"头对头"试验，比较可定和立普妥这两种他汀类药物。2011年11月30日（立普妥专利到期的同一天），《新英格兰医学杂志》（*New England Journal of Medicine*）刊发了SATURN"头对头"试验结果，很遗憾，两种药物的结果没有显著性差异。这是一个可以量化的风险，因为阿托伐他汀很可能侵蚀可定的市场。由于成本效益比不怎么令人信服，以及他汀类药物种类繁多，可定未能复制立普妥的成功。2015年，在可定的专利到期前一年，其销售额仍超过50亿美元[18]。

新的产品上市策略

生物制药公司需要从早期开发阶段就开始考虑药品的上市战略，而成功上市主要依赖于各方的共同创造，如在研发和产品配方等方面均需要医生和患者关键意见领袖的共同参与。例如，诺和诺德公司（Novo Nordisk）凭借其对糖尿病和患者需求的关注，在与赛诺菲公司和礼来公司等强劲对手的竞争中，一直能保有自己的地位。诺和诺德公司在早期就意识到，与竞争对手产生差异化的因素不是胰岛素这种准商品本身，而是胰岛素的传递方式，于是，其开发了一款易于使用的自动注射器，并命名为诺和笔（NovoPen）。

产品上市模式也在不断自我发展。传统模式通常将拥有最新作用机制的产品定义为"同类第一"产品，其能比竞争对手更早地发现一种新的药物靶点或作用机制，可以快速触发早期使用者在处方中采用产品。以吉列德科学公司的索华迪（索非布韦）为例，其推出时是丙型肝炎的一项突破性产品，尽管支付者用了几个月的时间才在全美设立保险，但医生开处方的速度非常快，到 2015 年其全球销售额达到近 52 亿美元的峰值。其后继产品夏帆宁（来迪派韦/索非布韦）到 2015 年全球销售额达到近 139 亿美元的峰值。随着竞争对手进入市场，吉列德科学公司的索华迪和夏帆宁两种产品的销售额在 2016 年均有所下降，分别实现 40 亿美元和 90 亿美元，为支付者提供了更多的经济杠杆[19]。

一旦支付者开始执行"访问限制"，医生和患者就会提出承保范围审查、申诉和例外情况，并且有一个法院案例是因患者没有足够的症状而拒绝接受夏帆宁。未来，支付者可能会在药品上市前起草一些限制性政策，例如仅在说明书范围内提供保险、阶梯治疗和事先授权。

市场成功的一个新标准可能是同类最优。"同类最优"是通过对疗效、安全性、经济性和易用性等进行比较来定义的。正如施乐（Xerox）或联邦快递（FedEx）等企业在各自所在产业中的定位一样，"同类最优"在业内占主导地位，能够保护企业免受竞争性进入者的威胁。医生不愿意换掉病情稳定的患者，而转向采用更便宜的产品则可能不利于现有企业向支付者支付"回扣"[20]。

伴随诊断

除了"同类第一"和"同类最优"之间的权衡，关于带有伴随诊断和不带有伴随诊断的基因型靶向药物中的哪一种更具发展潜力，又产生了争议。

一个带有伴随诊断的抗肿瘤药物的例子是辉瑞公司 2011 年推出的赛可瑞（克唑替尼）。其面临的挑战是，要确保药品营销与诊断直接相关，这在今天仍然是一个未解决的问题。赛可瑞能够解决部分患者——具有 ALK（间变性淋巴瘤激酶）基因缺陷的非小细胞肺癌患者——的痛苦。辉瑞公司不得不与多个利益相关者沟通相关信息——从肺科医生到介入放射科医生、病理学家和护士，说服这些人采用一个新的医院治疗系统。例如，相比正常情况，这种做法需采集更多的活检组织，以确保患者能够通过资格评估。

威赛斯 ALK 探针的制造商雅培分子公司（Abbott Molecular），试图将药物和检测试剂放在同一个包装中，作为一个组合产品进行介绍，这要求雅培分子公司与辉瑞公司既要向"双团队"医生进行联合销售，又要对销售人员进行严格的培训，以确保其工作符合科学要求。

在患者教育方面，辉瑞公司积极支持"LungCancerProfiles.com"网站的运营，包括开展病程记录，提供就诊时的交互式提问工具等。

尽管这些努力强调了分子检测的必要性，但检测的发展仍然面临部分障碍，直到 2015 年，赛可瑞的销售额才达到 5.46 亿美元[21]。

争议现已扩展到免疫肿瘤学中的检查点抑制剂疗法的新类别。

靶向药还是非靶向药？欧狄沃 vs. 可瑞达

在免疫肿瘤学方面，百时美施贵宝公司和默沙东公司对各自的药物欧狄沃和可瑞达分别采取了不同的策略。

如第 4 章所述，两类药物均以 PD-1 程序性细胞死亡蛋白为靶点，但可瑞达的说明书将其治疗范围限制为 PD-L1 配体过度表达的患者，而欧狄沃则无此限制。自上市以来，欧狄沃获得了更高的销售额，2016 年其全球收入接近 38 亿美元，而可瑞达的收入为 14 亿美元。虽然可瑞达的"资格预审测试"可能会因其有更明确的病人群体而对付款者有更大的吸引力，但医生可能会更偏爱那些没有伴随诊断的药物。

可瑞达先一步上市，于 2014 年 9 月获 FDA 批准用于治疗难治性黑色素瘤，于 2015 年 10 月再次获 FDA 批准用于治疗二线非小细胞肺癌。欧狄沃紧随其后，于 2014 年 12 月获 FDA 批准用于治疗难治性黑色素瘤，于 2015 年 3 月获 FDA 批准用于治疗鳞状非小细胞肺癌，于 2015 年 10 月获批用于治疗非鳞状非小细胞肺癌，于 2015 年 11 月获批用于治疗肾癌。

一线非小细胞肺癌治疗方法为癌症提供了治愈的机遇。在全世界每年新增肺癌诊断病例超过 160 万的情况下，非小细胞肺癌治疗会极大地改善患者的治疗基础，特别是广泛借助了百时美施贵宝公司的方法。然而，根据 2016

年 8 月 5 日的报道，对先前未经治疗的肺癌患者，在无进展生存率（PFS）方面，欧狄沃较化疗而言没有明显优势。

默沙东公司对于目标患者人群较小的可瑞达采取了相对保守的战略。2016 年 6 月，默沙东公司发布试验数据——与化疗相比，可瑞达在无进展生存率方面更具优势，这使默沙东公司获得 FDA 批准将其产品用于治疗一线非小细胞肺癌。

两家公司都在进行额外的试验，但可瑞达率先于 2017 年获得 FDA 批准，可用于治疗包括膀胱癌在内的疾病。值得关注的是，可瑞达是首个可治疗拥有相同遗传信息的实体瘤的疗法，这种疗法不用考虑实体瘤所处的部位。

联合试验显示了混合结果：可瑞达与因塞特医疗公司生产的 IDO 抑制剂艾卡哚司他联合治疗乳腺癌和联合化疗治疗肺癌，产生了阳性结果。默沙东公司不得不暂停可瑞达的两项试验——与赛尔基因公司的瑞复美（来那度胺）和泊马度胺的联合试验，以调查患者的死亡情况。

在术后黑色素瘤患者中，相比耶尔沃伊（伊匹单抗），欧狄沃显示出较高的无复发生存率；在与耶尔沃伊联合治疗间皮瘤的二期试验中，显示阳性结果[22]。

竞争动态可能会随着罗氏公司的特善奇（阿替利珠单抗）等追随者的加入而改变。FDA 在 2016 年批准了特善奇（阿替利珠单抗）用于治疗膀胱癌和非小细胞肺癌。

一个有争议的问题仍然是直接面向消费者（DTC）的癌症药物广告。医生团体在《美国医学会杂志》（JMAM）上对这一趋势特别是欧狄沃的推广表达了反对意见。他们认为，直接面向消费者的广告可能会引起疗效和毒性方面的误解，并提出了一个"药物事实框"来说明每个适应证的风险和收益数据[23]。

这个案例说明了一般性靶向治疗的新战略选择。

为使包含快速多指征的开发模式获得成功，启动计划必须包括早期阶段的里程碑和责任。尽管传统上对临床试验团队和商业团队的评估分别基于不同的标准，但是为了获取真实世界的证据，需要采用新的记分卡，对两个团队评价指标进行整合，使他们的激励措施得以协调一致。应该由协调工作来塑造市场、公司和产品。产品受益于早期的多种适应证和配方，市场中包括医生、患者和支付者三个主体。对医生来说，关键意见领袖作为调查者对市场信息的捕获是必不可少的。对消费者来说，关键意见领袖与共同创作者一样重要，可以从宣传团体中获得。对支付者来说，报销取决于药物经济学档案[24]。这些启动成功因素如图 5-6 所示：

产品开发	• 协同创造过程（研发中患者和医生的投入） • 临床试验的速度（电子招聘和报告） • 随机和观察性试验的结合 • 多种适应证和专利 • 科学驱动的差异化
市场准备	• 医生：关键意见领袖捕获信息、行为模式教育、出版物和会议 • 支付者：真实世界的证据、药物经济学档案 • 消费者：疾病意识、与在线患者社区和基金会的合作
公司组织	• 跨职能团队 • 全球规划与本地执行 • 快速在多国进行全球化推广

来源：弗朗索瓦丝·西蒙

图 5-6　成功启动的驱动因素

全球组织

最后，快速收回研发成本一个关键成功因素是，协调启动全球性的药品上市活动。应铭记以下要点：

● 在临床早期阶段，全球咨询小组就可以提供未被满足的需要的信息，包括新兴市场的需要。

● 在后期阶段，区域关键意见领袖可以共同引领和交流试验。

● 在整个开发过程中，与全球患者群体的密切联系可以加快患者招募进程，建立多国注册中心，在全世界范围内收集证据。

一个主要的挑战仍然是中央效率和地方反应能力之间的平衡、规模经济和市场重点之间的平衡。尽管生物制品受益于泛欧盟注册，但各国的生物仿制药政策各不相同，药品的定价在欧洲及其他地方的参考定价也大不相同。

因此，公司必须在全球品牌一致性和本地适应性之间进行权衡。例如，辉瑞公司和阿斯利康公司对各自的产品——立普妥和可定，都是在全球范围内进行定位的。然而，考虑到不同地区在定价和渠道（同一产品可能在某地区是处方药，而在另一地区是非处方药）、品牌名称以及配送方式（如泡腾维生素与药丸）等方面的差异，还是应该保留必要药物各方面定位的灵活性。[25]这些驱动因素和障碍如图 5-7 所示：

驱动因素	障碍
• 全球临床试验和研究者 • 经全球协调一致的专家、出版物和会议 • 全球患者社区 • 标准化治疗方案 • 多国患者登记	• 全球产能提升 • 国家或地区特定法规（食品药品监督管理局、欧洲药品管理局、卫生部） • 参考定价/价格弹性变化 • 中产阶级的购买力 • 平行进口的风险 • 处方模式和消费趋势的差异

来源：弗朗索瓦丝·西蒙

图 5-7　全球性的驱动因素和障碍

多渠道传播

传播策略正从大众媒体转向多渠道生态系统，但由于消费者中的反制药趋势，这种转向受到了质疑。在美国，直接面向消费者的规模性和可见性又加剧了这种情况（在美国以外，只有新西兰允许品牌化的直接面向消费者，欧洲只允许使用无品牌化的直接面向消费者）。2016 年，美国在直接面向消费者上的总支出达到 58 亿美元，辉瑞、百时美施贵宝、艾伯维和礼来等是直接面向消费者支出最高的几家公司；传统媒体是宣传支出的领跑者，其中超过40 亿美元花费用于电视媒体中，而数字化的推广支出仅有 5.15 亿美元。

尽管在丙型肝炎治疗的定价政策上仍然存在争议，吉列德科学公司在其产品夏帆宁上还是花费了近 1.02 亿美元，这可能会进一步激化公众的抗议。在过去几年中，靶向药物如诺华公司的格列卫，没有在大众媒体上做过广告，但百时美施贵宝公司在欧狄沃的宣传上花费超过 1.7 亿美元[26]。

这一趋势与许多利益相关者的强烈抗议背道而驰。目前，消费者会避免印刷广告、减少有线电视订阅和跳过视频广告，约10%的美国互联网用户的电脑桌面已经安装了广告拦截器，手机广告的增长趋势越来越明显。2015年捷孚凯公司（GfK/MRI）的一项面向各行业的24 000名消费者的调查显示，近一半的人认为"大部分广告都太烦人了"。2016年，埃森哲公司对28个国家进行了调查，84%的受访者表示，数字广告太频繁了。千禧一代正引领着这场"广告大逃亡"：尼尔森公司（Nielsen）的数据显示，与2012年相比，他们每周看电视的时间减少了近30%，24岁至35岁年龄组每周看电视的时间则减少了18%[27]。

医生们开始正式抗议直接面向消费者的推广。2015年11月17日，美国医学会呼吁禁止处方药和医疗设备的直接面向消费者广告，原因是担心"尽管低成本替代品在临床上有效，但广告的日益增多推动了对昂贵治疗的需求"[28]。需要强调的是，美国医学会还首次明确了广告支出与药价上涨之间的相关性。

政府紧随其后提出了一项法案，意图使药品在获批后三年内不能直接面向消费者进行促销。另一项法案的目的是，停止执行生物制药公司通过核销其直接面向消费者支出来享受税收减免的政策[29]。虽然这些法案尚未最后定论，但对生物制药公司来说，来自利益相关者的这些广泛的抗议活动，足以使其重新思考他们在所有渠道的传播组合和资源分配，并更加注重从公共卫生角度开展全球可接受、欢迎的产品中立的宣传活动，例如疫苗接种或诊断不足疾病的宣传活动。

除了利益相关者的抵制，多渠道战略还遇到了来自内部的挑战。由于某些公司仍然倾向于以产品为中心，多渠道思维方式面临诸如品牌孤岛（一个品牌的团队没有被激励为另一个品牌做贡献）和缺乏患者旅程信息（包括诊断前和治疗后阶段）等障碍。我们需要在无品牌的疾病导向推广和特定品牌推广之间进行平衡[30]。

品牌信息本身不仅应针对消费者群体，还应根据利益相关者对品牌的不同感知价值进行定制。责任护理组织（ACOs）的兴起提升了人口层面福利的重要性。虽然社区卫生中心更重视药物良好的耐受性——这可以提高患者依从性，但教学机构从科学价值的角度考虑，可能会注重创新的行动模式。为了协调多渠道推广，营销可被视为一个由功能（创新、战略规划、定位和营销组合）和人才因素（营销以及销售人员培训）组成的矩阵系统[31]。

生物制药产品的推广包含利用移动媒体新方式，例如已在消费者保健中使用的定位功能。2015 年，在露得清防晒霜推广活动中，强生公司在阳光照射和紫外线水平较高时发送手机横幅广告。这些广告针对海滩或泳池附近消费者，出现在一系列网站的美容或时尚栏目中。近 60% 的受访者表示，他们会更愿尝试使用防晒霜[32]。

然而，将"过滤器"应用于生物制药产品却引发了隐私问题，特别是在当前消费者强烈反对数字入侵的背景下。对于这种类型的推广，品牌团队应谨慎地与医疗公司和公司事务部门进行协调，先做试点，再进行大规模推广。

内容营销

内容营销最好的做法就是让消费者参与到相关且直接有用的内容创造上，对此，生物制药公司如能向医疗系统（例如梅奥诊所）学习，则必将受益。在糖尿病方面，诺和诺德公司以疾病为中心，通过其"Cornerstones4Care"支持计划，提供了一个在线的个性化工具组合。尽管这个组合包含了饮食、活动和血糖跟踪信息，但其"糖尿病 101"页面的内容仍然相当基础，缺乏与相关文献的链接。此外，"药品"部分仅限于其自己的产品，从用于治疗 1 型和 2 型糖尿病的诺和锐（门冬胰岛素）到用于治疗 2 型糖尿病的诺和力（利拉鲁肽）。

相比之下，梅奥诊所的"疾病与环境"网站，不仅包括生活方式和饮食建议，还包括大量与产品无关的信息：从其《糖尿病精要》（*Diabetes Book*）到数字光盘，以及 1 型和 2 型糖尿病系列疗法的完整清单，从二甲双胍和 DPP-4 抑制剂［例如默沙东公司的捷诺维（西他列汀）］到 GLP-1 受体激动剂［例如诺和诺德公司的诺和力（利拉鲁肽）］，以及它们各自的疗效和副作用等。该网站还链接了一些会议简报摘要和其他资源[33]。

在所有的生物制药公司中，默沙东是唯一一家因其综合医疗信息而在医生和消费者当中建立了全球声誉的公司。

《默沙东诊断与治疗手册》于 1899 年首次出版，是世界上最畅销的医学教科书之一，现已在互联网上出版了专业版和消费者版两个版本。在 2015 年度医疗互联网大会上，默沙东公司的手册获得了五项电子医疗领导力奖，包括最佳专业医疗内容金奖、最佳整体消费者医疗网站奖等。默沙东公司还拥有完整的出版物组合，包括简明的参考指南《默沙东患者症状手册》等[34]。

鉴于当前的直接面向消费者争议，对生物制药公司来说，将更多的资源转向无品牌的疾病信息上或许是有益的，因为这些信息可以反映患者在整个患者旅程中的需求，并可能成为更受信赖的患者教育资源。

销售人员策略

因许多原因，传统的面对面销售模式已不再能满足现实需求。

虽然医药公司的销售队伍已经大量缩减，且很多已经外包，但生物制药公司还是很依赖医药代表，代表们常被再定位为医疗系统客户的大客户经理（KAMs）。

然而，考虑到医疗机构的逐步整合、越来越多的年轻医生加入禁止销售代表的集团或网络，以及他们对数字化信息的需求等因素，需要进行更加全面的转型。根据 2015 年开源软件 "ZS AccessMonitor" 的调查，只有 47% 的美国处方药师允许医药代表进行现场推广。在肿瘤学方面，只有 25% 的医生还接见医药代表[35]。

医学联络员的新角色

在启动前阶段，医学联络员作为科学团队和商业团队之间的桥梁，在推动以客户为中心方面发挥关键作用。医学联络员绝不仅仅是一个次要的销售队伍，其可以支持现有的关键意见领袖，并通过研究者发起的研究项目来组建新的关键意见领袖。他们可以深入沟通关键意见领袖的情况，并根据其信息需求制订并参与相关计划，而医药代表则没有时间做这一评估工作。根据医学联络协会的调查，一名外地的医药代表现场拜访医生的平均时间约为两分钟，而医学联络员拜访医生的时间可长达一小时。这对罕见病和具有新行为模式的突破性疗法尤其重要，因为这些领域需要更多的医学培训，也需要在启动前进行充分的科学论证。

医学联络员有效性指标包括定量变量（面对面的时间）和定性变量（医学见解、竞争情报和基于患者结局的真实证据）。有效的医学联络员战略必须确保这些指标不是孤立的，并与医疗事务和营销团队在各种面向客户的渠道上保持一致[36]。

至于销售团队，他们必须超越传统的 "3R" 模式（正确的信息、正确的频率、正确的目标），不仅需要跨渠道，还要通过新内容来吸引客户。新渠道包括大客户经理结构和患者/医生门户等，其中包括疾病信息、社交媒体和数字教育工具。新内容则可能包括：

- 帮助责任护理组织评估新疗法对相关患者群体的影响的预算/结果模型。
- 增值服务，如伴随诊断的教育、通过生物传感器促进远程监测等。
- 能使患者、护理人员、护士和医生等相互协调的疾病管理服务，特别是针对慢性疾病的协调管理。
- 虚拟销售咨询，与其他在线品牌和疾病信息一致。
- 与支付者和医疗机构合作，签订创新性的定价和合作协议；最好是支付者和医疗机构以及患者群体合作分析研究，以获得关于结果和比较价值的真实世界的证据[37]。

总而言之，成功的上市前和上市战略需要在产品开发过程中尽早地对所有职能部门进行协调。在临床前阶段（至少在上市前 7 年），一个关键因素是，了解全球性的未被满足的需求，确认患者和医生的关键意见领袖以共同创造新产品。另外，为了进行可能的"头对头"研究，还需要对支付者的意见进行评估，包括护理标准值的定义等。

随着产品进入一期临床阶段，通过患者社区，就可以获得真实世界的证据。全球性的关键意见领袖可帮助形成目标产品简介（TPPs）的早期定义。到了二期临床阶段，试验是最有效的论证科学的方式，甚至也能论证新行为模式的科学性。对关键的领域，可能在二期临床阶段获得批准，三期临床阶段也可以是上市后研究的重要部分。在该阶段，疗效和安全性应得到充分验证，并应根据患者的意见确定易用性、给药方式和配方等。还应在与患者倡导团体沟通意见后，将预测和药物经济学档案等连同捐赠/折扣计划等一起确定。

最后，应在产品发布后进行全方位的监测，在全球范围内观察患者用药后的病情进展情况、医生和消费者的反应、竞争对手和支付者的反馈等，并开展多项上市后的试验，基于随机、可观察的样本进行上市后研究，推出相关出版物，包括新的适应证和产品组合等。这一过程如图 5-8 所示：

	临床	商业
临床前	● 全球流行病学/未满足的需求 ● 确定医生和患者的医疗关键意见领袖 ● 招募临床调查员 ● 发展全球咨询委员会	● 定位科学/行为方式 ● 确定比较标准或护理标准
一期	● 进行安全性、剂量试验 ● 确定区域性的和国家性的关键意见领袖 ● 探索患者社区的观察性试验	● 全球领导者对需求、竞争和付款人情况的投入 ● 启动药物经济学档案 ● 起草目标产品简介
二期	● 疗效/安全性试验 ● 扩大全球患者/医生关键意见领袖 ● 赞助对患者的观察性试验 ● 发展科学出版物	● 评估全球市场需求 ● 跟踪医生/患者的反应 ● 关于剂型和交付模式的患者关键意见领袖输入 ● 规划多渠道的沟通
三期	● 扩大试验（疗效/安全性） ● 同情心接触 ● 使试验适应先前的发现 ● 出版/会议 ● 全球继续医学教育规划 ● 最终确定标签	● 制定预测和财务规划 ● 最终确定经济学档案和定价 ● 制订捐赠/折扣计划 ● 完成多渠道外展和销售/营销培训
四期	● 监控利益相关者的反馈 ● 启动上市后临床试验（新适应症/组合） ● 扩展出版物	● 监控竞争对手 ● 跟踪渠道组合和有效性 ● 调整定位 ● 举办其他试验（随机/观察）

来源：弗朗索瓦丝·西蒙

图 5-8　预启动和启动策略

除这些保障上市成功的要素之外，产品的可持续性还取决于早期战略规划，这些战略包括产品组合多元化、特许经营管理以及后继分子检测和疗法方案等。

可持续发展战略：超越生命周期

传统生命周期理论将产品发展划分成引入、成长、成熟、衰退四个阶段，可以从早期研发到专利后阶段等进行优化。

正如在早期临床阶段赢得成功上市一样，产品的生命周期可以通过产品组合和特许经营管理方法来延长。鉴于许多生物制药的专利即将到期，欧洲药品管理局已经批准了 20 种生物仿制药，美国于 2015 年 3 月首次批准山德士公司的非格司亭作为安进公司优保津（非格司亭）的生物仿制药上市[38]。

产品组合多元化和建立特许经营

许多公司都在努力摆脱对某一种旗舰产品的依赖，比如艾伯维公司的修美乐（阿达木单抗）。为了抵御专利到期可能带来的损失，艾伯维公司正指望由其 70 多项专利组成的专利组合能够在 2022 年前为其提供保护。然而，像梯瓦（Teva）这样的仿制药企业近年来增加了其"风险"产品的上市，即在原研药的专利到期之前推出其仿制药产品。

第一道防线显然是产品组合多元化，例如罗氏公司对其单克隆抗体和肿瘤业务专营权的操作。在组合层面，业内越来越多采用资产互换的策略，例如诺华公司和葛兰素史克公司之间的互换：诺华公司将其疫苗业务出售给葛兰素史克公司，以换取葛兰素史克公司的肿瘤业务。

在特许经营层面，推出新产品并不妨碍既有品牌后期的持续推广，因为医学联络员和销售人员可以交流新的处方开发情况。较低成本的数字项目主要针对对品牌忠诚的医生和患者社区，并可以利用品牌在不愿尝试其他治疗方法的患者中积累知名度[39]。当一家公司推出新的给药方案并进入新市场时，特许经营可能会有用。例如，辉瑞公司以不同剂量的伟哥（西地那非）作为瑞肺得推出，用于治疗勃起功能障碍和肺动脉高压；默沙东公司将用于治疗前列腺肥大的保列治（非那雄胺）扩展到治疗脱发的保法止。

独特价值主张的需求也适用于成本限制严格、具有价格敏感性的新兴市场。尽管赛诺菲公司推出了其抗疟药物青蒿琥酯阿莫地喹（ASAQ）——是与非营利性的"被忽视疾病药物倡议"合作推出的，这使它符合 WHO 的要求，但是其在私人市场上以科西嘉销售，价格更高。同样，随着波立维（氯吡格雷）在 2012 年面临专利到期风险，赛诺菲公司在印度尼西亚推出了一款价格较低的品牌仿制药。

在新兴市场，除了可负担的药品定价，生物制药公司还常通过分销合作来确保产品能被广泛使用。阿斯利康公司在印度签订了一项协议，试图通过太阳制药公司（Sun Pharma）来销售其血小板聚集抑制剂布里林塔（替卡格雷），其命名为阿克塞尔的新品牌[40]。

一个有效的特许经营管理的例子是罗氏公司对其 HER2 乳腺癌产品线的管理。其继任计划包括赫赛莱（恩美曲妥珠单抗），即赫赛汀的抗体-药物结合物，以及帕捷特（帕妥株单抗）等新分子，这有助于罗氏公司保持其在美国以新辅助疗法治疗乳腺癌市场的份额。新药物的定位既基于证据，即用于二线治疗的赫赛汀/帕捷特组合试验，也基于经验，即临床上某些患者已改用皮下注射方式[41]。

礼来在糖尿病领域的 90 年专营

特许经营管理的早期典型案例是礼来公司的糖尿病业务，该业务始于1923 年，多伦多大学的弗雷德里克·班廷（Frederick Banting）和查尔斯·贝斯特（Charles Best）发明了世界上第一种胰岛素因苏林（Iletin）。随后，在1982 年，基因泰克公司推出了第一个重组胰岛素优泌林。礼来公司在 2001年失去其在美国的专利之前，引入了优泌乐（赖脯胰岛素），这种胰岛素服用更加方便，且能够更好地控制血糖。2000 年，赖脯胰岛素蛋白预装注射笔上市。

针对 2 型糖尿病，礼来公司于 1999 年从武田制药公司获得了口服药物艾可拓（盐酸吡格列酮）的经营许可。[42]最近，欧唐静（恩格列净）于 2014 年 5月在欧盟获批，并于 2014 年 8 月在美国获批，作为治疗 2 型糖尿病的 SGLT-2 类药物，其知识产权延续到 2020 年底。尽管欧唐静在市场上只排名第三，排在强生公司的怡可安（卡格列净）和阿斯利康公司的安达唐（达格列净）之后，但它是第一种对高危患者有心脏保护作用的糖尿病药物。但是，FDA对整个 SGLT-2 类药物均发布了酮症酸中毒以及血液和肾脏感染的警告。

礼来公司于 2015 年 2 月推出了产品利格列汀，其为欧唐静（恩格列净）和欧唐宁（利格列汀）的组合，是 2 型糖尿病患者饮食和运动的辅助药物，也是美国批准的首个联合治疗方法。此外，用于治疗 2 型糖尿病的度易达（度拉糖肽/GLP-1），于 2014 年 9 月在美国获批，两个月后在欧盟获批，2015 年 7 月在日本获批，这种药物只需要患者每周服用一次。尽管该药最初是面向专家的，但现在正面向初级保健医生推广[43]。

礼来公司在糖尿病领域的长久发展，展示了其对特许、新配方和分子以及组合产品等发展工具的娴熟使用。

建立市场：新的适应证和配方

可持续发展战略的关键成功因素是，尽早对某种药品探索多种适应证，并在初始品牌的专利到期之前推出新的成分，以便患者群体更换药物。这是一种高成本、高回报的方法，需要大量的新试验支出，但其优势是能实现长期独占性、渗透新的细分市场以及通过"一站式服务"的方式强化医生的忠诚度。

企业还应该尽早规划药物的新配方，这样的潜在优势是可以带来双重专利（如智能胰岛素笔或哮喘吸入器的化合物和设备专利等）和"伞式专利"。联合产品被广泛应用于艾滋病和肿瘤等领域，但如果其中一种产品是从外部采购的，由于其利润是共享的，联合产品的回报率可能会降低。

成熟期策略：优化客户渗透率

随着产品生命抵达成熟期，一种优化客户渗透率的有效方法是评估患者旅程中的价值流失，并通过附加服务提高依从性，以应对价值流失问题。在糖尿病患者中，这些流失包括缺乏协调性护理、共病治疗效果不理想、生活质量降低以及血糖监测负担。干预机会包括，针对疾病管理进行个性化咨询，共同创建新配方和给药模式，提供饮食、运动指导和相关应用程序，以及与健康专业人员的虚拟咨询[44]。

更新策略：从专利保护到品牌仿制药

最后，产品生命周期的后期策略包括最大限度地利用专利，并将产品状态更改为品牌仿制药，或者在适用的情况下转换为非处方药（图 5-9）。最具防御性的专利是实用新型专利，配方专利和工艺专利的保护性较低，而涵盖不同适应证的使用方法专利的效果最低，这是因为竞争产品可能会在标签上标明用于相同用途。

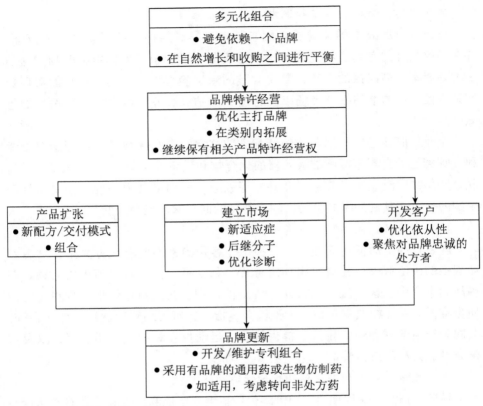

来源：弗朗索瓦丝·西蒙

图5-9　可持续发展策略

如前所述，在美国，孤儿药的市场独占地位可以延长 7 年，但仅适用于罕见病。由于大多数侵权诉讼均告失败，而且在发起人的专利到期之前，仿制挑战越来越多，各个国家的共同趋势是专利诉讼更有利于仿制药公司。

品牌仿制药已被诺华、山德士等公司使用了数十年，现在已扩展到生物制品领域。山德士公司的重组人生长激素奥美曲率先获批，之后许多其他生物仿制药也在欧洲获得了批准。

一个具有局限性的专利后期策略是转换为非处方药。但这仅适用于能够满足多重标准的个别情况：

● 这种病情可以自我诊断和治疗吗？

● 患者可以正确理解药品的说明标签并监视病情吗？

● 该产品安全有效吗？剂量是否容易输送？

虽然这增加了患者的医疗可及性并减少了门诊就医费用，但也存在诸如诊断不准确和药物相互作用等风险。双重身份——兼具处方形式和非处方形式，具有不同的优势和配方，可以减轻风险并增强公平性[45]。

产品生命周期后期管理的一个特殊案例，是生物仿制药出现在主要市场上。

应对生物仿制药的挑战

2015 年 3 月，美国批准山德士公司的非格司亭作为安进公司研发的优保津（非格司亭）的生物仿制药，这是在根据 2010 年《平价医疗法案》建立的新 351（k）途径下，大批同类产品中的第一个。自 2006 年以来，一些产品，如山德士公司的重组人生长激素、辉瑞公司研发的生长激素健豪宁的生物仿制品等，已在美国通过不同途径获得批准，如重组人生长激素的 505（b）（2）途径。然而，随着正式途径于 2006 年建立，欧洲在监管和市场占有率方面处于领先地位，许多生物仿制药已获得欧洲药品管理局的批准，包括非格司亭、依泊汀及包含英夫利西单抗在内的单克隆抗体。

生物仿制药比小分子仿制药有更多的局限性，如至少需要开展一次"头对头"试验来确认生物相似性，而且生物仿制药缺乏治疗的互换性，这就使药剂师无法自动替换。生物仿制药在整个欧洲的市场占有率各不相同。尽管一种仿制药在进入美国市场一年内可能占有 90% 的市场份额，但生物仿制药红细胞生成素在欧洲市场上市后两年内只获得了 37% 的份额。欧洲市场上德国的生物仿制药渗透率最高，部分原因是其 200 个疾病基金设定的最低限额。相比之下，英国对生物仿制药的采用率普遍较低，部分原因是原研药的价格较低。在整个欧洲，生物仿制药的折扣率从 15% 到 30% 不等，而在美国，折扣率估计在 25% 到 35% 之间。

是否采用生物仿制药，有很多正向的驱动因素，也有很多负向的阻碍因素。支付者倾向于采用生物仿制药，而医生和患者对是否采用生物仿制药可能会瞻前顾后。对治疗反应良好的患者，医生可能不大愿意更换药物，从而，医生也只能向新患者开具生物仿制药的处方。对患者来说，尽管会喜欢生物仿制药较低的自付医药费，但对生物仿制药可能会有安全顾虑。另一个典型问题是原研药适应证的推断问题。尽管 FDA 批准了非格司亭的五个优保津适应证，但对其他产品是否能批准，可能取决于是否存在真实世界的证据。因此，需要对生物仿制药进行广泛的上市后监测，以监测其安全性、有效性和生产质量，毕竟，生物制剂在安全性、有效性和生产质量等方面差异很大[46]。

孤儿生物仿制药还存在进一步的限制。在下一个十年，这一波孤儿生物仿制药都将失去独占性。酶替代疗法，如赛诺菲公司的思而赞（伊米苷酶）和法布赞（α-半乳糖苷酶）等，以及辉瑞公司的健豪宁等基于蛋白质的疗法等，大多已失去专利。孤儿生物制剂还在患者识别和试验招募、真实世界的证据、报销激励和市场规模阈值等方面，都存在一些比较关键的问题。由于原研药制造商常能提供广泛的临床和报销服务，医生和患者忠诚度也可以保护好原研药企业。对于支付者，需要在关键治疗领域的成本节约与低预算影响、安全性与有效性等因素之间进行权衡。

在欧洲，监管政策因国家而异。在德国，对孤儿药的审查程度很低，也很少会限制孤儿药的价格；在英国，是中央的国家卫生服务机构，而不是地方性的临床委托小组在对孤儿药物费用进行管制；在法国，巴黎公立医院系统以一份排他性合同换取了塞尔群公司的英夫利西单抗 45％ 的价格折扣，该产品是杨森生物技术公司研发的类克（英夫利西单抗）的生物仿制药[47]。

对是否采用生物仿制药，支付者可能是最具影响力的驱动因素。然而，其正向影响的作用可能会因为以下两个因素而降低：一是医生和患者对原研药企业支持性服务的赞赏；二是在关键治疗领域转向采用生物仿制药的风险规避态度，这对大多数罕见病都是适用的。

要点总结

• 精准医学产生了对精准营销的需求，而消费者、监管机构和支付者等则进一步推动了这种趋势。

• 支付者、医生和消费者越来越需要循证战略，通过临床和经济数据支持产品定位。

• 对不同的治疗领域，生物制药公司需要对证据和经验进行平衡：在肿瘤领域，证据更占主导地位；在过敏等非关键领域，经验的作用更为突出，但需有证据作为差异化因素来进行支持。

• 以消费者为中心的策略取决于，是否能对从诊断前到治疗后的患者旅程进行广泛理解；新的细分基础可能包括基因型和技术统计学数据。

- 当前，双重品牌模式依然共存，从只需要少量销售人员、很少或根本不使用大众媒体的靶向疗法，到患者群体较大的初级保健产品。

- 成功上市的驱动因素，包括与患者的合作、找到医生关键意见领袖、支付者合作、跨职能团队和全球性规划等。

- 多渠道营销必须考虑患者对数字化植入的反感，支持能满足消费者需求的、更中性的产品推广。

- 销售人员策略将从传统的详细介绍转向新的结构，如大客户管理，以及患者教育、远程监控等增值服务。

- 可持续发展战略远远超出了传统的生命周期，包括产品组合多样化和特许经营管理，及早规划后续分子、新适应证、配方和联合疗法，以及全面的专利组合等。

第 6 章
以患者为中心策略

介　绍

当前，由于多种技术和市场力量（从基因组学和数据分析到消费化，以及监管机构和保险公司对改善结果的要求）等影响，患者正在成为医疗生态系统的中心节点。对于生物制药公司来说，以患者为中心要求在整个价值链上关注患者：研发方面的共同创造、临床试验上的合作、对交付系统的投入、对市场准入的讨论，以及丰富患者/医疗机构沟通的方式等。

强调以患者为中心这样的理念，并不是仅强调其功能性，而是要建立一种思维方式——一开始就要整合消费者声音、连接医疗点、预测未来需求并帮助创建一个无摩擦的医疗系统。它包括但不限于支持全球化社区的患者宣传以及长期稳定的患者参与。参与解决方案包括试验招募和知情同意、治疗管理、临床和报销支持、远程监控和提升依从性计划。

早期研究应通过确定患者关键意见领袖、患者咨询委员会以及共同确定试验方案和终点等方式，来深入了解未被满足的需求。对生物制剂而言，应同时开发治疗方法和患者友好

Managing Biotechnology: *From Science to Market in the Digital Age*, First Edition. Françoise Simon and Glen Giovannetti.

型给药系统。如在糖尿病领域，诺和诺德公司以创新性设备领先行业，基于"更轻松的注射体验是一个强有力的差异化因素"的认知，推出了第一款胰岛素自动注入器，开创了诺和笔品牌。另外，像赛诺菲公司、健赞公司对罕见病治疗的处理。除了报销等事项，企业还应致力于让患者就价格制定等达成共识，包括为发达和新兴市场的未参保人群提供捐赠和折扣。

在商业阶段，生物制药公司应帮助开发相关工具，以丰富患者与医疗机构之间的对话，使患者能参与实现所有职能，包括那些不会面向市场的职能。例如，法务部门可以通过简化临床试验所采用的知情同意书格式、使用清晰的语言优化表述等方式发挥其关键作用，还需要通过监管和信息技术等来确保电子同意程序的清晰度和合规性。

对这些参与策略的若干项研究表明，患者参与能够改善其健康状况，减少医疗服务和医疗花费[1]。图 6-1 显示了一个全面的、以患者为中心的结构。

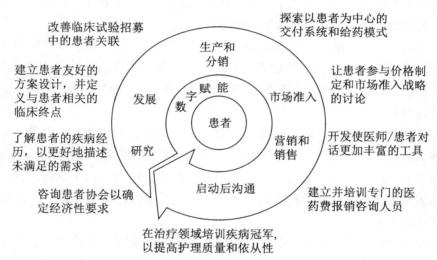

来源：弗朗索瓦丝·西蒙

图 6-1　以患者为中心的框架

本章将通过价值链的视角来研究以患者为中心策略。本章首先关注研究阶段的产品共同创造和临床试验阶段的合作，然后讨论信息的来源、在治疗点上患者和医疗机构的连接方式，以及从诊断前到治疗后的整个患者旅程的分析方式等。最后，本章将讨论公司组织如何最大限度地减少功能性孤岛，实施跨职能的绩效管理，开发从临床试验的患者招募和保留到销售人员与营销培训等阶段的相关绩效指标。

患者中心策略的驱动因素与障碍

尽管多种因素推动了向以患者为中心的转变，但仍存在许多障碍，如全球监管标准的缺乏、投资回报率和衡量指标的不明确等。

欧洲和美国的监管机构对患者报告结果越来越感兴趣。FDA 已与"像我一样的病人"网站在线社区建立了联盟，试图通过患者生成的数据来加强药物安全报告。在欧洲，患者代表已通过咨询小组和委员会成员的身份参与欧洲药品管理局的相关工作[2]，包括药物警戒风险评估委员会、孤儿药品委员会等。

新的数字技术，包括可穿戴生物传感器，使消费者易于监测其健康状况，但这些技术的使用仍然受制于其功能的有限性，以及消费者、医疗办公室和电子健康记录系统之间的互操作性的缺乏。

在研究方面，随着生物制药公司越来越关注罕见病，他们必须依靠患者社区加快试验注册、共同制定方案等。然而，这些合作也带来了某些风险，因为在临床试验期间不受控制的患者与患者之间的沟通可能会危及随机试验的盲法过程。

消费者趋势包括"量化自我"运动，该运动侧重于健康、健身以及对生命体征的持续跟踪，但黑客事件和网站漏洞的增长正引起人们对隐私和安全性问题的关注。患者社区已获得了相当大的权力，特别是在罕见病方面，某些团体实际上共同资助了药物的开发，如囊性纤维化基金会与福泰制药公司就是这种情况。

生物制药公司本身需要通过整合产品和患者服务的"药片之外"计划来实现差异化优势，但他们的组织在功能上仍处于孤岛状态，对以患者为中心策略仍然缺乏清晰的指标。

政府和私人支付者越来越需要真实世界的证据来证明其价值，基于结果的报销政策尽管在欧洲日益盛行，但仍然缺乏基本的医疗基础设施来跟踪患者的治疗结果。以患者为中心的驱动因素和障碍如图 6-2 所示：

	驱动要素	障碍
监管	• 监管者对患者报告结果的兴趣 • FDA 对加强安全报告的需要	• 对患者沟通/合规性的法律限制 • 专业人士并不总是对患者友好
技术	• 新的数字化技术	• 可穿戴设备的功能有限 • 缺乏互操作性（电子健康记录系统/医疗办公室/消费设备）
研究	• 基因组学与精准医学 • 关注罕见病/临床招募	• 数据分析的早期开发阶段
消费趋势	• 自我量化 • 患者权益团体的力量不断增强	• 隐私和安全问题 • 公众对生物制药的信任度低
生物制药业的变化	• 从数量到价值的转换 • "药片之外"的解决方案	• 投资回报率证据不足/缺乏指标 • 筒仓式组织
支付者的演变	• 按结果支付的趋势不断增强 • 需要收集真实世界的证据来证明价值	• 缺乏跟踪治疗结果的基础设施

来源：弗朗索瓦丝·西蒙

图 6-2　影响以患者为中心策略的因素

发现：了解未被满足的需求

欧洲和美国的多项研究表明，消费者和医疗专业人员之间存在巨大的信息鸿沟。美国国家医学院（NAM）于 2016 年 9 月发布的一份报告指出，白宫于 2004 年提出并于 2009 年、2011 年和 2015 年进行更新的四项联邦健康信息技术目标中，只有一项——采用电子健康记录——已实现。美国国家医学院表示，其他三个目标，即互操作性、用信息支持消费者和推进临床试验，尚未实现。未来五年的优先目标包括：从消费设备到电子健康记录系统的端到端互操作性、改善医疗机构与系统之间的患者识别、授予弱势群体权利，以及为健康状况沟通的隐私和安全创建"信任结构"[3]。

欧洲各地也报告了消费者信息缺口。根据一项针对英国、法国、意大利、西班牙、波兰和德国等的将近 7000 名消费者的在线调查，超过 75% 的受访者表示不了解或不太了解药物研发，而有 61% 的受访者愿意学习医药相关的知识，特别是关于药物安全性、个性化药物和预防性药物的知识。各国受访者对药物经济学最不感兴趣。

为增加公众知识，欧盟委员会和创新药物计划资助了欧洲患者治疗创新学会（EUPATI）。该学会有 30 个项目合作伙伴，包括患者团体、学术机构和生物制药公司等，旨在改善患者与医疗机构之间的沟通、增加对新药成本和可用性的了解，并促进公众参与研发活动。

这一组织正在开发一项提高患者专家参与研发能力的培训课程、一个患者倡导者工具包、一个在线研发信息库[4]等。欧洲患者治疗创新学会和欧洲患者论坛还与其他患者团体以及安进、阿斯利康、优时比、葛兰素史克、辉瑞和默沙东等公司一起参与了以患者为中心的药物开发计划（PFMD）。这一公私合作项目于 2015 年启动，旨在开发一个贯穿药物生命周期的患者参与框架，并解决文化、教育和沟通等方面的障碍。

生物制药公司已经认识到，他们应该尽早对疾病的自然史进行考察。为确定研发方向，杨森生物技术公司研发部于 2015 年 2 月宣布了专注于疾病预防和阻断的新平台，该平台涉及五个治疗领域以及外部合作伙伴。杨森预防中心专注于预防慢性病，包括阿尔茨海默病、心脏病、癌症和自身免疫性疾病。疾病预防加速器是一个类似孵化器的团体，其致力于解决疾病的根本原因，在临床确诊之前阻断疾病，旨在了解遗传易感性、环境暴露和表型改变，从 1 型糖尿病开始，并在老视/白内障、围产期抑郁症和口咽癌等领域增加风险团队[5]。杨森生物技术公司正与诸如青少年糖尿病研究基金会（JDRF）等组织合作。该组织与美国内分泌学会和美国糖尿病协会共同发布了一个分期系统，指出 1 型糖尿病在临床可观察症状出现之前数年就已经开始了，其早期阶段可以通过胰岛抗体指标来进行检测[6]。

众包

除了这些预防性措施，生物制药公司正在采取新的众包模式。对于全球约 6500 万人和美国 200 多万人的癫痫患者群体，优时比公司于 2015 年 4 月在布鲁塞尔和亚特兰大举办了一场"黑客癫痫"活动。在这场活动中，数字专家、专科医生和患者合作构建数字工具，使患者能够叙述自己的疾病，并在诊断后向医疗机构进行提问。这些活动提供了 17 个数字解决方案的原型，其中一半在初创公司和优时比公司支持下继续开发[7]。

患者洞察力研究

要在早期研究阶段发现患者的需求，在各个国家都涉及待解决的技术和法律问题。数据隐私管制、文化特征、数字化渠道偏好，从智能手机的应用程序到短信等，在不同国家均有所不同。业内呼唤一个全面的患者参与平台，通过该平台，信息传递、患者报告结果的电子化收集、健康应用程序/可穿戴设备以及呼叫中心升级等，都能得到协调、保护，并通过全球经验得到验证[8]。

随着研究进入临床阶段，患者报告结果被广泛使用，尽管还存在一些不足。FDA 已经发布了关于患者报告结果开发和验证的指南，一些药物标签和观察性研究中均采用了这些指南。然而，它们不必然与患者相关。在行动、认知、疼痛和睡眠等方面的经验可能尚未被充分捕捉，例如，对于帕金森病患者来说，睡眠可能比震颤或肢体僵硬更重要，而在银屑病患者中，瘙痒可能比病变特征更重要。

在少数罕见病患者群体中，对患者体验的理解最为广泛。例如，夏尔公司（Shire）建立了患者报告结果专业小组，来优化与患者组织相关的咨询。在糖尿病患者群体中，诺和诺德公司在患者参与方面也有着长期的经验，他们与监管机构合作开发患者报告结果工具以优化生活质量，并对糖尿病管理中的行为和认知挑战进行跨学科的研究[9]。

2016 年 7 月，NIH 宣布了一项里程碑式的计划，是国家精准医学计划中的一个团队项目。这一纵向研究试图吸纳 100 万名或更多的美国参与者，根据生活方式、环境和基因的个体差异来改善治疗和预防。数据将通过健康史、基因组信息、电子健康记录系统和移动设备进行收集，参与者将持续参与研究设计，并能获得个人和汇总的结果。该计划将资助一个由美国退伍军人事务部负责运营的医疗系统网络，用于组织召集受试者，初始参与者包括美国西北大学、哥伦比亚大学和亚利桑那大学等。该网络还支持一个数据中心（已授权给范德堡大学、布罗德研究所和瓦瑞利生命科学等机构）和一个参与者技术中心——斯克里普斯研究所（Scripps）和活力健康公司（Vibrant Health）将据此创建数字化注册工具。网络最初的重点是基因组测试和下一代测序[10]。

设计患者依从性高的临床试验

研究进入临床阶段后将面临更多的机遇和挑战，包括试验受试者招募、患者报告结果的影响、随机试验和观察性试验的不同作用，以及临床试验期间患者与患者之间沟通的风险等。

罕见病试验

目前，罕见病是生物制药行业的一个主要焦点，其数量超过了 7000 种，但只有 10% 的罕见病有针对性的治疗方法。这意味着一个重大的机遇，到 2020 年，罕见病的全球销售额达到 1760 亿美元[11]。然而，这一领域的试验难度和成本是最高的，因为很难找到合适的参与者和负责的研究者，也很难为患者及其家庭安排差旅行程（有时甚至是跨境的行程）。对于以罕见病为研发重点的公司（例如赛诺菲、健赞和夏尔），研发的第一步通常是通过咨询委员会和个人谈话的形式开展对自然疾病的病史研究，这将有助于确定哪些生物标记物、研究设计方案和治疗终点最能反映患者的需求。患者倡导组织可能拥有能够有效识别患者身份的注册表。为了优化合作，公司应建立一个具备所有相关功能的参与框架，包括医疗事务、法务和监管、商业等；他们应该与患者群体信任的关键意见领袖建立密切的关系，鼓励这些群体之间进行合作，因为某些群体只在特定的疾病领域内比较活跃。

在罕见病领域，可能需要在两方面作出权衡：一方面是规模更小、速度更快的试验前景、《孤儿药法案》的激励措施，许多未经治疗的疾病的市场潜力等；另一方面是对病因了解不足、诊断复杂、招募参与者困难、日益增加的支付者压力以及公众对超高价的强烈抗议。

受试者招募和保留

即使是患者数量较多的疾病，受试者的招募工作也极具挑战性，因为参与试验需多次至研究中心且随访时间较长，试验方案可能会使患者望而却步，并且有些试验的纳入/排除标准也有附加的条件。尽管患者倡导组织可以提供一些帮助，但近一半的罕见病没有特定的基金会。为此，赛诺菲、健赞等公司可能会帮助建立患者群体组织，并给予一些支持，开发包括研究者和专业医疗中心在内的网络。

另一个挑战是患者关键意见领袖的代表性。与一般疾病的患者人群相比，参与度最高、最能被注意到的电子病人，可能更年轻、受教育程度更高。通过分层招募、将患者输入与真实数据源（包括医疗理赔和电子健康记录）相结合，可以部分消解对关键意见领袖不具代表性的担忧[12]。患者保留也是一个问题，预测分析（见第 10 章）可能有助于跟踪留在试验中的参与者的人口和行为特征。另外，通过简化同意书、简化对研究中心的访问，可能最大限度地减少时间负担。

一个未被充分利用的激励措施是向患者反馈研究结果，这是因为，通常情况下，试验研究不向患者告知与解释这些结果。这种双向对话可以通过试验性调查、持续咨询小组以及方案和终点共同开发等方式来进行。可通过以下步骤对试验进行优化：

- 在方案设计阶段，使用大数据来评估受试者是否符合要求和纳入/排除标准，并确定招募驱动因素和障碍（将研究逻辑、侵入性检查的频率，与症状负担和风险接受度进行对比，以获得更好的结果）。
- 在研究开始时，通过社会聆听的方法来明确患者特别感兴趣的领域，以及研究存在的可能导致患者发生抱怨的主要问题。
- 在研究过程中，为加强协调性，需向研究人员传达患者的主要态度和关注点。
- 研究结束后，确保患者能够获得研究结果及其解释[13]。

患者病例报告的结果

自 2009 年起，FDA 关于患者报告结果的指南开始支持标签声明。指南已逐渐被纳入临床试验，尤其是在肿瘤学中，疲劳、体重减轻和疼痛等症状对生活质量有重大的影响。另一个推动患者报告结果的因素是，支付者依赖真实世界的证据来支持医保报销，以及患者报告结果在比较药物疗效方面可以发挥重要的作用。这种模式已经延伸到了欧洲，目前欧洲药品管理局也很需要患者倡导组织的介入，因为其对药物耐受性、给药配方和滴定有直接价值。然而，2016 年的一项研究表明，2010 年至 2014 年，只有 7.5% 的试验中包含患者报告结果，而早期的试验中有 24% 包含患者报告结果。

这一现象可能与监管机构更严格的审查标准有关，也可能与药物审批减缓有关，这种药物审批的减缓，正是使用患者报告结果，根据其报告的不良反应来持续调整剂量所导致的[14]。在标签中包含患者报告结果的情况也有例外，例如因塞特医疗公司于 2014 年获批治疗骨髓纤维化的鲁索替尼，其症状信息就被披露在标签上，以供 FDA 审查。

支付者对患者报告结果在实践中的应用也有不同的看法。医疗主管认为只有在三期临床中才适合应用患者报告结果，而药房主管则认为所有阶段都应该应用。医疗主管是以结果为导向的，而药房主管则是对预算负责，且他们更愿意听取患者对药物相对有效性的看法。

患者报告结果的另一个渠道是患者登记。在审批后的四期临床中，这种渠道的作用显著，其可以记录不同剂量和滴定周期的影响，为已批准治疗方案外的其他治疗方案的选择奠定基础。然而，业内通常不认为患者登记簿是支持 FDA 批准标签申请的证据[15]。

在药品上市后，扩大临床试验和更广泛地使用患者生成数据，是在线患者社区（如"像我一样的病人"）目标的一部分。

"像我一样的病人"：从患者论坛到个性化健康平台

2004 年，杰米·海伍德、本·海伍德与朋友杰夫·科尔共同成立了"像我一样的病人"网站，他们的兄弟史蒂芬·海伍德在 1988 年被诊断患有肌萎缩侧索硬化症（ALS）。目前，"像我一样的病人"已经发展成为一个重要的健康数据平台，拥有超过 50 万名会员，覆盖 2700 多种疾病。

作为一家秉承"开放"理念的营利性公司，"像我一样的病人"具有双重价值主张，即帮助患者获得更好的治疗效果，并利用真实世界的数据来改善医疗健康水平，从而提供更有效的治疗方法，并作出以患者为中心的更合理的治疗决策。对于患者而言，共享症状和治疗数据使他们能够了解自己的病情、与他人联系，以及跟踪其病史和病程进展。对于生物制药公司、医疗机构和非营利性合作伙伴，如渤健公司、默沙东公司、FDA，"像我一样的病人"都将自己视为评价公司，并允许合作伙伴在研究问题上查询网络、咨询特定疾病的登记手册，以及访问患者报告结果指标。

加强临床试验

"像我一样的病人"数据库可以在试验中发挥多种作用，例如协助招募受试者、设计研究方案、评估真实诊疗环境中的药物使用情况，以及跟踪比试验受试者数量更大人群中的不良事件。一些"试验优化"研究使患者能够有更多的参考建议，并参与在家中即可以入组的"虚拟试验"。2011 年，这种模式的价值首次显现出来，当时由"像我一样的病人"的患者发起的一项关于在肌萎缩侧索硬化症中使用碳酸锂的观察性研究，对一项意大利试验提出了反对意见。该试验于 2008 年发表于《美国科学院院报》（*Proceedings of the National Academy of Sciences*），声称可以减缓疾病的进展（阿蒙 2010 年）。最近，"像我一样的病人"与杜克肌萎缩侧索硬化症诊所一起设计并启动了肌萎缩侧索硬化症的第一个虚拟试验，进一步验证一种名为鲁纳辛的补充剂对肌萎缩侧索硬化症患者的利弊。

随着可穿戴设备的发展，"像我一样的病人"还旨在通过生物传感器对数据进行跟踪。2015 年，"像我一样的病人"与渤健公司开展了一项试点研究，以监测多发性硬化症的活动。

医疗行业内对"像我一样的病人"的态度有很大的差异。虽然有些医生发现"像我一样的病人"的会员资格可以提升受试者的依从性和信息量，但另一些医生则认为自己应该成为知识和治疗的主要来源。"像我一样的病人"已与医疗服务提供者网络建立了合作伙伴关系。2015 年，其与波士顿的联盟医疗体系结盟，使患者可以通过门户访问数据库，未来将促使医生将"像我一样的病人"数据纳入他们的治疗决策中。

商业模式演变

为了坚持其理念，"像我一样的病人"网站上没有广告推广。"像我一样的病人"于 2005 年 5 月获得商业网络公司的种子资金，其网站在 2006 年 4 月正式上线，之后其从合作伙伴关系中获得了收入来源。2017 年 1 月，"像我一样的病人"与数字生活公司碳云智能（iCarbonX）建立了合作伙伴关系，获得了超过 1 亿美元的投资。碳云智能成立于 2015 年，由著名的基因组学家王军创立，王军是北京基因组研究所的联合创始人和前任首席执行官。

联盟策略

在生物制药公司中，2014 年基因泰克公司与杨森生物技术公司、阿斯利康公司和诺华公司签署了一项以肿瘤学为重点的合作协议，这项合作允许对患者报告结果指标进行测试。"像我一样的病人"与默沙东公司合作，对失眠症进行了大规模的研究，他们研究了五年的患病数据，揭示了慢性病的患病率以及被测试患者面临未被全面诊断的问题。"像我一样的病人"还与优时比公司在癫痫病方面开展了合作，以更好地追踪癫痫发作过程并了解其早期病发预警信号。

在医疗服务提供者中，"像我一样的病人"选择了莫菲特癌症中心的子公司"M2Gen"，双方于 2016 年签署了一项协议，将"像我一样的病人"的数据与莫菲特癌症中心和俄亥俄州立大学的数据相结合，以了解肿瘤患者的体验。

目前，"像我一样的病人"正在与基金会和政府机构进行数项研究合作。罗伯特·伍德·约翰逊基金会（RWJF）提供了两笔资助捐款，第一笔捐款在 2013 年，被用于优化患者报告结果指标；第二笔捐款在 2015 年，用于与美国国家质量论坛（NQF）合作开展优化工作。到 2015 年，FDA 已经与"像我一样的病人"开展了多年合作，以了解患者报告结果如何增强上市后的安全监控（库尔特 2016 年）。

竞争动力

在一个几乎没有进入障碍的社交媒体生态系统中，"像我一样的病人"拥有直接和间接的竞争对手。在英国，健康解锁公司（HealthUnlocked）拥有类似的模式，其拥有 350 000 个成员，并得到 500 多个患者倡导组织的支持。虽然该公司网站对会员是免费的，但对特定医疗机构会收取费用。

针对特定疾病的患者社区在罕见病中发挥越来越大的作用，他们可以开发出具有创新性的治疗方法，例如囊性纤维化基金会和福泰制药公司研发的卡利迪科（依伐卡托）。

尚存在的挑战

随着安全漏洞的增加以及它们对病人隐私构成的风险，"像我一样的病人"在过去 10 年中由本·海伍德承担首席隐私官的职能，2016 年他们又聘请了一名负责隐私、安全和合规的总监。

另一个问题是"关注与规模"。如果"像我一样的病人"的规模扩大到拥有 100 万名或更多的会员，会员之间的信任可能会被削弱，资源也会被分散。如果覆盖更多的罕见病，其将与相关的患者倡导组织竞争。

扩展后合作伙伴，包括保险公司，也可能削弱"像我一样的病人"会员之间的信任，并引起人们对共享健康信息的担忧。由于"像我一样的病人"构想在未来建立一个完全融入电子病历和基因组数据库的全球注册管理机构，其业务模式仍在不断发展，其患者生成数据的价值主张将受益于大规模的验证性研究。

本摘要是基于以下案例：Aggarwal, R., Chick, S. and Simon, F., Patients-LikeMe: Using Social Network Health Data to Improve Patient Care, INSEAD, 2017.

来源：Armon C., "Is the Lithium-for-ALS Genie Back in the Bottle?" *Neurology*. 2010;75(7):586-587.

Coulter M., personal communication, 2016; PatientsLikeMe press releases.

观察性研究的作用仍有争议。一些出版物重点关注了随机试验中参与社交媒体的"电子参与者"，探讨了在资格（如何达到标准的相互指导）、盲法（关于如何确定治疗方式）和安全（分享不良反应可能刺激其他患者并导致虚假性报告的激增）等主题上破坏其诚信的潜在危机。例如，在福泰制药公司研发的针对丙型肝炎的药物因西维克（特拉匹韦）试验期间，受试者在"medhelp. org"等网站上进行了在线讨论，这些讨论包括一些敏感问题，例如建议确定哪些患者被分配至哪些试验组[16]。论坛参与者还可以冒充医学专家，并就使用剂量、安全性和有效性等提供建议。其列出可能与药物无关的症状，并建议受试者不要再继续服药。

预防措施包括：

- 评估在线患者社区的规模和活跃程度。
- 使用来自电子健康记录系统等来源的客观数据对患者报告结果进行补充说明。
- 尽早在知情同意书中，以及通过诸如临床研究参与信息和研究中心之类的组织，对试验参与者进行风险教育。

总而言之，研究中以患者为中心策略包括外部和内部相关流程。

- 在外部，通过面对面的讨论和咨询委员会，在早期收集患者对未满足需求的洞见，还需与患者群体合作，进行受试者招募，并从多个来源收集数据；在四期临床研究中，继续监测患者的治疗体验，并提供相关教育、临床应用和经济支持。
- 在内部，尽早分析自然病史，并以真实世界的证据推动研究；在招募受试者时尽量用简化的知情同意书，从而推动受试者的招募；还需要与受试者共同制定研究方案和治疗终点，并根据患者报告结果对其进行重新评估；在四期临床阶段继续实施依从性和可及性计划。这个内外双重程序如图 6-3 所示：

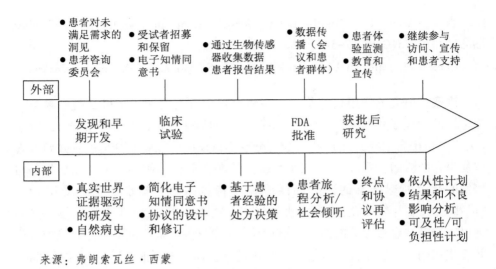

来源：弗朗索瓦丝·西蒙

图 6-3　通过研发进行的患者参与

连接治疗点

　　尽管患者参与度在不断提高，但患者、医生、支付者和生物制药公司之间仍然缺乏充分的沟通。各国消费者都在网络上进行证据的搜索，但与消费品等行业相比，医疗保健中的信息流动性仍然很低。2016 年捷孚凯公司对澳大利亚、中国、法国、德国、英国、巴西和美国等 16 个国家的 4900 位互联网用户进行的一项研究发现，中国约 45% 的人通过可穿戴设备监测健康状态和健身情况，处于领先地位；巴西、美国分别占 29%；德国为 28%，法国为 26%。研究发现，使用可穿戴设备检测健康状态和健身情况的关键原因是希望能够保持或改善体能，以及激励自身参与锻炼[17]。

　　第一个联系点和后续信息源的问题出现了。尽管第一个联系点具有虚拟分类和路由功能，但它很少是生物制药公司自己的网站，也不是支付者的网站。我们的目标是在消费者心目中获得更高的价值地位，这需要抬高信任曲线，并根据不同的接收者（例如患者或护理人员）和疾病状态（例如预防、短期急性病或长期治疗）实现信息个性化，从而改变消费者的心态。例如"WebMD"和"Everyday Health"这样的网站以及梅奥诊所这样的卫生系统站点吸引的访问量最多，但研究表明额外的直接提供者链接对于充分的教育和依从性非常重要。由美国医疗保健研究与质量局（AHRQ）赞助的一个项目审查了全美国总计 900 多个参与者小组，他们发现在诸如不当使用抗生素、冠状动脉疾病的治疗和体重管理等领域对医疗证据有广泛的需求。参与者希望获得个性化的信息，并将医师视为循证实践的"仲裁者"，他们还强调需要提高成本的透明度[18]。

患者满意度

自 1990 年《美国新闻与世界报道》（*US News & World Report*）首次推出"最佳医院"排名以来（主要基于医师调查），评级方法不断增加，包括：2004 年推出的健康等级、2005 年推出的医保医院排名、飞跃集团医院评级和消费者报告医院评级，以及"为了人民"公司（ProPublica）在 2015 年对 16 000 名外科医生的排名。众包评级，例如 Yelp 网站的评级，被发现与美国联邦政府 2006 年推出的 HCAHPS（医疗服务提供者和系统的医院消费者评估）调查的评级总体上相关。HCAHPS 的分数推动了医保采购项目中 25% 的财务激励。这些调查是系统进行的，但它们的答复率很低，在住院和公开报告结果之间会有延迟，而且很少确定实际的问题来源。相比之下，社交媒体网站上的评分是非结构化的，并且基本上是没有经过整理的叙述性评论。

在英国，国家卫生服务局运营着"NHS Choices"网站，该网站允许进行结构化的患者评论。Yelp 等网站上的消费者生成评论包含了对用户而言很重要的领域，例如住院费用、保险费用、护理和人员素质方面的信息，这些领域未被 HCAHPS 包含。HCAHPS 的测评中询问："医生/护士多久一次礼貌和尊重地对待您？"Yelp 网站允许提供更完整的叙述。作为回应，一些医疗卫生系统已开始允许其患者在网站上直接评论。尽管消费者平台存在选择偏见和可能的错误评价，但它们具有易于使用和实时报告的优势[19]。

即使是政府对医院的评级也存在争议。2016 年 7 月，美国医疗保险和医疗补助服务中心（CMS）公布星级评定时，美国医院协会批评其格式混乱，前者承认了其评定的局限性，例如包括癌症护理在内的专门服务没有评级，死亡和再入院的衡量指标仅基于医疗保险受益人的数据[20]。该方法还可能使学术医疗中心处于不利地位，因为他们治疗的患者病情更复杂、更贫困。

其他问题还包括各种评分工具缺乏对"患者满意度"的通用定义，以及消费者评论侧重于护理的服务内容（例如员工礼貌），而这与公认的结果指标

（例如死亡率和再入院次数）无关。最好将这两种类型的衡量标准按以下步骤结合起来：

- 关于质量的客观组成部分的公众教育；
- 衡量消费者可以理解的临床结果，例如并发症和手术结果；
- 将消费者参与纳入 HCAHPS；
- 在电子健康记录中包括患者报告结果；
- 结合患者的体验结果、质量指标和费用信息，并在综合指标中更广泛地使用[21]。

医师/患者的动态

虽然医疗机构与患者的沟通取得了重大进展，但仍然存在大量的沟通脱节的现象。美国医疗保健研究与质量局将患者参与定义为医疗专业人员的一系列行为、一套组织政策以及一套个人和集体的思维模式，鼓励将患者及其家属作为医疗团队的积极成员，鼓励医疗人员与患者、患者的医疗服务提供者和社区建立伙伴关系[22]。

为了消除患者认知与医疗服务机构认知之间的脱节现象，共享决策（SDM）通过以下核心属性支持以患者为中心的治疗：教育和知识共享、家人和朋友的参与、协作团队管理、对非医疗/社会护理维度的敏感性、对患者需求的尊重以及信息的自由流通和可访问性。

2015 年 2 月，美国医疗保险和医疗补助服务中心批准了对肺癌筛查费用的报销，并规定在第一次筛检之前要进行强制性的共同决策咨询，以确定风险和收益。此外，梅奥诊所还建立了在线论坛，运营讨论组、博客和活动，并提供非急性医师/患者平台[23]。

在 2016 年 "NEJM Catalyst" 团队面向临床医生和医疗保健主管的在线调查中，受访者认为参与共同决策咨询的患者会愿意与医生共同制订治疗计划，并在改善健康方面发挥积极的作用。受访者提到其中最大的挑战是没有足够的时间与患者相处。大多数人认为患者门户网站很有帮助，但担心处理数据流的负担，并且认为如果没有实际参与，仅凭技术不可能改变行为[24]，因此患者对远程监控的支持并不强烈。

其他研究也证实了沟通方面的缺陷。非营利组织癌症护理（CancerCare）

在 2016 年患者访问和参与报告中进行了 6 项调查，从新诊断到治疗后的 3000 多名癌症患者处得到反馈信息。总体而言，不足一半的受访者与他们的医生讨论了后续试验的费用，仅有 2/3 的人充分了解了治疗的益处和风险，仅有 13% 的人对临床试验机会有足够的了解。不足一半的患者获得了关于其治疗计划的第二种意见。出乎意料的是，沟通的脱节已经延伸到了支付者。尽管有 58% 的受访者对治疗期间的经济负担感到苦恼，但只有约一半的受访者表示了解他们的健康计划覆盖范围[25]。

虽然有大量的数字参与工具可供使用，但这些工具通常需要进一步开发。患者门户网站的使用最为广泛，但其缺乏与医疗服务提供者的实时互动；患者可以访问测试结果，但无法获得实时解释；移动预约安排是有用的，但提醒通知可能被认为具有干扰性；电子咨询服务提供了更快的医疗服务，但适用性有限，"按需就医"虚拟服务的质量也可能参差不齐；可穿戴设备可以进行连续数据监控，但没有提供数据解释或与医疗记录连接；社交网络提供"点对点"的信息和支持，但也带来了潜在的隐私和安全问题。这些益处和局限如图 6-4 所示：

数字工具	益处	风险/局限性
患者门户网站	真实世界的信息，更好的教育	没有/限制医疗服务提供者给予反馈，对诊断测试没有解释
在线/移动提醒和日程安排	为病人和医疗机构工作人员节省时间	提醒通知被认为有打扰的风险
将病人产生的数据与电子健康记录系统连接起来	医疗服务更加个性化	电子健康记录系统之间以及消费者数据和医疗记录之间没有互操作性
在线咨询	更快速地获得治疗，减少不适当的急诊就医	对各种条件的适用性有限
按需虚拟就医	随时（24 小时/7 天）可以获得医疗服务的信息	提供医疗服务的主体缺乏连续性，质量参差不齐
可穿戴设备	更好的监测，潜在的行为变化	功能和互操作性有限，质量和隐私问题

续图

数字工具	益处	风险/局限性
社交网络	实用信息和支持	"点对点"通信带来的临床试验的污染风险和隐私问题
满意度调查（HCAHPS/医疗计划评估）	验证报告包含患者体验这一关键组成部分	住院或咨询与报告之间的时间滞后
消费者评级（健康等级、Yelp）	比 HCAHPS 更广泛的叙述方式	未被策划，有虚假报告的风险

来源：弗朗索瓦丝·西蒙

图 6-4 患者参与工具的影响

如今，一些卫生系统的计划旨在通过一个新的组织来优化患者体验。面对其对医疗结果的良好评价与不平衡的患者体验报告之间的差距，2007 年，克利夫兰诊所采用了一种新的治疗模式，建立了由多学科团队治疗单一器官系统的研究所，如心脏/血管疾病。除了可以在线获取消费者的 HCAHPS 评分，他们还建立了一个新的首席患者体验官职位，并公布了每个外科医生和医疗项目的结果数据。"360 度管理"将患者体验定义为从患者决定选择诊所到出院所遇到的所有人和事。患者体验办公室的"最佳实践"部门确定了成功的方法，并在试点项目中测试了该新方法。在美国主要的医疗系统中，克利夫兰诊所首次规定了当日预约就诊的选项。完整的项目于 2010 年启动，到 2013 年，美国医疗保险和医疗补助服务中心的调查显示，在接受调查的 4600 家医院中，克利夫兰诊所的患者满意度排在第 92 位[26]。

生物制药参与计划

生物制药公司极大地推动了患者之间的沟通，但他们仍然面临着来自消费者的普遍不信任。传统的直接面向消费者促销活动会遇到广告拦截和干扰问题，特别是在移动设备上。尽管阿斯利康公司于 2014 年推出了 Fit2Me 等网站，为美国近 3000 万名的 2 型糖尿病患者提供了各种可定制的饮食和运动工具，但与梅奥诊所等医疗系统站点不同，Fit2Me 网站的药物信息仍然仅限于该公司自己的产品。

2016 年，FDA 处方药推广办公室和美国北卡三角洲国际研究院的研究人员进行的一项研究集中关注了 65 个肿瘤学网站,发现尽管药物收益和风险几乎平衡,但消费者和专业网站对获益和风险的定量信息都不均衡[27]。

虽然生物制药公司已通过像夏尔公司的 "OnePath" 计划这样的结构来简化患者的服务范围,将个体化的治疗经理指定为患者治疗协调和药物获取的单一联系点,但全球范围内的消费者对可用的患者服务范围的了解仍然很少。

2015 年,埃森哲公司对巴西、法国、德国和美国的 10 000 名患者进行了调查,涉及大脑、骨骼、心脏、免疫系统、新陈代谢和肿瘤等治疗领域,发现只有 19% 的被访问者了解生物制药公司的服务。他们特别希望在诊断前获得更多的指导,以在出现症状之前了解其潜在风险。他们还希望有一个单一联系点以获取信息,并且有 85% 的人希望单一联系点是他们的一线医护专业人员。只有 1% 的人认为生物制药公司具有这一作用[28]。

这指出了扩大生物制药公司与医生沟通范围的相关需求。致盛咨询公司(ZS Associates)对销售人员与医师沟通的调查中发现,仅有 44% 的人接受了超过 70% 的销售电话,而在 2008 年,这一比例则接近 80%。尽管大部分预算仍然集中在销售人员上,但超过 53% 的活动是通过非个人渠道(例如电子邮件、移动提醒和网站)进行的。促成更好的沟通的一个因素是推出了真正的创新性治疗方法,如消化科医生的丙型肝炎新药或心脏科医生的口服抗凝剂。这些研究表明,销售人员需要打破常规,与市场营销和患者倡导组织合作,扩大教育内容的范围并增加其深度,将教育内容传达给广大受众,包括护士和医生助理,因为他们通常更容易联系[29]。

总而言之,患者处于连接程度不同的多个治疗点的中心。教育渠道需要健康知识,但这在地理学和人口统计学上仍然存在不平衡;公共健康交流中包括诸如 HCAHPS 之类的评分,但消费者对此仍然不了解;在线社区在信息、支持甚至某些试验的融资方面都取得了成功,但它们面临隐私和安全问题;通过可穿戴设备更容易量化健康数据,但缺乏与医疗记录的连接。生物传感器正在优化生物制药公司的远程药物监控,但这些公司需要就其 "药片之外" 服务的范围进行更广泛的交流,这种交流生态系统如图 6-5 所示:

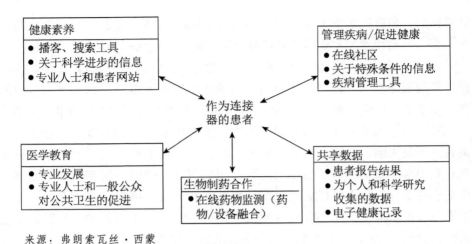

来源：弗朗索瓦丝·西蒙

图 6-5　以患者为中心的生态系统

了解患者的诊疗旅程

患者的旅程涉及对疾病的端到端体验：从最初的意识到诊断、初级保健和专科医生咨询、治疗、处方、药物监测、坚持或放弃治疗，以及后续监测。这些步骤的信息必须来自多个渠道，因为医生通常不了解患者诊断前的经历、处方的履行情况以及治疗的费用负担。

在对自然病史、发病率和患病率、人口统计学和并发症进行了初步研究之后，资料来源可能包括：

●在意识/信息搜索阶段，消费者数据库和社交媒体分析。

●在诊断和处方阶段，电子健康记录和药房数据以及医生的手稿。

●在治疗期间，电子健康记录和保险公司的理赔数据。

●追踪坚持、遗弃或替代治疗的情况，共同支付和处方的纳入情况，患者的总费用负担，以及健康计划拒绝数据。

这种倾听和数据挖掘过程可以为以下问题提供答案：

●在整个旅程中，患者与患者之间的交流中有哪些突出的话题和共同的经验？它们的主要信息来源是什么？谁是最受关注的患者倡导组织和关键意见领袖？

● 并发症如何影响疾病负担，各个专科医生对患者的治疗差距在哪里？

● 什么是未满足的需求和挫折？医生沟通中可能缺少什么？

● 对品牌与非专利药的选择和对替代药物的看法是什么？更换或放弃药物的驱动因素和障碍是什么？

● 给患者带来的总体疾病负担是什么，包括治疗费用以及对家庭、护理人员和日常生活的影响吗？如何通过"药片之外"的服务来减轻这种负担[30]？

行为的驱动因素和障碍

想要全面了解患者旅程，就需要从多个来源收集有关每个步骤行为驱动因素的见解，并建立目标，将对患者的价值与对公司的价值联系起来。其中包括增强意识和筛查、更好的受试者招募和保留、增加处方和履行、减少转换和提高依从性。定义指标需要研发、医疗和公司事务、卫生经济学、销售和营销部门之间的协调。

还应该认识到患者旅程的每一个阶段存在的障碍：最初对病情的误解，诊断后决定寻求其他替代建议和治疗、由于副作用或因同时患有多种疾病带来的繁重自我管理而放弃治疗、后勤问题、语言和文化障碍以及总费用负担。密集持续辅导可以部分外包，雇主和支付者可以与奥玛达健康等公司合作，提供专业的生活方式教练等服务。

对行为驱动因素和障碍的理解在不同疾病中可能有所不同。对于抑郁症，对 1200 多名患者进行的一项调查显示，有 71% 的患者在首次意识到症状后花了一个多月的时间才获得诊断，而 38% 的人则花了 6 个月以上的时间。尽管抗抑郁药可能需要 6 周到 12 周的时间才能完全有效，但调查显示，有 18% 的处方药，患者在服用不到一个月后就停药了，52% 的受访者认为缺乏疗效是停药的原因[31]。

考虑到消费者偏爱医疗健康专业人员作为主要连接点，并且在某些辖区内有限制与患者直接接触的法规，生物制药公司应努力与医疗服务提供者建立高度信任的合作伙伴关系，并与他们一起开发在线和离线治疗管理工具。

因此，生物制药公司的价值主张取决于其治疗方法、服务和医疗服务提供者联盟；其针对的是基于社会经济学和疾病状况的需求最多的亚人群，并且是为患者旅程中的重要时刻定制的，以实现质量、费用和患者满意度的结果衡量指标[32]。

依从性策略

依从性可以定义为患者行为（包括服药、饮食调节、锻炼或其他生活方式）反映医疗服务提供者建议的程度。长期以来，人们都知道不坚持服药会带来严重的健康和成本后果。研究表明，有 20% 至 30% 的处方未被填写，约有一半的慢性病药物未按处方服用。在美国，不遵医嘱估计会导致至少 10%的患者住院，增加了死亡率和发病率，并使医疗系统每年损失 1000 亿美元至 2890 亿美元[33]。依从性是一种多因素行为，受社会经济学和人口统计学、患者知识和态度、病情和治疗状态（疾病严重程度、治疗复杂性和副作用）、医疗服务提供者特征（沟通技巧和资源）和费用问题（药物保险覆盖范围、共付额、获得药物和报销支持）的影响。

由美国医疗保健研究与质量局资助的一项研究发现，干预措施的有效性因疾病而异。一般而言，对于慢性病，通过持续数周或数月与病人的接触进行干预，对高血压、心力衰竭和高脂血症最有效；其他方法包括提醒和药剂师主导的干预。对于抑郁症，通过亲自拜访和咨询的协作治疗似乎是有效的[34]。

因此，优化依从性需要采取战略和战术两种方法。战略包括与卫生系统、雇主、支付者和药房建立伙伴关系，以及与患者倡导组织结盟以分享经验并跟踪治疗效果和结果。战术的范围包括开发护理工具，用于配备护士的呼叫中心和用于疾病管理和治疗监控的临床教育工作者计划。例如，飞利浦数字健康平台具有与电子健康记录整合的功能，并且通过与瓦利迪克公司的合作，可以整合可穿戴设备的消费者数据。瓦利迪克公司还与加利福尼亚州的 30 家医院组成的萨特健康系统合作，一起开发了预防性护理模式，包括与血压监测器和活动跟踪器连接的高血压管理项目[35]。

然而，在消费者端仍存在问题，包括质量和隐私。2016 年发表在《美国医学会杂志》上的一项研究对四种腕戴式心率监测设备与传统胸带式电极系统的准确性进行了比较。苹果手表达到了 91% 的准确率，其他设备（包括乐活运动手环和 Basis Peak 智能手表）的准确率分别仅为 84% 和 83%，而博能H7 胸带设备的准确性为 99%。准确率随着运动强度的增加而降低，乐活运动手环低估了剧烈运动时的心率，建议其进一步验证[36]。

总而言之，依从性策略是循序渐进的，从早期的患者洞见开始，在治疗期间提供临床和经济支持（尤其是报销相关手续和共付额），并持续监测治疗结果和生活质量，以支持医疗服务提供者与患者的有效沟通和自我管理。

以患者为中心的组织

虽然以患者为中心是贯穿所有职能部门的普遍思维模式，但它可以根据不同的模式进行组织和衡量。这种思维模式可以集中在一个职能部门，由首席患者官（CPO）领导。近年来，赛诺菲、默沙东和优时比等公司都任命了首席患者官，患者倡导职能本身也可以集中在公司或医疗事务部门，从而允许跨职能参与（政府事务、研发、监管、市场准入和商业）。也可能向信息情报或市场营销部门报告，或分散到业务部门内部，专注于产品或疾病，但由于相关法律和法规限制，其推广范围有限。在一个新的模式中，患者倡导可以加入研发中，从而在所有开发阶段都可以使患者积极参与，但需要与商业活动进行协调[37]。

无论以患者为中心是否需要进行集中协调，都必须使所有职能部门参与进来，以确保员工对工作的投入。例如，百时美施贵宝发起了一个全公司范围内的倡议，以提高和监测职能部门和国家/地区之间的敬业度。衡量敬业度和相关的投资回报可以从与现有指标和部门特定的关键绩效指标（KPIs）的联系中获益。

你为谁工作：百时美施贵宝员工敬业度计划

作者：百时美施贵宝公司前高级副总裁兼首席战略官伊曼纽尔·布林（Emmanuel Blin）

2014 年，百时美施贵宝公司面临重大变革；我们刚刚剥离了糖尿病业务，这是我们向专业护理公司发展的一部分，我们正在过渡到由新的首席执行官来领导，并开始将公司发展为一个更高效的组织。我们需要让全球员工参与这一过渡。我们需要一个计划，将我们的员工与我们为患者所做的工作联系起来。

我们的策略

我们发起了一项倡议，以庆祝百时美施贵宝公司员工对患者的工作投入，挖掘出关键的差异化因素：患者是我们的最终动力。我们的目标是激发更高层次的自豪感和使命感，以吸引、激励和鼓舞同事，包括来自研发等非市场部门的同事。我们关注讲故事的力量，分享患者使用百时美施贵宝公司研发的治疗方法战胜疾病的历程，以及激励员工每天来工作的员工故事。

内部参与计划名为"你为谁工作"。这向员工询问了一个基本问题，即他们在百时美施贵宝公司工作的动机。

计划目标

"你为谁工作"计划旨在实现三个关键成果：

● 员工们会感到有动力、有参与感、被激励，对自己的工作有目标感；
● 全球各地的员工将感受到与其他员工、高管及公司之间有更好的联系；
● 我们将把外部关注带入公司，与患者建立更牢固的联系。

讲故事的力量

讲故事的力量使得这项计划变得更加生动。我们分享了患者的故事，包含他们的治疗经历和结果。这些患者面临糟糕的诊断结果，但几乎没有有效的治疗方法。大多数患者在参加试验或被开出一种我们研发的药物时，就用尽了所有选择——这些药物深刻地改变了患者的治疗结果。

讲故事的最有力手段是患者的现场演示。我们邀请患者参加团队会议，分享他们的经验。我们还利用讲故事的能力来介绍来自世界各地的员工。

程序开发

"你为谁工作"计划于 2014 年 9 月在全球启动。该计划的主要特点是：

● 内部关注：在制药行业这样的高度管制的环境中工作，我们认识到我们可以向内部受众讲述患者的故事，这是我们在外部无法做到的。

● 全球相关：该计划的当务之急是引起全球员工的共鸣。我们集中创建了一项具有灵活性的计划，以适合在当地实施，并在所有地点具有文化适应性。

程序启动

发起的活动规模不等，从简短的市政厅概览，到为期一周的对当地办事处为患者提供服务的展示。在此计划发起的同时，我们举办了首届全球故事竞赛，请同事们回答"你为谁工作"的问题。在 6 个星期的时间内，我们收到了来自 33 个国家/地区的 800 多个竞赛作品。重要的是，这些故事来自所有职能部门，实际上，其中有近 60% 是由商业职能部门以外的员工提交的，其中 28% 来自研发部门。故事竞赛中有 30 个故事被选中，并在"你为谁工作"内部网站上进一步发展和发布。2015 年上半年，我们在 20 次会议上举办了 28 次患者亮相活动。

为了衡量该计划的影响，我们对员工进行了调查，发现在目标感（增长了 44%）、了解我们的药物会对个人产生的影响（增长了 32%）以及对我们的管线、品牌和治疗领域的了解（增长了 143%）等方面都有大幅度增长。

加快计划

在"你为谁工作"计划的基础上，加强我们所做的一切都是为了我们所服务的患者。我们举办了首届"全球患者周"活动，在全球 65 个地点开展了 246 场活动。在"全球患者周"活动期间，该活动的外部项目"为患者工作"启动，我们分享了员工如何以及为什么为患者服务的故事。外部网站刊登了由员工照片组成的以患者为中心的镶嵌图案，表明我们奉献了微薄之力，以求为患者带来巨大影响。

2016 年及未来

我们在计划实施的第三年保持了良好的势头。我们相信，以患者为中心会提高员工敬业度、企业声誉，促进人才招聘。简而言之，以患者为中心已成为我们保留和吸引人才的一个关键原因。

患者参与度指标

在临床阶段，公司可以与患者倡导组织合作，通过患者群体数据库和在线论坛等，监测患者人数以及可能产生的行为变化。例如，赛尔基因公司在 2016 年 10 月宣布与智者生物网络公司（Sage Bionetworks）结盟，利用苹果研究工具包和一个苹果手机应用程序进行观察研究。对于患有骨髓增生异常综合征（MDS）或 β 地中海贫血的慢性贫血患者，其疾病负担难以量化，且终点通常不在传统测量范围内，这项合作将使用脑基线认知软件来收集神经系统数据。赛尔基因公司和智者生物网络公司正在与骨髓增生异常综合征基金会和库利贫血基金会合作，确定在应用程序中捕获的正确元素，以确保患者具有相关性[38]。参与试验的具体措施包括患者招募和保留。特别是对于罕见病来说，患者倡导组织可以大大提高招募的速度、扩大招募范围。咨询委员会和共同创造治疗方案的个人渠道也可以优化患者保留。例如，减少患者对研究场所的访问频率或提供交通工具可以帮助最大限度地减少参与试验的负担。

外部关键绩效指标包括结果（试验参与和结果、患者和医生的反馈），而内部关键绩效指标包括高级领导层的承诺、各职能部门的协调以及能力（员工培训和技能）。除了传统的营销和销售导向的文化，以患者为中心策略的一个障碍仍然是它对业务增长和生产力的影响不明确。

一种可能的方法是绘制价值途径图，监测患者旅程每个阶段的价值增减。例如，在糖尿病患者中，公司将首先确定不同的疾病阶段（例如潜在或已确认的患病风险、糖尿病前期、并发症、糖尿病患者和无法控制的糖尿病的发作），下一步将是确定每个阶段的干预措施（例如预测和筛查、饮食和运动预防、治疗方案、监测和依从性计划）。然后就可以识别价值漏损或因系统故障（例如缺乏患者的教育、就诊和可负担性）而导致结局受损的点。与医疗服务提供者和患者社区的合作干预可以优化预防、早期检测、治疗效果和依从性。图 6-6 总结了糖尿病病例中的这些价值漏损和干预措施。

价值漏损	干预选择
预诊断与诊断： ● 缺乏意识 ● 社会歧视 ● 非经常性体检 ● 总成本负担	● 通过多渠道（网站、社交媒体、智能手机应用程序）进行教育 ● 与患者组织的合作 ● 访问计划（共付援助、折扣）
治疗开始： ● 治疗问题（注射疼痛、副作用） ● 频繁监测的负担（如葡萄糖等） ● 生活方式管理（饮食、锻炼） ● 就诊的时间负担	● 注射、副作用管理方面的临床支持 ● 创新疗法（口服、智能胰岛素） ● 关于饮食和锻炼的个性化指导 ● 葡萄糖监测/无线泵和传感器
继续治疗： ● 缺乏协调护理 ● 缺乏动力 ● 综合治疗的负担 ● 共病管理 ● 生活质量下降 ● 家庭和照顾者面临的压力 ● 缺乏保险/自付费用	● 医疗团队护理方法 ● 综合疾病管理/在线支持 ● 共病教育 ● 与患者组织进行联盟以获得情感支持 ● 医疗费获取计划（医疗费援助、折扣、捐赠） ● 将患者数据与病历进行集成

来源：弗朗索瓦丝·西蒙和安永分析

图 6-6　患者价值途径：糖尿病病例

在商业阶段，可以将额外的指标应用于数字通信和销售人员活动，数字化推广的成功因素包括相关内容、多个渠道、患者和医疗数据的整合，最重要的是平衡推广频率和消费者对信息过载和隐私的担忧。数字通信的指标包括：

- 对覆盖率和相关性、内容的印象或互动次数（阅读/下载）。
- 对疾病或产品进行事前和事后的认知调查。
- 网站的新访客百分比、网站停留时间。
- 参与度方面的指标包括点击率或号召性用语，在社交媒体上是评论/分享/喜欢。但要注意的是，一个帖子可能会收集很多回复，但有些可能是负面的，包括不良事件和标签外的评论。
- 影响力方面的指标包括忠诚度（通过重复访问品牌或未品牌化网站来衡量）和转化率（采取行动的访问者所占百分比，例如下载医生讨论指南，以及对药物的依从性）[39]。

销售活动的评估标准也在不断发展。以患者为中心的销售模式将用业务计划取代处方目标，这将包括衡量提供给医疗专业人员的服务质量和范围，以及从中收集患者的经验数据。销售经理会发现医疗机构的需求，并在大量实地工作的基础上评估销售代表。

组织模式

在组织中嵌入以患者为中心的理念，取决于多个因素：早期听取患者的见解并将其纳入药物发现和临床过程、多渠道教育和自我管理、患者获得治疗和负担能力计划等。但最重要的是高层领导者的承诺和公司文化。这包括可见的使命和愿景展示，其反映在所有职能部门的具体目标和关键绩效指标中，嵌入员工目标和激励措施中，包括那些不面向客户的部门。为保证各地企业都奉行以患者为中心的理念，必须得到高层的承诺。对那些绩效评价通常是基于收入贡献的国家级市场经理来说，硬要把以患者为中心加入其绩效指标中，对他来说可能是一种负担。塑造新文化包括以下活动：

- 变革型领导确定使命和愿景；
- 强化系统和新服务的设计，如患者友好型临床试验；

●跨职能部门协调以防止职能孤岛，并将以患者为中心加入现有关键绩效指标中；

●在价值链的每个阶段，对患者的关注点进行衡量；

●通过员工遴选、患者合作方面的持续培训以及与患者结局相关的激励等，进行能力建设；

●重新分配预算资源，并向以患者为中心的项目倾斜。

结构选项

尽管适当的文化是主要成功要素，但不同的结构选择各有利弊。在业务部门内部嵌入患者导向的分权模式，保证了这种能力在特许经营中的扩散，但它并未消除现有的职能孤岛。一个可能的演化结果是，重建以患者为中心的、具有丰富经验和技能的跨职能团队。

一个日益增长的趋势是围绕首席患者官的集权化结构。这一高级别的全球性职务以专业知识中心为明确定位，有助于在整个公司、跨地区地传达公司的使命和愿景。

在赛诺菲公司，一个重要目标是确保以患者为中心成为企业文化的一部分，这一目标得到了三支柱框架的支持：

●第一个支柱是投入和理解，通过个体和集体渠道来倾听患者的意见，并基于其需求设计解决方案。

●第二个支柱是成果和解决方案，即将相关观点纳入产品和"药片之外"的解决方案。这需要基于需求进行患者细分。从首次就诊到治疗后10年，患者的需求变化很大。在沟通方面，某些患者偏好与护士直接接触，而另一些患者则偏好使用应用程序和数字化指导。

●第三个支柱是文化和社区。与在线团队合作，确保每位员工都真正了解自己的工作如何影响患者并改善其结局[40]。

总之，以患者为中心是由变革性文化驱动的，涉及价值链每个阶段的新模型和过程以及全面的跨职能和跨区域协调。

要点总结

●以患者为中心是一种综合性的思维模式，它整合了从药物发现到获批后各阶段的消费者的声音；它连接了治疗点，试图创建一个囊括了患者生成数据以及医疗办公室、医疗服务机构等的无缝系统。

- 以患者为中心策略由多种科学和市场力量驱动：从监管者对患者报告结果的兴趣，到能使消费者跟踪其健康状况的数字技术、支付者对能够显示价值的真实世界证据的需求，以及患者群体不断增长的力量，尤其是在罕见病治疗的情境中。

- 以患者为中心的发展仍然存在障碍，表现在生物制药公司与患者沟通的法律限制、可穿戴设备的有限功能、隐私和安全问题以及患者参与的投资回报机制等方面。

- 在药物发现阶段，企业正与患者共同开发聚焦于预测的平台，并参与众包计划。

- 临床试验现在大多包括患者报告的结果，但到目前为止，这些结果尚未得到监管机构的广泛认可和用于产品审批；与患者倡导组织的合作，可以优化患者招募和保留。

- 全球市场在预防和疾病意识方面的信息差距对治疗点连接提出了挑战；患者满意度评分广泛存在，但仍然存在争议，调查与定量评分（如死亡率和发病率）之间的相关性较弱；消费者生成的在线评论未被结构化处理。

- 医生与患者的动态交流因时间不足而难以为继，但可以通过共享决策、电子咨询和数字化教育工具等进行优化。

- 生物制药公司极大地扩展了患者之间的合作，但仍然遭受到公众的不信任，患者缺乏对其支持性服务的认识。

- 了解患者旅程是产品共创的关键，并需要从诊断前到治疗后阶段的广泛信息。

- 制定出合适的患者参与度指标仍然是一个挑战，但可从患者倡导组织跟踪患者的经验以及与现有关键绩效指标的链接中受益。

- 高层的承诺是创建全球性的以患者为中心文化的关键；组织模式方面，包括业务部门内部的分权，但总体趋向于围绕负责全球事务的首席患者官的集权化。

第 7 章

药品定价

介　绍

在医疗费用不断上升的情况下，平衡医疗费用与患者治疗可及性是医疗利益相关者面临的主要挑战。这一问题不再局限于新兴市场。新兴市场国家尽管进行了政府改革，经济状况迅速改善，但药品的可负担性仍然面临挑战。在发达市场国家，科学创新的新浪潮已为癌症和丙型肝炎等严重疾病提供了突破性的治疗方法。这些救命药的定价通常接近或超过患者人均 100 000 美元。而且，某些药品要求患者长期服用，这使医疗系统的预算在经历数年的经济紧缩后变得更加紧张。默沙东公司的首席执行官肯尼斯·法泽尔（Kenneth Frazier）指出："有利的一面是，只要我们不停止创新，生物制药公司必能实现重要的突破。但不利的是，除非我们对医疗系统进行改革，否则我们将无法负担企业研发管线中研制出的那些好药。"[1] 肯尼斯·法泽尔的评论表明，生物制药公司已经意识到，维持患者可及性和药品定价之间的平衡至关重要。

Managing Biotechnology: *From Science to Market in the Digital Age*, First Edition. Françoise Simon and Glen Giovannetti.

© 2017 John Wiley & Sons, Inc. Published 2017 by John Wiley & Sons, Inc.

近年来，处方药的可负担性问题愈加紧迫，相关的探讨陆续出现在备受关注的科学和医学期刊、主流新闻媒体以及诸如脸书和推特之类的社交媒体网站上。例如，肿瘤学家和传染病专家对新型癌症和囊性纤维化药物的高额费用提出了质疑，并将其潜在的财务危害描述为不良副作用[2,3]。

新闻媒体最近将注意力集中在老牌生物制药产品的价格上涨上，其加剧了公众的一个质疑——生物制药公司通常因这一点而认为其定价行为是正当的，即将新药推向市场需要高昂的研发成本。美国主流媒体发表了一系列关于迈兰公司（Mylan）肾上腺素注射笔价格大幅上涨的文章，此事引起极大争议，许多生物制药公司已承诺使其药品定价决策更加透明化[4,5]。

大西洋两岸的药品价格差异也已成为一个关键问题，其导致美国的药品花费远高于世界其他国家和地区。影响力日益增强的社交媒体，为消费者提供了可以实时讨论药品定价差异的新渠道，即便是其他一些数字工具，也使产品定价更加趋于透明[6,7]。

除定价透明度之外，数字医疗的进步还将直接影响传统生物制药公司的定价策略。正如本章稍后所讨论的，生物制药公司将需使用新兴的数字工具来获取真实世界的证据，以证明其产品在当前环境中的价值——当前环境数据丰富、高度网络化。在强大的分析能力的帮助下，这些数据将有助于在生物制药公司和支付者之间形成交易量少、协作性强的新定价模型。

药品定价经济学

能够指导电视机、手机和服装定价的经济驱动因素并不适用于药品定价，这是由多种理由共同决定的，其中包括市场独占性保护。市场独占性保护可以在一段有限的时间内保护新品牌药品免受竞争。这种独占性保护是各国政府乃至整个社会作出的折中选择，以鼓励制药公司和支持他们的投资者从事艰巨且具有风险的药品研发工作，这可能需要长达十年的时间、耗资数十亿美元[8]。在市场独占期结束时，竞争对手可以自由生产仿制药——这种替代性产品比原始品牌的产品更加便宜（至少对于传统的口服小分子药品而言）。

因此，生物制药公司只能在有限的窗口期内收回和最大限度地利用其研发投资。如果开发成本过高或进入市场的路径过于不确定，那么生物制药公司可能难以证明其投资的合理性并退出某一治疗领域。例如，从 20 世纪 90 年代末开始，许多制药公司就停止了对抗生素研发的投资，因为该领域的需求似乎已被现有的低成本仿制药品满足；对新型、有效性更高的抗感染药品的需求并不急迫，因此人们也不愿意为其付费。然而，在十多年后的今天，出现了与投资不足直接相关的公共卫生危机：耐药菌感染的迅速增加。认识到这一问题后，超过80家生物制药和诊断公司呼吁政府考虑新的经济模式，以重振抗生素的研发[9,10]。

市场独占保护只是药品与其他产品定价方式不同的原因之一，另一个关键原因是，因公共卫生系统或私人保险的缘故，药品的最终用户（患者）通常不承担大部分治疗费用。这种情况导致患者在作出有关处方药的决定时不需要优先考虑价格，从而进一步歪曲了与医疗保健相关的市场力量。

但是，药品价格居高不下的主要原因是当前基于服务付费的医疗保健系统依赖基于最小单位的定价方法。实际上，医疗保健系统相对于当前的需求而言过于单一化，因为其没有基于改善患者的结局或降低总医疗费用的能力来确定付款的优先级。这导致了一种激励机制的产生，即鼓励制药公司采用以技术可行性为导向的定价方法，而不是以其他利益相关者认为是合理的作为药品定价的驱动因素。

生物制药公司已经以合理和可预测的方式对现有的市场激励机制作出了应对，他们在个别市场中建立了公开的、基于最小单位的定价，然后根据国内法规和卫生技术评估标准商定了具体的、未公开的折扣或回扣。这种应对措施有两个好处：①实施起来相对简单；②保留了定价的灵活性，尤其是在以参考定价为药品定价标准的市场中。

生物制药公司的定价模型现在正受到威胁（图7-1）。随着研发、销售和营销成本的持续增长，成本有限的支付者无力为每一种创新产品买单。因此，他们采取了更生硬的机制，这种机制限制了许多患者获得治疗的机会。此外，由于药品成本已成为国家预算中一个较大的项目，利益相关者呼吁提高实际研发和商业化成本的透明度，因为这些指标在过去一直被用来证明高昂药品价格的正当性[11]。

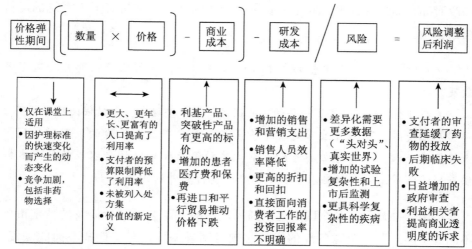

来源：弗朗索瓦丝·西蒙和安永分析

箭头的方向性表示对公式组成部分的影响；↑代表正、↓代表负、↔代表中性。箭头下方提供了评估的原因

图 7-1　传统的制药公司定价实践

全球定价法规

经济合作与发展组织的数据显示，自 20 世纪 60 年代以来，大多数主要市场的药品总支出占医疗费用的比例一直保持稳定[12]。但自 2013 年以来，相对于其他医疗费用，例如影像、实验室检测和住院手术，药品支出的通货膨胀程度开始变得突出。这种现象在很大程度上归因于一波价格高昂的创新品牌产品[13]。

自 2000 年以来，FDA 和欧洲药品管理局分别批准了 500 多种新药。有分析家预测，2020 年可能还会有 200 种主要为高成本的特种药品获得批准，这些药品被定义为对严重疾病的复杂的、需要频繁注射的治疗方法。如果这些药品全部都被投放进市场，可能会导致全球仅在药品上的额外支出就高达6000 亿美元。2015 年 11 月由美国卫生与公众服务部举办的制药论坛上，艾美仕市场研究公司的产业关系副总裁道格拉斯·朗（Douglas Long）谈道："这些新的创新产品对预算的影响巨大。"[14]

为了实现现有产品的市场准入，支付者们已经捉襟见肘，他们担心需要在预算中腾出空间来权衡对新治疗方法的投入。与此同时，大多数主要市场的政府都在加强现有的成本控制或通过全面的立法来维持其卫生系统的可持续性：

● 在欧洲，已经有完整的成本控制措施组合，各国已经收紧并补充了其政策。

● 在日本，政府制定了一年两次的药品价格调整规定，并提倡使用仿制药。

● 在美国，2010年发布的《平价医疗法案》将医疗保险的范围扩大到了未投保的个人，并通过立法进行改革，奖励医疗服务提供者以较低的成本提供更好的治疗结果，但要求生物制药公司支付额外的回扣。

如图7-2所示，各个国家关于药品定价的改革会因其所涉及的特定市场不同而不同，导致全球各地的定价法规有明显差异。对于这些不同的法规，生物制药公司需要制定具有全球规模但可以在其当地市场部署的药品定价策略。由于制造商经营所涉的各个地区存在不同程度的市场竞争与政策和社会预期相结合，允许或限制产品定价的灵活性，他们只有采用这种"全球-本地"的思维方式，才能解决其经营所涉的各个地区的价格敏感性问题。

	美国	英国	法国	德国	日本
直接价格管制	目前无	否	是	否	每半年降价一次；仿制药设置价格上限
间接价格管制	给联邦机构的折扣；商业保险支付者协商未披露的回扣	利润控制；旧药降价	是，旧药的价格更高	上市一年后	旧药降价幅度加大
外部参考定价	否	否	是	为获取支持性信息	是
限制性报销清单类型	越来越多地使用将某药物排除在处方集外的方式，尤其是药房福利管理公司	负面清单	正面清单	负面清单	正面清单
成本效益定价	否	是	是	是	是

续图

	美国	英国	法国	德国	日本
平行进口	目前无	允许；潜在影响取决于英国如何退出欧盟	允许（欧盟内部）	允许（欧盟内部）	是
仿制药优先	是	是	是	是	是
与消费者分担成本	是	是	是	是	是
创新性定价模型的使用	少但不断增加	主要是基于财务的协议	基于财务的协议	在《医药产品市场改革法案》的推动下，2010年颁布德国法律，以控制药品价格	基于财务的协议

来源：安永分析。

图 7-2　主要市场的定价管制

欧盟：定价管制组合

2008 年全球金融危机后的紧缩政策以及与公民签订的独特社会契约使欧洲的统一支付者（政府）对药品定价持坚定立场。尽管各国具体法规不尽相同，但大多数欧盟国家都采用以下机制来管理药品价格和药品成本：

● 严格的卫生技术评估（HTA），根据疗效、相对治疗效果以及逐步增加的成本效益来确定价值；
● 正面和负面药品清单，用于管制药品的供应；
● 内部和外部参考定价。

药品在被推向市场之前，必须先获得欧洲药品管理局的监管批准。但是，市场准入批准只是实现保险覆盖的第一步，定价和获取决定发生在国家层面，并且大多数受到卫生技术评估的强烈影响。卫生技术评估被定义为对卫生技术和干预措施的特性、效果和影响的系统评估，是确定药品报销的重要步骤。2015 年 WHO 的一项调查显示，80% 的欧洲国家使用卫生技术评估来确定与药品、医疗器械、手术和卫生服务有关的报销和收益问题。每个国家在制定和发布这些价值评估时都会使用自己的指南；大多数国家会将医疗需求、临床有效性、相对于现有治疗方法的有效性和预算影响作为优先考虑的评估因素，成本效益也越来越被重视。为了促进卫生技术评估信息的共享和再利用，欧盟于 2014 年建立了一个包括欧盟成员国、挪威和冰岛在内的自愿网络[15]。这一措施以 EUnetHTA 为基础。EUnetHTA 是一个由国家卫生技术评估机构、研究机构和卫生部门组成的网络，旨在为参与网络的国家提供药物评估和卫生政策的通用方法[16]。

除使用卫生技术评估外，许多欧盟成员国还有正面和负面清单，以确定哪些药品将由卫生系统全部或部分报销（正面清单），哪些不能被报销（负面清单）。正如前述关于卫生技术评估的讨论中所指出的，用于确定某种药品是否能被报销的标准因国家而异，并受卫生和社会政策以及经济限制因素的影响。英国和德国使用负面清单；法国、意大利和葡萄牙使用正面清单，西班牙同时使用正面和负面清单[17]。

欧洲国家减少药品支出的最后一个机制是参考定价。参考定价分为内部和外部两种形式。使用内部参考定价的国家通过比较同等产品的价格来确定某种药品的报销总额。同等产品可以被狭义地定义为具有相同活性成分的产品，也可以被广义地（有争议地）定义为具有"治疗等效性"的产品，即药品被判断为具有相同或相似的治疗效果。德国和荷兰采用了后者[18]。

同等产品的狭义定义，即具有相同活性成分的产品，最常被用于规范非专利药品的价格，参考定价适用于这些可比较的同等产品组中的所有药品。在某些情况下，一种仿制药可能会降低所有可比较药品的价格，包括仍在使用的专利药品。德国正是如此，这种做法会限制使用与成本较低的参考定价产品有同等疗效的专利药品，因为患者不得不支付专利药品与廉价替代产品之间的价格差，除非制造商将其药品价格降低到参考价格水平[19]。

外部参考定价机制是参考某种药品在其他国家的价格，得出一个基准价格，作为进一步谈判或定价决策的基础。截至 2015 年，有 25 个欧洲国家对其覆盖的部分药品采用了这一机制。然而，用来得出基准价格的参考国家的药品价格差异很大，参考定价决策中常被用作参考的国家包括法国、意大利、西班牙、德国和英国。克罗地亚和希腊的参考定价决策有时也会被参考，但考虑到这些国家市场的药品价格会因其公民的收入降低而降低，因此将它们列入参考存在争议。

2013 年兰德公司（RAND）的一项研究表明，外部参考定价作为一种成本管制策略，其最终产生的影响可能是有限的。部分原因是制药公司已对外部参考定价这一策略作出了应对，他们先只在定价政策更为灵活的国家推出产品，并推迟或完全避免在市场药品参考价格更低的国家上市。尽管这种方法避免了国际定价基准可能带来的任何负面影响，但它有可能造成某些市场上药品短缺，并使生物制药行业作为"可被信任的利益相关者"的声誉被进一步复杂化[20]。

日本：直接和间接价格管制

由于人口老龄化问题和持续增加的慢性病负担，日本对药品价格采取严格的限制，这也是尽量减少日本卫生支出和将其国债潜在压力降至最低的一种手段。日本政府最重要的举措之一是将其仿制药的处方量从 2014 年的 52% 提高到 2020 年的 80%，并简化了仿制药定价机制。在 2014 年以前，日本仿制药的价格极其不稳定。在日本，政府将仿制药报销价格的门槛定为品牌药价格的 70%，如果有 10 种以上的仿制药替代品，则仿制药报销价格门槛下降为品牌药价格的 60%[21]。

不符合创新标准的产品进行一年两次的降价是日本用来管制药品价格的另一种机制。日本政府已将非专利药品的国家健康保险（NHI）价格与非专利药品价格挂钩，每两年进行一次法定降价，直到仿制药的使用率达到 60%。日本还考虑使用卫生技术评估对已经上市的产品重新定价。如果实施重新定价，卫生技术评估将使生物制药公司更难获得其产品的溢价，除非这些药品被认为具有创新性和成本效益。

与此同时，日本正在大力发展突破性药品，其扩大了一项于 2010 年启动的试点计划，该计划允许为创新性新药提供溢价，并保护它们免受一年两次降价的影响，直到其市场独占保护期结束[22]。

美国：优先考虑价值来管制药品费用

就目前而言，高度分散的美国医疗体系在就医和药品定价方面仍然是最"自由"的市场。但是，美国 50% 以上的报销来自公共支付者，例如医疗保险、医疗补助、退伍军人管理部门和各州。但即便在"自由"的美国市场，因药品费用上涨而带来的压力仍然显而易见。美国快捷药方（Express Scripts）是一家药房福利管理公司，其对近 1/3 的美国公民的处方药使用进行管理。

该公司在 2017 年进行的一项分析显示，2008 年到 2016 年，品牌药的价格上涨了 208%，而同期的消费价格指数仅上涨了约 14%。

如前所述，品牌药价格的增长很大程度是由于更大量地使用专科药品。据美国快捷药方公司 2017 年的数据，到 2018 年，专科药品的支出将占美国药品总支出的近 50%。为了控制成本和鼓励消费者提高对药品价格的敏感性，支付者正在试行新的基于价值的保险设计；他们还通过增加药品共付额和保费将部分药品费用转嫁给消费者和雇主[23]。

与欧洲和日本政府不同，美国政府不直接通过其医疗保险和医疗补助项目来谈判药品定价，而是由美国政府自己进行一定程度的定价调控。在这种环境下，美国支付者和卫生系统已试图通过合并成更大的组织来获得谈判的筹码，合并后的组织在高成本的治疗领域要求价格优惠的能力更强。因此，在商业支付者领域的一波收购浪潮已经重塑了他们在市场中的影响力，将决策权集中在代表更多美国人的较少组织中[24,25,26]。

在没有直接控制药品价格的情况下，美国出现了一个分散的系统。在该系统中，支付者或支付者的代表与生物制药公司进行具体交易，以从药品的部分费用中获得回扣。作为获得回扣的交换，支付者在他们的处方集中将药品放在更好的位置，这些位置多为可以通过保险报销的品牌药和非专利药名单。药品在处方集上的位置越好，其进入市场的障碍就越少，包括降低患者共付费用。较小的市场准入障碍，可以使药品获得更高的利用率和市场份额。

与"同类第一"和"同类最优"药品相比，公司通常会在竞争性治疗领域为仿制药品支付更高的回扣，且通常仿制药品的报销障碍也更低，因此其定价的灵活性更小。但即使在美国，也有迹象表明，"同类第一"或"同类最优"药品的定价灵活性正在降低。例如，吉列德科学公司研发的药品索华迪（索非布韦）只在其上市的第一年间享有定价自由，该药品是当时市面上唯一的全口服型丙型肝炎治疗药。实际上，在竞争产品艾伯维公司的 Viekira Pak（奥比他韦、帕利普韦、利托那韦和达沙布韦）获得市场准入的当天，美国快捷药方公司就宣布将不再承保吉列德科学公司的索华迪（索非布韦），而选择艾伯维公司生产的更便宜的 Viekira Pak[27]。美国快捷药方公司的这一决定，预计将为其客户、雇主和一些政府计划节约超过 10 亿美元的支出，由于存在"全行业的连锁反应"，美国的整个医疗系统会因此节省超过 40 亿美元[28]。

由于成本限制越来越多，美国支付者目前在确定患者是否使用新的高价产品时，反应十分谨慎。例如，当药品波立达（阿利西尤单抗）于 2015 年获得美国监管部门批准时，大多数支付者推迟了他们对此药品的承保决定，直到一个月后类似药品瑞百安（依洛尤单抗）被批准。在这种情况下，支付者会推迟时间以等到相似的产品获批，以便在就此类药物的使用进行谈判时能够利用市场竞争的机制，因为这种药物每年的花费超过 14 000 美元。自上市以来，许多支付者一直在限制承保范围，尽管治疗结果研究显示心血管疾病的风险有所降低[29]。

产品价值的竞争性定义使药品定价复杂化

在大多数行业中，产品的价格反映了其对于消费者的价值。总体而言，产品对消费者的价值越高，其价格就会越高。然而，这种简单的逻辑关系在药品定价问题上并不成立。因为，患者不一定能像消费者那样行事（尤其是在面对衰竭性疾病时），并且患者对药品的价值观念还取决于他们自身的就医需求和经济负担能力。

因此，在制定平衡的定价策略时，一个关键的挑战是要考虑利益相关者的不同价值定义（图 7-3）。药品利益相关者仍然很重视药品的有效性和安全性，但是，和生活质量的改善一样，这些属性应该被认为是必要的，但不是充分的。

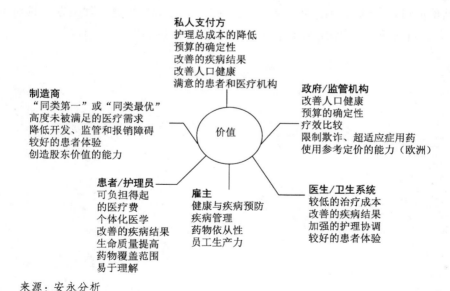

来源：安永分析

图 7-3　需求者眼中的价值：利益相关者优先考虑产品属性

在一个日益关注改善治疗结果的世界，最常见且被广泛认同的价值组成要素包括：

- 未满足的医疗需求；
- 与标准治疗方案相比具有显著的差异；
- 对最有可能受益的人群进行细分的能力（第4章中讨论的主题）；
- 真实世界的治疗结果；
- 药品的前期可负担性；
- 医疗系统的总成本；
- 节省成本所需的时间。

在欧洲，虽然卫生技术评估组织通过临床有效性和成本效益来定义药品价值，但其仍然没有标准化的价值定义。不仅定义药品价值的公式因国家而异，这些公式在特定市场中实施的方式也可能会不一致。在美国，支付者更分散，且政治上无法容忍使用成本效益措施的方法来确定药品价格的模式，因此对于药品价值定义这一问题更难以达成共识。但是，这并不意味着美国的支付者对药品价值这一概念的客观框架不感兴趣。因此，在2015年，有关药品价值讨论的新的关键性发展之一是第三方工具的激增。第三方工具对不同产品的有效性、副作用和费用进行了比较（图7-4）[30]。

价值工具（开发者）	治疗焦点	分析
ASCO 价值框架（美国临床肿瘤学会）	部分抗癌药物	▶健康效益评分促进了医疗机构与患者之间的护理讨论 ▶药品成本数据与安全性数据分别呈现 ▶不打算用于保险覆盖范围的决策 ▶只有在"头对头"试验中对治疗进行比较后，方可进行评估
"药物算盘"（纪念斯隆-凯特琳癌症中心）	部分抗癌药物	▶允许利益相关者通过六种不同的属性定义价值 ▶仅评估 FDA 批准的适应证中有限数量的药物 ▶可能会促进适应证特异性定价
ETAP（临床与经济评价研究所）	上市生物制药和医疗技术产品	▶最类似于欧洲卫生技术评估项目 ▶根据成本效益阈值和潜在的预算影响来确定价值 ▶评估价值的方法并非完全透明
证据块（全国综合护理网络）	治疗特定癌症的药物	▶根据疗效、安全性、可承受性以及证据的质量和一致性，在 1 级至 5 级量表上评定价值 ▶便于患者理解 ▶旨在促进医疗服务提供者与患者之间关于护理的对话
RxScoreCard（真实终点）	上市和管线药物	▶自定义值，基于用户输入创建分数 ▶分数越高，价值就越大 ▶最多 36 个用于定义价值的不同元素

来源：安永分析、公开报道

图 7-4 部分美国药品评估工具

　　尽管美国的支付者和患者倡导组织称赞这些解决方案，但正在开发的不同药品价值框架也给他们带来了分析上的挑战。2015 年 11 月，塔夫茨药物研究中心临床研究和健康政策研究所的研究人员在《新英格兰医学杂志》上发文认为，"还需要做更多的工作来确定，怎样才能在价值定义中最佳地考虑到对患者而言至关重要的因素，例如不良事件、辅助保险金等因素"[31]。

　　总而言之，无论价值框架是源自卫生技术评估组织还是其他组织，它们的存在都会直接影响生物制药产品的定价。因为这些不同的评估方法提供了可靠的定价选择，制造商试图证明其产品价值时必须正面应对。此外，在缺乏产品价值的可靠替代数据的情况下，支付者将会利用从这些价值评估工具中收集到的信息，来要求在市场上获得越来越大的折扣。这种支付者的行为最终限制了生物制药的价值创造，将药品变成了商品，将制造商变成了医疗服务提供者。

在真实世界中证明药品的疗效

尽管生物制药公司在临床试验过程中收集了大量有关药品有效性的数据，并利用这些数据来支持监管决策，但这些数据并不一定能证明其生产的药品在真实世界的价值，还需要有临床试验以外的证据来证明，与当前的标准治疗相比，他们生产的产品在疗效上有所改善。

由于几乎每一类药品都有多种治疗方案可以选择，在没有相关证据证明其有效性与安全性之前，大多数投放市场的产品都将被归类为具有"潜在价值"。因此，很多药品在被投入市场时，必须弥补其"价值差距"。如图7-5所示，利益相关者通常会根据现有数据，将新上市的药物归为以下四类之一：

- 高价/高价值产品；
- 高价/低价值产品；
- 低价/高价值产品；
- 低价/低价值产品。

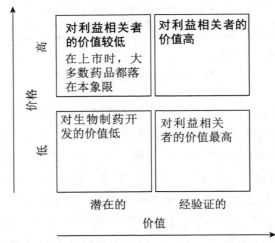

来源：安永分析

图 7-5　产品在上市时具有未经验证的现实价值

高价/高价值产品，包括治愈性治疗方法（例如全口服型丙型肝炎治疗方案）以及与标准治疗方案相比疗效进一步改善的药品。这些药品对利益相关者具有很高的价值，但由于其前期费用较高，引起了人们对药品可负担性的担忧。

高价/低价值药品包括疗效与标准治疗无差异的专科药品，或在有效性、治疗结果方面有逐步改善的自我保健产品。这类产品还可能包括被适用于大量人群但没有针对性疗效的慢性病产品。虽然某种药物在某一细分人群中可能非常有效，但大多数患者对这种药品没有反应，因此在其他大量人群中观察到的疗效并不理想。这类药品相较其费用而言，所获得的效益更难确定，因此最容易受到支付者的反对及医疗服务提供者和患者的怀疑。

低价/高价值产品包括疫苗和非专利药品，由于其收益/成本比最高，被利益相关者视为具有最大效用。然而，即使是这一类别的产品，也可能会受到前期可负担性的影响，这取决于市场的宏观经济状况和受影响的患者人数。

低价/低价值的产品包括非处方药和外用药膏，传统上其价值最低，因为它们无法在广泛的人群中起作用。对于制药商而言，这些产品在传统上被视为开发优先级最低的一类产品，因为相较于其开发风险和商业风险，可能从这类产品中得到的回报较低。

制定定价策略

根据利益相关者的观念对产品进行分类，仅仅是为新的生物制药产品制定正确的全球定价策略的一个环节。如果要实现定价策略的最佳效用，生物制药公司还必须做到：

- 了解产品和市场如何支持或限制定价的灵活性；
- 完善定价分析方法，纳入"全球−本地"启动计划；
- 将定价策略与公司的整体商业战略相联系。

8 个不同的因素有助于决定公司推出产品时的定价有多大的灵活性（参见图 7-6、图 7-7 和"产品因素决定定价的灵活性"）。

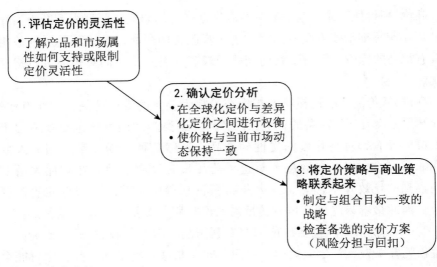

来源：安永分析

图 7-6　制定定价策略

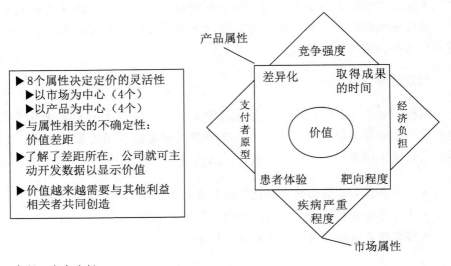

来源：安永分析

图 7-7　决定定价灵活性的属性

需要注意的是，任何一个属性的高度不确定性都会增加利益相关者的怀疑或影响真实世界的效用，从而导致产品上市时可能存在价值差距。通过了解哪个属性会导致最大的不确定性，公司可以主动开发数据，以最大限度地提高定价灵活性。实际上，导致最大不确定性的属性会成为利益相关者开发新定价模型的着力点（本章稍后将介绍）。

产品因素决定定价的灵活性

当前药品定价的复杂性和支付者类型的多样性，导致很难在一个决策树中对图 7-7 中的因素进行排序，使之可以在所有治疗领域都适用。疾病的严重程度、治疗该适应证的预计总成本和市场竞争情况，使某些产品属性比其他属性更为重要。

从表面上看，被广泛认可的能够进一步改善治疗效果的药品，应该比仅能提供增量收益的药品具有更大的定价灵活性。但是，这种灵活性会受到其他因素的影响，比如药品产生疗效的时间和治疗的经济负担。这些药品需要更长的时间来证明其真实世界的治疗结果（包括可被证明的成本抵消），相比那些能够迅速被证明治疗结果的药品，它们将受到更多利益相关者的怀疑。同样，无论证明的治疗结果如何，其他医疗利益相关者的前期成本越高，其定价决策受到审查的可能性就越大。治愈率高达 99% 的全口服型丙型肝炎治疗方案就属于这种情况。

此外，可被视为可比疗法的竞争产品越多（被称为竞争强度），定价灵活性就越受到限制，对于后来者而言尤其如此。传统上，生物制药公司选择将自己的产品与具有相同作用机制的产品进行比较。但在以价值为导向的环境中，生物制药公司不能再将作用机制作为比较的依据，而要选择当前提供最佳治疗结果的产品进行比较，这可能意味着选择一种设备或在未来选择一个数字应用作为比较的产品。

使用精准的医疗设备（在第 4 章中进行了描述）将目标人群从所有人缩小到对药品反应最大的人群时，药品的定价会具有更大的灵活性。对目标人群进行定位不仅可以改善治疗结果，而且可以解决支付者的利益相关者的预算问题。由于治疗未被满足的患者对医疗的需求水平更高，用于治疗更严重疾病的药品的定价灵活性也是如此。

以患者为中心的属性（例如有助于遵循治疗方案的给药时间表）是需要考虑的重要因素。但是，制药公司应该考虑到，传统的支付者不会优先考量这些因素，除非有伴随的真实世界的数据来证实治疗结果的改善。

最后，支付者的性质是另一个需要考虑的关键问题。正如第8章中详细论述的那样，不同类型的支付者会根据个人偏好和制约因素（包括他们所在的市场动态）作出不同的承保决定。例如，在美国，由于预算固定，医疗费用支付者会重点关注前期的药品费用支出。但是，如果药品能在可接受的时间内产生可靠的成本抵消，那么综合交付网络可能就对前期费用支出不敏感。传统上，综合交付网络会将他们的会员长期留存，这种特殊类型的支付者或许比传统商业支付者的灵活性更强，因为后者将患者留存为会员的时间只有一年至两年。

生物制药公司还必须优化对当前可用产品标价的分析，并设置产品在全球范围内的最高和最低价格。设置这个所谓的全球价格范围既是一门艺术，也是一门科学。越来越多的利益相关者愿意接受"足够好"的创新药品，但前提是产品满足基本的安全性和有效性要求，且价格较低。这是生物仿制药以及全口服型丙型肝炎治疗药品类别中第二和第三位进入该药品领域的利益相关者的价值主张。

此外，如果公司设定的全球价格范围太宽（即产品的最高价格和最低价格差距过大），公司实现利益最大化的能力会因为参考价格和平行贸易行为而面临风险。但是，如果设定的全球价格范围太窄，公司的全球利润也可能会减少，因为价格范围在某些地区可能是无法负担的，最终限制了其产品的市场渗透率。

因此，生物制药公司力图设定一个既不能太宽也不能太窄的全球价格范围，并且将包含主要市场（例如欧盟、美国和亚洲）的区域价格范围。受到外部参考定价的影响，欧洲市场的价格范围会继续收紧。美国市场的价格范围在历史上更具有弹性，随着其市场对价格的敏感度提高，美国和欧洲的最高价格可能会更加接近。与此同时，由于各国家间定价政策和购买力的差异[32]，目前亚洲市场的价格范围仍然较宽。

最后，成功的生物制药公司还致力于将其各自的产品定价决策与整体商业战略联系起来，包括评估产品组合中因其他药品的渗透而产生的下游影响。例如，产品对公司整体投资组合的重要性越大，增加市场份额和迅速缩小现有价值差距的压力就越大。

此外，随着越来越多的产品被组合使用，对生物制药公司来说，协调整个产品组合中的单个定价决策以制定一个协调的商业策略是至关重要的。分析整个产品组合的定价决策，可使公司将以产品为中心的评估与总体战略相结合，包括决定投资一个业务部门而不是另一个业务部门，或者是资产剥离带来的潜在价值创造。

分析新的定价模型

产品定价将越来越多地从合同性、交易性事件转变为长期关系中的一个步骤，这种长期关系会重新分配报销风险，并受到利益相关者对价值定义——优先考虑有关医疗系统的总花销——的影响。进一步而言，这意味着如果生物制药产品想要获得最大的定价灵活性，就需要证明其治疗结果。因此，未来的定价方法将要求公司与其他利益相关者（尤其是支付者）合作，共同创建数据以缩小价值差距。正如再生元制药公司的首席执行官伦恩·施莱弗尔（Len Schleifer）在 2015 年福布斯医疗峰会上对观众说的那样，作为一个行业，"我们必须考虑一种不同的、更具责任感的药品定价方法。"[33]

这些创新性定价模型（也可能称为管理准入协议、风险分担协议、按治疗结果付费或按价值付费）通常具有以下特征：

- 产品的价格或报销水平与治疗结果相关。
- 为了证明治疗结果，药品制造商和支付者必须在预定的一段时间内收集真实世界的数据。
- 这些数据解决了在临床试验之外与该产品的效用相关的不确定性问题。这些不确定性问题可能与产品的有效性、安全性或者因在特定患者群体中使用该药物而节省的未来成本的规模和价值有关。

华盛顿大学的研究人员表示，截至研究数据发布之日，分担产品风险的创新协议数量不多，近 20 年的时间里有数百项交易，由于这些交易都涉密，很难获得准确的数字。不过，这些交易大多数都是在欧洲达成的，欧洲的支付者缩紧和垄断政府迫使生物制药公司采用更具创新性的定价策略。例如，在意大利，准入最高价的肿瘤药品需要采用某种按绩效付费的定价方法，这种定价方法需要通过患者登记册进行监测。在英国，风险分担协议是首选的方法。在美国，由于担心新的定价策略会危及政府合同和有关医疗补助价格的规定，对创新性定价方法的试验比较有限[34]。

创新性定价方法需要生物制药公司与每个支付者签订单个合同，这意味着这些创新性定价策略很复杂且难以扩展。例如，其需要双方就协议的期限、应该收集和分析的数据以及财务风险问题达成一致。投资基础设施用于收集和分析数据的需求，以及与何时能够确认产品收入相关的不确定性，也是采用创新性定价策略的实质性障碍。图7-8总结了新的定价解决方案。

解决方案（在市场中使用）	定义	例子
适应证特异性定价（正在兴起）	根据产品在特定适应证中的表现，对其进行不同的定价（例如肺癌与头颈癌）	美国快捷药方公司正在试行一项计划，在美国测试适应证特异性定价
捆绑支付（程序和医生服务费用高；因治疗方法而兴起）	对包括处方药在内的所有治疗费用进行全球支付	联合健康保险集团已与多个医生团体合作，在肿瘤科测试该模式
基于财务的风险分担（在欧洲适用更多，美国正在兴起）	旨在通过将价格与使用情况（通过处方量或药物剂量）挂钩的协议，为支付者提供预算确定性	吉列德科学公司和法国政府在2014年就索华迪的数量上限达成协议
基于绩效的风险分担（PBA）（在欧洲适用度中等，美国正在兴起）	旨在管理药物的使用和/或提供药效证据；强调临床治疗结果	百时美施贵宝公司和意大利政府就伊匹单抗建立了一项基于绩效的风险分担，如果患者在规定时间内没有反应，百时美施贵宝公司将退还购买产品的全部费用
年金模型（正在兴起）	用于支付突破性生物制药产品收购成本的债务融资工具。可以是债券、抵押贷款或信用额度。会包括一些按结果付费的要求	建立了健康影响债券，旨在改善哮喘等慢性疾病的治疗服务。迄今为止，生命科学公司尚未广泛应用这一定价模型

来源：安永分析

图7-8 新的定价解决方案强调真实世界的结果

影响创新性定价模型采用速度的一个关键因素是新型的支付者，这一问题将在第8章讨论。在未来，支付者将不仅是政府或私人保险公司，越来越多的医生群体和其他因处方决定而面临财务风险的医疗服务提供者也将成为支付者，患者本人也将成为支付者。这可能会增加支付者的复杂性，但同时也为制药业提供了与支付者一起尝试新的定价模型的机会，支付者对药品定价的价值考量的优先顺序可能更直接地与临床治疗结果保持一致。

美国的药品定价：压力持续增加

作者：苏珊·加菲尔德（Susan Garfield），安永会计师事务所市场准入负责人

美国媒体、政界以及消费者对其药品定价的关注达到了历史新高度。美国药品定价的独特之处在于其相对自由的定价体系，几乎无任何管制，集体谈判和市场驱动是主要的定价方法。本章介绍了许多不断发展的创新性药品定价方法，这些方法也代表着重新构想如何保持药品价格和价值一致性的第一步。展望未来，利益相关者围绕以保持价值和价格一致性为导向的医疗保健服务将改变定价方法和结果。卫生系统会利用来源于真实世界的证据，更好地了解最佳的治疗系统，以及某种药物在这些系统中会提供何种价值。

此外，随着治疗方法变得更加个性化，支付系统评估个人治疗方法益处的能力也将随之提高。虽然目前大多数产品和服务的覆盖范围和市场准入是在人群层面上提供的，但在不久的将来，产品的市场准入标准可能由特定的基因组成、预测的治疗反应率、家族病史或患者所希望接受到的治疗护理环境的专业知识来界定。这些因素放在一起，标志着我们对定价方式的思考有了重大变化。虽然个性化医疗尚未转化为个性化定价，但目前利益相关者已经在关注这一未来可能发生的转变会带来的影响。显而易见，目前生物制药公司已逐渐意识到有必要改变其以往对药品定价的思维模式，他们已经开始尝试接受创新的合作伙伴关系来传递价值，并将逐步重新考虑其自身在药品定价的价值链中的角色，从单独行动者转化为价值连续体的组成部分。

然而，目前公众对药品定价的广泛抗议也是真实存在的，未来的变革模式不可能安抚那些认为药品定价过高和认为药品定价是一个无解之题的人。在短期内，我们可能会看到政府重新提起对医疗保险和其他项目中的药品定价直接谈判的兴趣。我们也可能会看到州一级的定价活动有所增加，因为立

法机关和地方选民会自行处理这个问题，并努力解决他们认为存在的药品费用上升问题。

除政策变化和监管控制的因素外，药品价值链中的其他参与者也可能会受到更仔细的审查。药房福利管理公司（PBMs）、团体采购组织（GPOs）和专业药房之类的组织，都对药品的最终费用有影响，但很少有利益相关者了解他们的作用或他们所带来的潜在价值。因此，证明他们自身价值和合理解释为什么需要中介的压力越来越大，尤其是当大数据资源变得越来越普遍，支付者和其他利益相关者可以直接获取数据时。针对医疗保健的按价值付费和按效果付费的支付模型将促使人们更加全面地看待医疗成本，包括药物性和非药物性干预。

总而言之，追求药品费用支出合理化的时代即将到来。无论是支付者直接对制造商施加的更大压力，还是通过改变结构性价值链在较少的参与者之间重新分配成本，都表明药品定价正在发生重大变革。因此，生物制药公司必须将注意力和资源集中在药品定价的合作模型上，从而提高他们所开发的药品的价值，并能够参与到不断变化的定价政策讨论中。合作关系可能包括来自技术、金融、数据和科学界的各类公司，其共同助力于定义药品价值和提供以价值为导向的医疗。生物制药公司会在创造这种模式中发挥重要的作用，即以合理的定价模型充分鼓励创新，同时更合理地分配稀缺资源。

新定价策略的发展

图7-9根据创新性定价解决方案在市场上表现出的复杂性和成熟度，对它们进行了排列。所谓的基于财务的协议（FBAs）代表了目前市场上使用的大多数创新性定价模型，因为这些协议不涉及与药品有效性相关的复杂的货币回扣，它们是最易执行的合同之一。此外，此类交易还提供了明确的预算，这也是在资源紧张的环境中十分重要的基准。

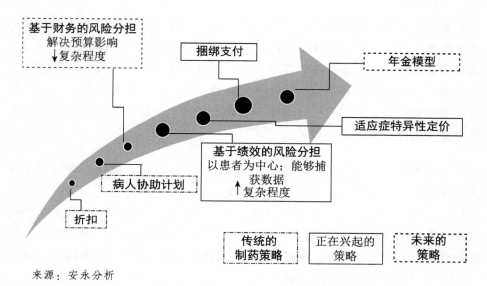

来源：安永分析

图 7-9　通过新的定价解决方案重新分配偿还风险

　　阿斯利康公司针对易瑞沙（吉非替尼）的整笔支付准入策略是生物制药公司使用这些财务协议来实现市场准入的经典示例（请参见"阿斯利康对易瑞沙的整笔支付准入策略"）。一个更近的例子是，吉列德科学公司在2014年与法国政府达成交易，以建立其丙型肝炎药物索华迪的市场准入。当时，法国政府曾威胁吉列德科学公司，如果吉列德科学公司坚持维持索华迪的原价不降价，将对吉列德科学公司征税，吉列德科学公司同意降低其疗法费用约15 000欧元，但以患者使用该药品无自付费用为交换条件。吉列德科学公司还同意对药物的使用量设置上限，因此，如果使用的患者人数超过了预先商定的数量，索华迪的价格将降得更低。这两个条件均有助于法国卫生部预测为国内约20万名丙型肝炎患者提供救命药物所需要的费用[35]。

阿斯利康对易瑞沙的整笔支付准入策略

　　2010年，英国阿斯利康公司为其肺癌药物易瑞沙构建整笔支付方案（SPA），这也代表了生物制药公司可以采用的一种定价策略。作为与英国国家卫生服务体系达成的协议的一部分，阿斯利康公司为患者免费提供头两个月需要的易瑞沙，然后以固定的价格提供患者所需要的药物。

　　通过这种方式构建针对易瑞沙的整笔支付方案，阿斯利康公司使英国国家卫生服务体系可以轻松计算出该产品每年的花费，而无须通过保险理赔或患者数据来严格监控患者的反应率。此外，如果患者使用该药品至少 5 个月，英国国家卫生服务体系就可以节约支出，这至少与该药物的公开定价有关。2012 年，在国际药物经济学和结果研究学会（ISPOR）召开的会议上公布的真实数据似乎证实了这一支付方案积极的经济性：平均而言，有超过 250 名患者持续使用易瑞沙至少 12 个月。[36、37]

尽管基于财务的协议稍微转移了报销风险，但在许多方面，它们只是对已经在市场上使用的直接折扣进行了轻微的转变。更有趣的是，基于绩效的协议（PBAs）被设计的目的在于管理患者使用药品，并提供额外的药品功效数据。自 2007 年强生公司就其生产的产品万珂（硼替佐米）谈判达成基于绩效的协议以来，基于绩效的协议就被公认为是一种支付者和生物制药公司可以用来实现基于结果定价的机制[38]。

但是，由于存在上述实际障碍，这类交易在美国和欧洲仍然很少见。正如美国快捷药方公司首席医疗官史蒂夫·米勒（Steve Miller）所说，在过去的几年中，该行业已经多次尝试基于结果的报销机制，"但大多数政策最终都因自身的负担而崩溃了"[39]。

但是，随着药品的支出处于不可逆转的上升趋势，支付者和制药公司目前越来越有动力开展基于价值的合作。2015 年底，美国的西维斯公司（CVS Health Corp.）和马萨诸塞州的区域支付者哈佛朝圣者公司（Harvard Pilgrim）均宣布了基于价值的协议，给予安进公司生产的药品瑞百安（依洛尤单抗）优先处方地位，以换取基于结果和利用率的折扣。诺欣妥（沙库巴曲/缬沙坦）是诺华公司生产的治疗充血性心力衰竭的"同类最优"产品，它是利用基于结果的交易来实现市场准入。安泰保险、信诺（Cigna）和哈佛朝圣者三家公司均围绕该药品签订了新的协议，由于报销延迟问题，该药品的实际销售速度比预期要慢。这些案例虽然数量较少，而且局限于重要产品竞争的机会，但代表了产品定价策略的重大转变[40、41]。

但是，这些案例本身不会推动向基于价值的报销方式的重大转变，因为现存的基于绩效的协议很少会对支付者或制药公司造成很大的风险。此外，由于基于绩效的协议通常是在特定的支付者和制造商之间构建的，很难迅速将其扩展到其他支付者和可能承担风险的医疗服务提供者，最终导致在当前的监管环境下，共享最佳实践和经验教训以更广泛地加速向基于价值的报销方式转变，仍是一项挑战。

所谓的价值实验室，是制造商、支付者、医疗系统、数据提供者和裁决者之间的结构化合作，是在一个安全环境中探索一种基于价值的协议的方法。价值实验室本质上是由多个利益相关者组成的，在推进实验进展的同时也减少了已知的痛点，例如定义和评估治疗结果，以及建立共享数据系统。值得注意的是，价值实验室不会仅有一个，而会有许多。根据不同的治疗领域，不同的利益相关者将需要参与其中。新兴的实验也是这种趋势的典范，例如默沙东公司和联合健康保险集团旗下的奥普图姆公司（Optum）创建的学习实验室，旨在探索各种价值构造模式。[42]

实验性定价策略

支付者和医疗服务提供者也正在尝试其他解决方案，这些解决方案是优先考虑按效果付费，同时能为患者提供创新性但价格昂贵的处方药。有两种值得关注的方法：适应证特异性定价和捆绑支付模式。

适应证特异性定价

随着生物制药公司将药品开发从适用于多数人的初级保健药品转向适用于少数人的专科药品，开发策略也发生了变化。公司仍然希望研发出令人瞩目的产品，但其目标是通过在不同的适应证上获得批准来实现的。这种做法的问题在于，一个专科药品不会提供相同的益处，因此对支付者和医生等利益相关者来说，该专科药品对被批准使用的各种疾病的价值也是不相同的。例如，在肿瘤学中，同一种专科药品可以被用于一系列不同的癌症（如乳腺癌和胃癌）和亚人群（如存在或不存在的特定生物标记物，如表皮生长因子受体表达），但是药品对不同疾病和人群的治疗结果通常相差很大。对于支付者和医疗服务提供者而言，这可能意味着要为糟糕的治疗结果或没有疗效的药品支付高昂的费用，同时使患者遭受不必要的副作用。这种观念导致一些支付者会测试不同的适应证特异性定价[43,44]。

适应证特异性定价本身并不是一个新概念，以往当专科药品对非常不同的适应证具有效用时，就会被有限制地使用，并且可以配制成具有自己品牌和定价策略的独立药物。例如，美国辉瑞公司于 1998 年推出了用于男性勃起功能障碍的伟哥（西地那非），2005 年该药品被证明可有效治疗肺动脉高压，辉瑞公司开始以新的品牌瑞万托销售该药品。同样，赛诺菲公司及其合作伙伴再生元制药公司开发了酪氨酸激酶抑制剂阿柏西普，并作为两个独立的产品在市场上销售，品牌名分别为艾力亚（用于治疗湿性年龄相关性黄斑变性和其他眼科疾病）和扎尔特拉普（用于治疗结直肠癌）。每毫克艾力亚的平均净价比扎尔特拉普高出 60 倍[45、46、47]。

实际上，诸如伟哥/瑞万托和艾力亚/扎尔特拉普等案例都是一些例外情况，并不常见。大多数情况下，创建两个不同的产品标签和品牌，并采用不同的剂量和定价参数，是不可行的。这使得实施适应证特异性定价变得更加复杂，支付者和制造商必须同意为不同的适应证预先设定报销额度。同时，还必须开发一种数据收集的基础框架，以便将药物使用与特定的已知适应证关联起来。这具有较大的挑战性，尤其是在美国，大多数支付者均能够收集到的理赔数据只会显示开过什么药，不会显示开此药的原因。

减少与适应证特异性定价相关的管理障碍的方法之一是创建一个"加权平均"价格，其估计了一个支付者所覆盖的患者群体中特定适应证用药的情况。理论和实际使用情况通过回溯性地在预定时间（例如每年一次）发放回扣来协调。这种方法已经在英国、德国和意大利使用，但非营利性研究机构临床与经济评价研究所称这种方法为美国的"处女地"。因为"回溯性审查理赔请求仍然需要强大的数据"，并且对政府定价模型（例如医疗补助）的影响尚不清楚。事实上，临床与经济评价研究所在 2016 年 3 月的一份报告中指出，成功的适应证特异性定价模型取决于两个关键因素：选择正确的治疗情况并拥有志同道合的合作者[48]。鉴于这些不确定因素和快速接受这种新定价模式潜在的商业风险，制造商在广泛应用该模型之前，可能会先参与个别试点。

制造商和美国支付者密切关注的一个试点是 2016 年美国快捷药方公司与纪念斯隆–凯特琳癌症中心之间的合作，他们对药房福利管理公司的 2016 年首选处方集上的三种肿瘤药品采用适应证特异性定价模型。作为试点的一部分，美国快捷药方公司将为同一种药品支付不同的价格，具体取决于该药品在不同肿瘤类型中的表现。但目前尚未披露哪些药品适用这种新型定价模型，也没有显示初步的结果[49]。

但是，支付者群体中使用新模型来降低癌症治疗的高昂费用的需求越来越迫切。2016 年 5 月，发表在《健康事务》（*Health Affairs*）上的一项分析发现，产品竞争限制了丙型肝炎和糖尿病治疗的定价灵活性，但迄今为止产品竞争对肿瘤药品价格几乎没有影响。实际上,研究人员发现,从 2007 年到 2013 年,癌症药品的费用每年增长超过通货膨胀率 5%;但是,对新型抗癌药物的直接竞争只会使其每月平均费用降低 2%[50]。

捆绑支付模式

在其他行业,消费者为所需的商品或服务可以支付一笔费用。例如,当消费者购买汽车或智能手机时,他们通常不会就各个部件向不同的制造商支付费用;相反,他们为一个实体支付固定费用,以获得全包式体验。在医疗保健行业通常不是这样,这个行业按服务付费的报销系统意味着每位患者需要为每一次从不同医生或卫生系统各部分(例如用于诊断检查的实验室设施、用于住院治疗的医院以及用于门诊随访的康复中心)接受的治疗单独付费。

当前,人们已经认识到所谓的捆绑支付,是指将治疗特定疾病所需的全部药物、设备、检查和服务捆绑在一笔费用中,这是一种奖励交付结果而不是提供服务数量的机制。捆绑支付可提供固定的报销金额,它们鼓励医疗机构遵守标准化的治疗方案,通过综合多学科实践单位来提供最具成本效益的治疗和最有效的服务。如果结构合理,捆绑支付还可促进以患者为中心的医疗(这是第 6 章中讨论的主题),因为可以根据患者的优先事项需求来确定捆绑服务和要实现的治疗结果,例如,患者的优先需求是分娩健康的孩子还是减轻分娩痛苦[51]。

与适应证特异性定价一样,捆绑支付这一概念并不新鲜:捆绑支付已被用于支付某些特殊领域的治疗费用,例如器官移植和自费项目(例如整形外科手术和体外受精,患者需要自己承担所有的医疗费用)。目前,已有少数捆绑支付的成功案例,有证据表明,这种模式不仅可以简单地将成本曲线向下弯曲,而且可以有效地降低成本。因此,不同国家、不同类型的组织和不同治疗领域对实施捆绑支付的兴趣都很大。2011 年,美国医疗保险和医疗补助服务中心接受了这种方法,将其作为降低成本和提高与终末期肾脏疾病相关的治疗质量的一种手段,并通过《平价医疗法案》制定了一项自愿性的 "改善治疗捆绑支付计划",该计划包括 48 种医疗和手术条件下的 14 000 多个捆绑项目。2016 年,美国医疗保险和医疗补助服务中心推出了一项强制性关节置换捆绑支付计划,覆盖了美国 60 多个大城市的 800 家医院(图 7-10)[52,53]。

国家	试点（启动年份）	分析
荷兰	2 型糖尿病试点（2007 年）	涵盖一年内所有的糖尿病治疗服务，但不包括某些并发症。由于减少了不必要的服务和对高风险病人的优先考虑，治疗成本降低，效果也得到了改善
瑞典	斯德哥尔摩县膝关节和髋关节置换试点（2009 年）	两年来，治疗费用降低了 17%，并发症发生率降低了 33%。项目扩大到包括所有需要手术的主要脊柱诊断
美国	急性病治疗计划（2009 年）	捆绑医院和医生的心脏和骨科服务，预计平均为医疗保险节省费用占比 3.1%
美国	改善治疗捆绑支付计划（2011 年）	为 48 种医疗和手术条件建立了捆绑支付。2016 年，约有 800 家医院开始强制执行关节置换的捆绑支付方式
美国	肿瘤疾病领域基于疗程支付模式（2009 年）	试点在乳腺癌、肺癌和结肠癌治疗中使用捆绑支付。与对照组相比，癌症治疗费用减少了 34%，尽管化疗费用增加了 179%。试点在 2015 年扩大

来源：安永分析

图 7-10　筛选的捆绑支付实验

尽管如此，人们对捆绑支付模式是否可以在急性环境之外使用仍持怀疑态度，因为在治疗诸如糖尿病或慢性阻塞性肺疾病等慢性疾病时，确定哪些产品和服务需要或不需要被纳入捆绑支付中是更复杂的难题。基于时间的捆绑支付是一种解决方案：医疗机构和支付者群体根据不同的时间跨度（例如三个月或一年）来确定需要提供的服务和产品的范围（也称为基于疗程支付）。美国最大的商业支付者之一联合健康保险集团试图在为期三年的试验中考查这种方法的局限性，该试验的对象为 5 个社区肿瘤诊所中接受治疗的 800 名乳腺癌、肺癌和结肠癌患者。2014 年公布的结果显示，捆绑支付在不影响医疗质量的情况下，能够将整体癌症治疗成本降低 34%。更有趣的是，结果似乎表明，节省成本的最佳机会是改善提供治疗服务的效率，而不是限制药物支出（请参见"联合健康保险集团的肿瘤治疗捆绑支付项目的经验教训"）[54,55]。

从理论上讲，捆绑支付模式的实施能够缓解药品的成本压力。在这种支付模式下，如果相对便宜的仿制药能够提供与更昂贵的品牌药相同的效果，医生就没有令人信服的理由去使用价格更贵的产品。此外，由于在一个确定的治疗周期内所有商品和服务的价格都是固定的，医疗服务提供者和支付者也有动力去尝试通过谈判降低药品价格。同时，如果药品制造商担心他们的药品会因费用问题而无法开处方，他们可能会愿意给予回扣。

目前，还很难知道捆绑支付模式对药品定价的全部影响。在其试点项目中，联合健康保险集团并未将药品费用纳入整个捆绑支付的内容中，而是将其单独报销。很明显，在临床治疗受到严格控制的情况下，捆绑支付模式的效果最好，诊疗路径也会围绕标准化治疗方案进行调整。采用捆绑支付模式的行政负担仍然很高，而且可能在几年后才会有回报。雇主可以在推动这些试验方面发挥更大的作用，这是第 8 章的主题。

联合健康保险集团的肿瘤治疗捆绑支付项目的经验教训

2009 年，联合健康保险集团开展了一项试点项目，以评估基于时间的捆绑支付模式是否可以减少与乳腺癌、肺癌和结肠癌治疗相关的整体医疗费用。有趣的是，捆绑支付的覆盖范围中未包含许多服务或产品，医师门诊费、化疗管理费和诊断费都是按服务费进行报销，药品价格也不包含在捆绑支付的价格中。相反，联合健康保险集团支付了药品的平均销售价格，省去了医生在所谓的购买和收费计划中对其管理的注射和输液药品的 6% 加价收费。2014 年，该支付者报告指出，转向按疗程支付的模式对患者的治疗没有影响。尽管有些服务仍可以通过收费服务支付，但医疗费用则是另外一回事。的确如此，这批患者的治疗总费用下降了 34%，每人约 40 000 美元。

更有趣的是，费用节省的原因并不是癌症药物支出减少，而似乎是住院率降低和放射治疗减少。事实上，在试验过程中，化疗费用增加了 179%。这一统计数字似乎展示了生物制药公司的高管们长期以来坚持的一个原则：即使药品昂贵，如果使用药品能避免或消除其他昂贵的治疗方式，尤其是急诊就诊和住院治疗时，则可以成为最具成本效益的治疗选择之一。

为了更好地理解为什么这种方法可以节省费用，联合健康保险集团联航宣布扩大试点范围，使参与试点项目的人数增加了 2 倍[56,57]。

融资未来：可负担性

尽管诸如联合健康保险集团的捆绑式医疗实验或哈佛朝圣者公司针对药品瑞百安的基于结果的交易等创新支付模式使产品定价的交易性减少、合作性提升，但这些协议仍无法解决支付者当前面临的最紧迫的问题之一：短期的可负担性。如前所述，与索瓦迪有关的最紧迫的问题不是对产品有效性或成本效益的担忧，而是产品的前期费用。对其近期的可负担性的担忧也即将到来，因为科学的进步使为严重的罕见病（如地中海贫血或严重联合免疫缺陷病）研发治愈性的一次性疗法成为可能。正如兰德公司的研究人员所指出的，这给支付者和政策制定者造成了两难的局面："提供治疗，接受高额的短期费用并期待长期储蓄，或者坚持预算规则，暂时放弃临床收益和长期储蓄，并激怒受影响的人口。"[58]

由于这两种选择都不是特别有吸引力，兰德公司团队提出了第三种方法：使用债务融资工具来支付突破性生物制药产品的收购成本。这种工具可以有多种方式和多种结构——作为债券、作为抵押贷款甚至作为每月固定支付款的信贷额度。为确保这种工具不会机械地导致无论治疗结果如何均会产生支付的情况，兰德公司团队建议将持续不断的报销与真实世界的疗效证明联系起来。

在另一项分析中，来自麻省理工学院和丹娜-法伯癌症研究所（Dana-Farber Cancer Institute）的一个研究小组提议创建以消费者为中心的医疗保健贷款，这些贷款由购买债券或股票的投资者资助。需要昂贵但可治愈的疗法的消费者可以从一个专门为资助昂贵药品购买而设立的特设机构贷款，以支付他们的共付费用。偿还贷款将在一段时间内摊销，类似于汽车、房屋贷款或学生贷款债务。同时，贷款承销商将由购买其发行的债券和股票的"投资者池"提供资金[59]。

目前，还没有支付者或制造商促成任何一种融资联盟。与其他创新定价模型相关的所有不确定性仍然存在——与数据获取、收入确认和最佳定价法规有关的风险。此外，正确构建债务将需要新的能力，如疾病成本建模、统计分析和对金融产品的深刻理解。然而，对于高成本的罕见病治疗，融资模型可能很快就会成为其他定价策略的重要替代方案。

获取治疗结果数据的新工具

随着基于药品疗效的定价试验变得越来越普遍，支付者和生物制药公司都需要调整其商业模式和获取新的能力。特别是生物制药公司将需要利用新的数字和分析工具（即第 9 章和第 10 章中讨论的主题）来获取与治疗结果相关的真实世界数据。这些数据的测量必须容易且花费少，并在与支付者的预算周期一致的时间范围内累积。基于过程的端点（例如住院）是支付者和生物制药公司可以找到共同点的最简单端点之一，因为此类信息是通过现有的健康声明进行常规收集而来，不需要挖掘单个患者记录中非结构化的临床数据。但在未来，生物制药公司和支付者将能够使用新的可穿戴设备，以及链接到智能手机或平板电脑应用程序的远程传感器设备来展示产品价值。

为了使新的基于治疗结果的合作取得成功，合作伙伴还必须事先就以下方面达成一致：什么是或不是治疗结果的标准定义，以及哪一方负责收集和监测与治疗结果相关的数据。由于医疗行业中利益相关者之间的信任度不高，由一个中立方来确认数据的真实性和遵守基于治疗结果的合作关系可能会非常重要。同时，生物制药公司可能需要增加精算能力，以便事先更好地了解他们可以明智地选择承担或不承担哪些风险。在基于治疗结果的合作关系下，收入流可能会发生重大变化，因此生物制药公司还需要改变其收入预测方法。最后，生物制药公司需要教育并说服他们的股东，并需要表明收入时间的灵活性是一个值得的妥协，它可以建立更健康的利益相关者关系，并可避免造成更具破坏性的情况，例如强制性的价格管控。

结　论

当前有关药品定价的争论要求生物制药公司现在就应当采用不同的药品定价模式，因为此时风险较低且有机会成为一个积极的合作伙伴。即使在美国，支付者也不会等待生物制药公司证明其产品价值，而是自己定义药品价值，他们使用最新的实用工具来提供替代价值定义，替代价值可能反映或可能不反映患者对药品价值的评估。在缺乏关于产品价值的可靠数据的情况下，支付者将使用从此类工具中收集的信息，从而要求在市场上获得更大的折扣。支付者的这种行为最终限制了生物制药的价值创造，将药物变成了商品，也将生物制药的制造商变成了医疗服务提供者。如果生物制药公司想把他们的市场准入谈判从价格转向价值，并成为生态系统的参与成员，他们将不得不改变其定价策略，更加强调战略支付者的参与，这是第 8 章中讨论的主题。

要点总结

- 药品仍然是改善医疗保健效果的最有效方法之一。但是，药品定价及其对医疗保健的利益相关者产生长期可持续性的影响，仍然是一个热门话题和政府改革的主要目标，这也是生物制药团队的首要战略问题。

- 针对特定市场的改革会产生世界各地完全不同的定价规则，因此生物制药公司必须采取"全球–本地"的思路，制定全球定价策略，因为这些战略是在当地部署的，可以一定程度上解决相关市场的价格敏感性问题。

- 支付者和医疗服务提供者之间的融合，将进一步压低药品价格，因为这些群体管理的患者数量更多，在市场上具有更大的影响力。

- 尽管所有的利益相关者均重视有效性和安全性，但新的价值决定因素已经应运而生，包括药品治疗的针对性程度、真实世界的治疗结果、治疗前期的可负担性以及最重要的卫生系统的总成本。

- 生物制药公司在设定价格时，必须采用系统化的方法，提高特定市场中的定价灵活性，并考虑新出现的利益相关者价值的定义。

- 商业团队需要全面调研并了解哪些产品属性将最可能对患者和患者的治疗结果产生最大的影响，并影响生物制药公司在上市时获得最大定价灵活性。

- 生物制药公司需要接受和拥抱创新性定价结构，从而使报销风险与交付的结果更加一致，这也将提高其在其他利益相关者中的声誉。

- 由于需要投资于基础设施来获取、分析和共享数据，这种新的基于价值的定价策略难以构建。

- 新兴的数字工具可以方便地获取生物制药公司、患者和支付者感兴趣的相关真实世界数据，这将是未来新的基于价值的定价模式的关键推动力量。

第 8 章

战略性支付者的参与

在任何行业，了解客户的需求都是商业成功的关键因素。尽管支付者不是药品生产商的最终用户，但他们是生产商最重要的合作伙伴之一，这是因为他们的承保范围和报销政策决定了哪些患者可以使用他们的药物。传统上，生物制药公司将医生而非支付者或患者视为他们的客户。但随着药物成本的上升，以及以患者为中心的新数字工具的出现，患者在药物发现、研发和使用方面的作用不断增强，这种情况也正在改变数字化工具的应用（请参阅第 6 章）。具有传感器功能的智能化设备与个体的行为提醒相结合，使消费者可以主动管理自己的健康状况，并且越来越多的消费者努力去了解哪种工具可以提供最大的投资回报。在这种情况下，广义上的支付者也是守门人。

支付者各不相同

生物制药行业所面临的挑战是支付者种类繁多，每个支付者的模式都有不同的结构、偏好和优先级。其中一些差异是由其经营所在地决定的。例如，欧洲国家的支付者的运营模式与美国的国家商业保险有所不同，而后者的工作方式又与

Managing Biotechnology: *From Science to Market in the Digital Age*, First Edition. Françoise Simon and Glen Giovannetti.

地区性的雇主为其员工投保的方式不同。但是即使在一个国家或地区内，也没有两个支付者的模式是完全相同的。不同的支付者承保的对象范围可能不同，在经济激励、预算灵活性、获利动机方面也有所不同。对于商业支付者而言，他们为客户提供的医疗福利也有所不同。例如，为有资格享受医疗保险的公民提供处方药保险的美国支付者，其目的仅在于最大程度地降低药品成本，而不是减少其他医疗费用，而一个为40岁的人提供全额医疗保险的私人保险公司可能会更愿意为一种被证明可以减少并发症（例如手术）的药物支付略高的费用。

在欧洲，政府是主要的支付者：大多数国家都有由纳税人资助的覆盖所有或大部分人口的国家或地区卫生系统。相反，在美国，联邦和州政府的医疗支出占比不到整体医疗支出的一半[1]，其余部分由私人（主要是营利性）支付者、中介机构和家庭负担。

美国的非政府支付者可大致分为商业保险公司，例如联合健康保险集团和安泰保险公司，他们向雇主或个人出售健康保险；药房福利管理公司，例如美国快捷药方公司，他们管理药品的承保范围，包括代表健康计划进行药品定价和可及性谈判；包括凯泽医疗集团在内的综合交付网络，该网络由医院、医师群体、保险公司和（通常）处方药购买者构成，形成一体化的模式。大型雇主的行为也越来越像一个支付者。员工的医疗保健费用已成为一项相对重要的预算项目，越来越多的公司为员工经营属于公司的医疗保险，包括直接与某些医疗机构签订合同，从而获得对部分费用的更大控制权和影响力（图 8-1）。

·美国政府：	通过医疗保险（老年人）、医疗补助（低收入个人）和退伍军人保险来覆盖。医疗保险 A 部分涵盖医院护理，B 部分涵盖医生就诊和门诊护理，D 部分涵盖处方药。医疗补助为药品支付"最佳价格"，即任何购买者支付的最低价格。
·商业保险公司：	为雇主或个人提供健康保险。大多数为营利性的。
·药房福利管理公司：	代表健康计划与医疗机构或药房等进行谈判，以降低患者处方药的价格。
·综合交付网络：	将医疗服务和保险整合在同一个医疗网络中，专注于为其成员患者提供健康、疾病预防和循证护理等服务。
·雇主：	现在，他们正在设计自己的医疗保险计划，以更好地控制成本和激励。可与商业保险公司合作进行计划管理。
·医疗机构：	卫生系统中的医师和医院（个人或团体），他们通常承担财务和成本管理责任。
·个体：	通过保险费、共付比和扣除等，个人承担的医疗费用越来越多。

来源：安永分析

图 8-1　美国主要支付者类型

这些参与者并非独立地运作：他们可能会在影响药品获取的区域市场内以多种方式进行互动。此外，任何一个支付者均有可能同时采用多种模式承保，一家保险公司可能只为那些喜欢自己管理药物支出的公司管理医疗理赔（或自己与药房福利管理公司谈判），而为其他客户管理医疗和药物福利。同样地，商业保险公司可以代表美国政府管理医疗保险计划、医疗补助计划覆盖的投保人，也可以管理私人投保的个人或雇员。虽然欧洲支付者的情况没有那么复杂，但也并不是完全同质化。

新市场力量增加了支付者的权力

支付者的多样化组成除具有复杂性外，还会随着法律、经济和竞争格局的变化而不断演变。在美国、欧洲及其他国家和地区，医疗支出的不断上涨和高价特种药物的增长同时推动了大多数支付者之间积极的药品价格谈判和承保决定[2]。在美国，2010 年《平价医疗法案》促使人们转向为价值而非数量付费，并扩大了承保人口范围。这使支付者更具选择性，能够专注于具有高成本效益的治疗，以及被证明可提供更好结果的治疗方法。随着某些领域的治疗竞争日益激烈——在短短几周内或数月之后批准了几种具有相似或相同作用机制的药物，这些动态为生物制药公司创造了更具挑战性的商业环境。

同时，它们也推动了支付者之间，以及支付者和医疗服务提供者之间的广泛融合和兼并，从而为生物制药公司创造了新的客户类型——不仅是具有更大购买力的客户，而且是具有不同动机、兴趣和行为的客户。根据他们的个人偏好和限制，以及他们经营所在的地区和竞争态势，能够作出不同的承保覆盖范围的决定。

因此，生物制药公司必须定义和理解关键的支付者原型，必须根据其结构、获利动机、人口统计学特征和保险所覆盖人群中的疾病发生率、行为和对风险的态度、环境因素（例如合并和立法），对支付者进行细分。然后，他们必须调整自己的产品，以最好地满足每个人的需求。这可能涉及优先考虑某些支付者，至少在某些治疗领域或某些类型的产品中要优先考虑（图 8-2）。真实端点公司（Real Endpoints）首席执行官罗杰·朗曼（Roger Longman）写道："聪明的支付者细分策略很快就会像聪明的医生和患者细分一样重要"。该公司开发了一种名为 RxScorecard 的药物评估工具。同样，"支付者是权力代言人，但他们作出决定的方式不尽相同"[3]。

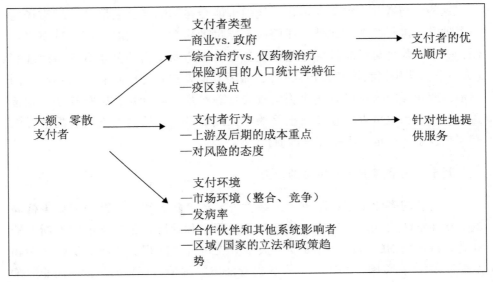

来源：安永分析

图 8-2　支付者的细分

　　对这种复杂且快速变化的支付者环境进行细分并非易事，但进行细分的工作越来越必要，并且它也代表着一个重要的机会。例如，某些综合的支付者–医疗服务者网络可能愿意参与基于治疗结果的长期交易，这些交易的药品价格与交付的临床结果挂钩，从而可能支持更高的药品价格。在更高的层面上，支付者越来越多地受到一个共同目标的驱动：可被证明的价值和成本效益。从这个意义上而言，欧洲和美国的支付者变得越来越相似：无论是政府、雇主–雇员疾病基金、商业保险公司还是综合交付网络，都希望以最低的成本获得最好的治疗，这要求生物制药公司提供强有力的价值证明。

美国消费者的重要性不断增加

　　《平价医疗法案》扩大了承保范围，导致了保险公司之间的更多竞争，这主要是通过引入医疗保健交易所——在线市场进行的：个人（没有雇员医疗保险）可以购买最实惠的（非医疗保险计划或医疗补助计划）健康保险（请参见"健康交易所：在线购物以获取健康计划"）。这给个人提供了更多的选择和更透明的健康计划类型，使消费者有能力作出更好的决策。而此时，那些已经购买保险的人面临着越来越多的保费，因为健康计划正在与更高的成本作斗争。同时，更多关于治疗成本和质量的信息（在交易所之外），也使患者更加挑剔，这也迫使保险公司在更传统的企业对企业（B2B）模式与直接向消费者（B2C）销售模式之间寻求平衡。

健康交易所：在线购物以获取健康计划

作为《平价医疗法案》的一部分，健康交易所将保险覆盖范围扩大到更多的美国公民，目的是鼓励保险公司之间形成有效的竞争，并促进问责制的实施和保证高度的透明度。根据美国卫生和公众服务部的数据，健康交易所于 2013 年底启动，截至 2017 年 1 月，已有 1220 万人通过这些交易所签约或续保[4]。

美国较少数的几个州（包括加利福尼亚州、华盛顿州和纽约州）建立了自己的交易所，但大多数州采用的是联邦政府建立的医保市场（Healthcare.gov）。《平价医疗法案》为通过健康交易所提供的健康计划制定了各种规则，例如不歧视已有某些疾病的患者，要求证明任何保费增长超过 10% 的原因，对基本医疗福利的年度支出没有上限。尽管这些规定引起很多的争议，但的确也吸引了一些额外的补贴。

选择参加交易所的商业保险公司的经验各有不同。一方面，这些市场平台提供了巨大的潜在新客户群，但向消费者推销产品的风险很大。大多数已经患病（因此也更昂贵）的人更可能被某些计划吸引，并且消费者可以经常更换，从而使保险公司的成本更高，而对未来成本的了解程度却很低。包括美国最大的保险公司联合健康和哈门那（Humana）在内的几家保险公司都表示，他们将因此退出美国许多州的健康交易所，理由是成本高和回报不足。康西哥（Centene）等专门为低收入人群提供医疗服务的保险公司的情况则更好。尽管这些健康交易所并非完美，但 2017 年的分析表明，参与的保险公司进入或退出的决定与动态市场中观察到的正常竞争力是一致的[5,6]。但我们希望几家保险公司参与一个交易所，为消费者提供更多选择和具有竞争力的价格。

这些动态——如追求价值和健康改革法的影响——正在推动支付者的整

合。为了提供最具竞争力的健康计划，并确保有最多的业务，保险公司在与医院和其他医疗服务提供者的合同中寻求更大的规模经济。尽管已经宣布了许多大型保险公司的合并，但反垄断方面的担忧限制了已经最终完成的整合数量[7]。

大型保险公司也在加强其内部药房福利管理业务，以帮助降低与生物制药公司的谈判价格。联合健康保险集团以 128 亿美元收购药房福利管理公司卡塔马兰（Catamaran）是一个典型的例子[8]。药房福利管理公司自身也进行了整合，因为其业务模式也受到了想削减中间商的支付者和医疗服务提供者的威胁。中间商的动机与其他所有客户的动机并不总是吻合[9,10,11]，例如，药房福利管理公司声称要降低其客户的药品购买成本，但他们也产生了很大一部分药品相关利润，这些利润来自与制造商协商的相对复杂的回扣系统。这些回扣是按药品价格的百分比计算的，这也意味着药房福利管理公司的获利能力有时会因制造商提高药品价格（而不是降低药品价格）而提升[12]。药房福利管理公司仅经营药物，而不经营医疗保健的其他业务。这一事实与日益复杂的（因具有成本效益性）治疗趋势背道而驰。

此外，在这个复杂的支付者和中介机构网络中，还有更多不正当激励的例子。

目前医疗服务提供者是支付者

以价值为中心的动态发展趋势，也改变了医疗服务提供者（医院和医生群体）的运作方式，一些医疗服务提供者正在成为自己的支付者。因此支付者与医疗服务提供者之间的界限越来越模糊，从而创建了新的支付者类别，而且数量更多。

由于与《平价医疗法案》相关的服务报销方式的变化，许多医疗服务提供者目前面临着财务风险。越来越多的医疗服务提供者选择就几种服务（从商业保险公司或医疗保险计划）收取固定的费用，而不是按每项服务或干预措施收费。许多人被组织成责任护理组织（ACOs），根据医疗质量指标和医疗总成本的降低进行报销（通过一系列支付模式之一，包括按人头付费）。一些责任护理组织可以分享由此产生的节省资金。

这种财务责任制意味着医疗服务提供者需要控制整个医疗过程，而不是仅控制其中的一个组成部分。因此，他们不愿意仅进行髋关节置换手术，而是希望确保适当的、协调的后续治疗，以避免昂贵的再住院治疗。为了保证在住院治疗和门诊治疗中提供更具成本效益的医疗服务，需要能够及时准确地访问病人诊疗过程中各个治疗步骤生成的数据，但是这些数据集通常会保留在独立的第三方医疗服务提供者内部，直到最近才开始合作（更不用说数据系统之间缺乏互操作性）。

为产生更高的运营效率和更全面的数据，医疗服务提供者不断整合，并进一步质疑诸如药房福利管理公司之类的实体的作用，这些实体只涉及医疗服务的某一部分。医院也一直在收购小型医疗机构，包括医生诊所[13]。当医疗服务提供者成为大型医疗系统的一部分时，这种组织上的变化将减少医师开具处方的自由，并为医疗机构管理范围内的其他地域的生物制药公司创造新客户。

纵向兼并还体现在综合交付网络（IDNs）的不断发展和演变上，尽管诸如凯泽医疗集团和山间医疗保健公司等组织备受瞩目，但他们在美国医疗服务提供者中仅占很小的一部分。医疗服务提供者重组后出现了更多的综合交付网络，并且这些系统也发生了新变化。一些综合交付网络正在接受更为广泛的合作伙伴关系和更多的患者参与[14]。

对于这些成长中的医疗服务提供者而言，下一个合乎逻辑的步骤是发起或建立自己的保险计划，使用基于参与者人数的内部指标，而不是与那些广泛的医疗服务提供者绑定的绩效标准。许多成长中的医疗服务提供者正在这样做，并有效地演变成了支付者[15]。

药房福利管理公司的问题：不能孤立地考虑药品成本问题

人们对治疗结果和价值的关注迫使医疗服务提供者提供更多的综合医疗服务，同时将总成本（而不是任何单一干预措施或药物的成本）降至最低。有的人认为，这将对像药房福利管理公司这样的实体产生威胁，因为他们在传统上仅处理医疗健康行业的一个方面，即处方药。传统上，药房福利管理公司代表其客户、健康计划，以及在这些计划范围内工作的医疗服务提供者，寻求降低药品成本。但这种做法或许并不符合这些客户或整个社会的最佳长期利益。限制一种昂贵的治疗方法（或推广另一种有可观回扣的治疗方法），可能会在未来提高成本。由于医疗服务提供者面临更多的财务风险，他们更有可能希望就药物选择和获取作出自己的决定，或者至少希望有证据表明药房福利管理公司能够了解全部情况。

雇主也是支付者

雇主也正在成为医疗健康领域越来越重要的参与者，因为他们也在寻求降低医疗成本。目前，一些雇主正在以更具创意的方式与医疗计划和医疗服务提供者合作，他们经常利用数字化工具来激励员工保持健康。允许个人（和雇主）通过参与更多日常体育活动（例如，通过可穿戴追踪设备进行测量）来降低保费的政策正在逐渐普及，这些政策将责任和风险转移给了消费者（雇员）。尤其是价格更高的一些药品，也可以与药房福利管理公司和支付者进行更为艰难的议价，鼓励他们能够在某些类别的药品成本和使用中承担更多的风险[16]。毕竟，雇主提供的健康福利选择是决定工作场所的重要因素[17]。雇主不希望在他们有能力为工人提供的健康计划的范围和性质上完全受制于传统支付者。如果雇主确实对药房福利管理公司和支付者提出更苛刻的要求，将影响支付者与药品公司进行谈判的方式。

这些快速变化的组织动态，以及更普遍的医疗服务的提供，也会因地理位置不同而有差异。这些差异在一定程度上是由当地的人口统计学特征、疾病流行率、医疗服务提供者系统设置以及州法决定的。例如，马萨诸塞州在 2006 年颁布了自己的《医疗保健改革法》，其规定该州所有公民都必须享有最低限度的保险。《平价医疗法案》加强了联邦政府在医疗保健方面的作用（马萨诸塞州的法律已被修改，旨在与《平价医疗法案》保持一致），但它也为各州在如何实施医疗改革方面留下了相当大的自主权。因此，各州选择以不同的方式扩大医疗保险的覆盖范围（有些根本没有）。

这些复杂因素导致，即使在一个国家或地区内，生物制药公司也需要评估其药物的价值，并考虑其定价和产品策略，"而不是从神话般的单一保险公司的角度出发"，正如罗杰·朗曼警告的一样[18]。他们必须了解并用更具针对性的方式来应对一系列不同类型的支付者，这些支付者有不同的优先权、约束条件和行为。从理论上讲，纵向整合意味着对长期的成本节省更具开放性，但是实际上，年度（或短期）的预算周期仍然可以主导相关决策。

欧洲支付者：高层的团结，低层的分裂

表面上，欧洲的支付者似乎比美国的支付者单一，他们由政府或代表政府工作的"疾病基金"组成，使用一般或特定的税收为全体公民提供医

疗保健资金。由于受到这些预算的限制，长期以来，欧洲的支付者比美国的支付者更加关注成本。许多支付者还受到国家卫生技术评估机构的强烈影响，该机构使用各种工具来确定药物和医疗设备的相对临床和/或成本效益。

这些卫生技术评估机构并非以完全相同的方式评估新药，例如英国国家卫生与保健卓越研究所之类的机构，使用制造商给出的价格来计算某种药物是否超过了定义的成本效益阈值。在德国和法国，重点是相对于现有治疗增加临床效益，并将治疗结果纳入后续的定价决策。然而，所有系统的共同点是，需要有证据证实新药与现有治疗方法相比疗效更好。

在这种程度的表面一致性之下，存在着一个日益复杂的区域和地方支付者和处方者网络，所有人都试图在紧缩的预算限制下满足患者的需求。例如，英国的国家医疗服务体系对所有合法公民都是免费的。国家卫生与保健卓越研究所作为一个公共机构，决定哪些药物具有成本效益，并应由国家医疗服务体系资助，但实际的药品采购由临床委托小组在地方一级作出决定。自2013 年实行改革以来，200 多个由内科医生和其他临床医生组成的法定国家医疗服务机构，负责规划和委托当地医疗服务[19]。因此，即使看起来国家卫生与保健卓越研究所是生物制药公司必须使其确信药品价值的主要机构，这些公司也必须与当地支付者进行互动，因为当地支付者确定了医疗的优先级。同时，西班牙和意大利的市场准入也具有高度分散性，这两个市场都有国家层面的支付者决策机构，以及大约 20 个区域性的半自治支付者委员会负责制定当地的处方政策（图 8-3）。

	制度类型	卫生技术评估小组	集中/分散
英国	全民医保	国家卫生与保健卓越研究所对国家医疗服务体系是否应根据成本效益原则为新疗法提供资金进行决策	大部分集中：在英格兰和威尔士，国家卫生与保健卓越研究所的指导是有约束力的。由于预算限制，药物使用可能在各地有所不同
德国	通过由工资税和政府补贴等支持的疾病基金、非营利性集体保险等，实现全民医保	医疗质量与效率研究所根据新药相对于现有治疗方法的额外收益对新药进行评分。没有特别提到成本效益问题	大部分集中：新药的价格是基于疾病基金的利益、采用边际收益评分的方式来谈判确定的。生物制药公司可与个人基金签订合同。医院药品价格可与医院或医院集团直接协商确定
法国	全民医保，主要由雇主和雇员来提供资金	最高卫生咨询机构决定药物的医疗利益。2012年，成立经济和公共卫生评估委员会（CEESP），以检查高影响药物的成本效益，但不直接影响价格	集中：法国的药品价格是基于边际医疗效益评分、成本效益原则以及预期销售量等来谈判确定的
意大利	由中央和地区税收资助的全民医保	中央政府确定药品的治疗价值和经济影响；肿瘤药物存在按结果付费方案	分散：药品制造商必须与21个地区的部分或全部支付者进行谈判
西班牙	区域供资的全民医保	价格和报销是根据治疗效用、疾病严重程度和创新性在全国范围内确定的。卫生技术评估机构在国家和地区范围内运作，数据或流程没有共同的标准	分散：西班牙各地区负责医疗服务的提供和融资。一些公司有自己的卫生技术评估机构

来源：安永分析

图8-3 欧洲前五名支付者的主要特征

卫生技术评估还出现在其他发达市场中且有自身的特色，包括澳大利亚和加拿大，这两个国家都有政府资助的系统，并覆盖全部公民。澳大利亚药品福利咨询委员会（PBAC）与英国国家卫生与保健卓越研究所一样，根据成本效益分析来评估建议价格，并可能会拒绝报销或限制目标人群[20]。尽管在某些市场存在专业知识匮乏和当地数据质量欠佳的挑战，但亚洲和南美新兴经济体也正在建立卫生技术评估机构[21]。

美国采用欧洲式的成本效益支付模式的障碍

随着美国市场从按服务收费发展为按价值收费，类似于欧洲卫生技术评估的价值评估机构正在美国兴起。其中一个例子就是非营利性的临床与经济评价研究所，该研究所已经发表了一些著名的新药分析报告，如诺华公司的心脏病药物诺欣妥（沙库巴曲/缬沙坦）、PCSK-9 抑制剂和多种骨髓瘤药物。如第 7 章所述，其他旨在帮助临床医生、支付者和患者比较药物的临床和成本效益的药物评估工具包括：美国临床肿瘤学会的价值框架，纪念斯隆·凯特琳癌症中心的"药物算盘"，阿孚勒健保公司、快速疗法公司（Avalere/Faster Cures）的患者视角价值框架，以及国家综合癌症网络的证据块[22]。

与某些欧洲市场不同，美国支付者不受这些组织的调查结果的约束（尽管许多医疗服务提供者遵循由诸如美国临床肿瘤学会之类的专业协会制定的循证指南），许多较大的支付者也进行了自身的成本效益分析。但由于支付者寻求验证覆盖范围的限制，成本效益分析的影响越来越大。由于预算受限制和市场上涌现的新型高价疗法，即使证明药物有效性，尤其在某些情况下，即使证明药物具有显著的成本效益，支付者也无法负担所有药物的费用（请参见"以价值为中心的价格不足以使诺欣妥受益"）。事实上，即使价格合理的治疗方案，其前期的治疗费用也可能过高，这取决于疾病在所承保人群中的患病率（以及支付者的总费用）及现有治疗的相对费用。

以价值为中心的价格不足以使诺欣妥受益

诺华公司的创新性心力衰竭治疗药物诺欣妥是一个罕见的事物：至少根据美国临床与经济评价研究所[23]的评论可以看出，它一开始具有合理的定价。诺欣妥的开发商诺华公司表明，如果药物没有达到预期效果，他们愿意分担财务风险；同意在该药没有降低使用者的心血管事件发生率时，降低药品价格。然而，真实端点公司首席执行官罗杰·朗曼解释说，某些类型的支付者仍然不想购买诺欣妥[24]。例如，医疗保险处方药计划为有资格享受医疗保险的老年患者提供治疗，他们并不关心节省后续治疗成本；他们在寻求减少前期药品的相关费用，因为老年人口中有较大比例的人群可能会患有心力衰竭（以及许多其他高成本的并发症），使得诺欣妥这种药物易于获得，只会鼓励更多有心力衰竭风险的患者使用它，进一步推高了该计划的药物成本。因此，了解客户的需求尤为重要。

支付者参与策略必须是个性化的、可广泛推广的且具有灵活性的

为了与支付者有效互动，并使得其产品有被使用的最大机会，生物制药公司需要一种更具针对性的方法，这种方法必须建立在对每个客户的喜好、限制因素和运营方式的了解之上。在相对明确的差异之外，不同的支付者在态度上也会有进一步的差异，例如，寻求以最低成本为其客户购买药品的美国处方药计划、致力于降低整体医疗保健费用的综合交付网络与欧洲税收资助的国家支付者。

即使在欧洲的卫生技术评估环境中，价值也是因人而异：大多数支付者喜欢正面的试验证据，但可能会寻求与不同医疗标准进行比较。许多支付者说，他们将考虑支持药物疗效声明的患者报告数据，但是并非所有支付者都已经建立了可以让他们在决策中权衡这些证据的程序。这种态度也可能会因治疗区域的不同而有所不同，这与保险覆盖人群的特征相吻合。例如，针对覆盖率很高的慢性病患者的支付者或许更愿意接受（并准备支付）对药物依从性提供有效支持的解决方案。虽然一些支付者拥有尝试新支付方式的资源和态度，但其他支付者仍然较为保守，并且一直专注于成本。

面对这些复杂的问题，分散的支付者市场——多种支付者和行为以及快速变化的环境——使生物制药公司需要一套系统的、可以管理的、可扩展的支付者参与策略，但可以进行调整，以最佳地解决每个支付者的优先事项。制定这种策略的逻辑方法是迅速确定产品或服务的最相关支付者，这可能涉及使用某一或某些地区的疾病发病率的基本数据——这些地区的这种疾病保险覆盖人群范围最广，并将其与这些地区的支付者和/或医疗服务提供者系统的信息重叠。随着数据源的不断普及以及复杂性的不断增加，这项工作变得越来越容易。

地理空间绘图工具也可以提供帮助：这些工具可以将几种类型的数据叠加在一起，包括社会人口统计数据、支付者数据和医疗服务提供者数据。例如，关于专家和药房等医疗保健利益相关者的结构性信息也可以包括在内，从而产生更详细的有关目标的图片[25]。

　　一旦筛选并确定了一个更容易管理的高机会支付者子集，包括他们在特定人群和/或治疗领域的融入情况，就可以根据与行为和资源相关的更为具体的措施将这一较小的人群进行细分。这可能包括对前期药品成本与后续相关成本节省和治疗结果的敏感性、对风险和对新的治疗方法的态度、信息技术基础设施的实力，以及数据访问和专业知识（图 8-4）。在此阶段会映射出围绕特定资源优势或制约因素的更详细参数、提供治疗和病人路径的特点，以及其他预算压力点（图 8-5）。此种映射将使人们更好地了解哪些支付者最有可能对特定的服务感兴趣，以及如何最好地定位该产品。

细分基础：

支付者类型/特征

—商业 vs. 政府；综合交付网络 vs. 药房福利管理公司；地区/国家支付者

—医保的人口统计学特征；政策的优先性

—疫区热点

—信息技术基础设施的完备度

—资源限制

—临床质量与护理服务

支付者的行为

—成本控制重点（上游 vs. 下游）

—对风险的态度

—采用新的支付模式

—处方控制程度

—数据使用/专业知识

—临床责任水平

—患者参与程度

支付者所处环境

—市场趋势（整合、竞争）

—疾病发生率；转诊

—合作伙伴和其他系统影响

—区域/国家立法和政策的趋势

优先次序和参与：

高机会支付者	**新机会支付者**	**未来机会支付者**
参与、探索和扩展新的支付模式，例如基于治疗结果的交易	提供量身定制的服务；合作建议	跟踪并观察支付者政策、声明以及未来前景的演变（如医疗改革时间表）

　　来源：安永分析

图 8-4　战略支付者的细分和参与度

成本控制

▶ 成本控制措施有多复杂？

▶ 是否有卫生技术评估或技术评估小组？

▶ 如果有，重点是什么？（例如成本效益）

处方控制

▶ 对医生处方行为的管理有多严格？

▶ 卫生技术评估决策对产品使用有多大影响？

▶ 药品制造商是否可以接触医生？

数据可用性和使用

▶ 有哪些患者数据可用？

▶ 支付者是否擅长整合不同数据？

▶ 支付者是否能够预测性使用数据？

▶ 支付者与提供者和患者共享数据的频率

受托责任与自主性

▶临床自主性水平如何？

▶支付者的组织结构如何影响保险决策？

▶支付者在其承保过程中的透明度如何？

临床质量

▶ 临床指南在保险决策中有多重要？

▶ 重点是短期治疗还是长期预防？

▶ 支付者是否支持疾病管理、坚持治疗或保守治疗？

图 8-5　基于行为和偏好映射支付者

　　一个基本的例子是独立的药房福利管理公司，其对健康计划中处方药的使用进行管理；其可能会完全专注于成本，特别是代表其健康计划客户以尽可能便宜的价格购买药品，因为其对后续的诊疗结果不负责任（尽管可能很快就会被迫考虑治疗结果，如"药房福利管理公司的问题：不能孤立地考虑药品成本问题"中所述）。一个资金充足的研究型医院集团有基于价值的支付系统和激励机制，负责其自身的药品采购（例如作为集团采购组织的一部分），这样的组织可能对支持药物价值主张的数据——包括后续治疗中节省成本的任何证据以及其在诊疗路径中的定位更感兴趣。

　　在欧洲，某些国家或地区的个别支付者可能会根据自身经验、面对风险的态度和数据能力，而更愿意考虑将药品定价与治疗结果挂钩的交易。例如，意大利已经制定了与结果相关联的协议来管理某些癌症药物，西班牙的加泰罗尼亚地区针对高成本的专科治疗制定了类似的协议。尽管制定了国家卫生技术评估指南，但区域支付者的报销优先级也受到地方预算和资金流量的支配。生物制药公司必须了解预算动态以及资源和专业知识的局限性。他们可能会发现，不同国家和地区的某些支付者具有相似之处，可以采用共同的方法和分享学习成果。

改变生物制药公司与支付者的关系：从交易到合作

无论支付者在特定时间的优先事项如何界定，生物制药公司都需要以一种比以往更具合作精神、更具持续性的方式与他们互动，而不是在一系列交易中仅关注于定价问题。在这样的情况下，双方都可以从更多地参与对方的需求和关注（以及价值链中其他利益相关者的需求和关注）事项中收益。许多大型制药公司正在增强其研发能力，以涵盖研发服务和其他"药片之外"的产品；这些产品应该从"改善治疗结果从而降低总体成本"的角度出发。

这些产品可支持对某一特定产品的适当依从性。但是，如第 5 章所述，消费者对与产品无关的信息和服务最感兴趣，支付者也希望将其应用于一系列特定疾病的患者。生物制药公司需要表明，其支持具有成本效益的结果最终符合其自身利益，即使这些结果与增加的特定药品的处方数量没有直接关联。一个残酷的事实是，濒临破产的支付者将无法购买任何新药，即使这些药物有效。

与支付者建立更加紧密的合作关系，将在多个方面为生物制药公司提供服务，最重要的是它将有助于建立信任。如果没有信任的基础，生物制药公司不可能说服支付者，使他们愿意参与销售最大化之外的活动。因此，找到关于接受昂贵的治疗结果和/或与患者相关的数据，以证明药品价值，通常不太可能。如果没有建立在信任基础上的关系，支付者不太可能相信任何证据支持经常被引用的论点——先付钱可以在后续产生大量节省（请参见"信任：问题的核心"）。

信任：问题的核心

生物制药公司存在关乎"信任"的问题。尽管生物制药业为人类健康带来了非凡的进步，但在公众认知度调查中，该行业得分很低。事实上，根据2017 年的哈里斯民意调查，在接受调查的 1000 多名美国成年人中，只有9%的人相信生物制药公司会优先考虑患者而不是利润[26]。其他医疗保健的利益相关者（例如支付者）也对这个行业的动机保持警惕。这主要是因为在几起引人注目的案例中，生物制药公司的表现不尽如人意，存在如非法回扣、可疑的营销行为、扼杀竞争的交易以及隐瞒负面的临床试验数据等行为（图 8-6）[27]。在这种背景下，药品价格上涨引发了如此激烈的公众辩论也不足为奇。

这个行业怎么敢向公众收取许多人认为不合理的高昂药费呢？

过去和现在的一系列行为加剧了公众和利益相关者对生物制药公司的不信任：
- 负担不起的药品价格；不透明的定价机制
- 潜在误导性药品广告，包括直接面向消费者的广告
- 药品优惠券（为患者提供某些指定药品的折扣——通过降低自付费用，鼓励患者购买这些药品，而不是购买其他可能更便宜的药品）
- 与医生、医疗机构的财务关系（根据 2010 年《阳光法案》的要求披露）
- 商业团队的奖金结构能刺激销售增长
- 未公布所有临床试验，尤其是阴性或非决定性试验

来源：安永分析

图 8-6 破坏生物制药公司信任的因素

在许多情况下，生物制药行业应该且已经为这些错误付出代价，但绝不能指责生物制药业的利润动机，因为这是自由市场经济和创新的动力。确保医疗系统和社会能够继续鼓励生物制药业有益的医疗创新，同时又能为其提供经济支持，这是一项严峻的挑战。找到一种公平合理地评估（和定价）新药的方法，也是挑战的重要部分。

面对这一挑战需要医疗保健的利益相关者建立新的关系，并探索以合理的价格公平获得药品的新途径。形成新的合作伙伴关系需要相互理解，并且至少在一定程度上建立信任。

信任，就像许多事情一样，打破比建立要容易和迅速得多。但重建信任的努力已经开始。许多制药公司的高管承认存在信任缺失危机，大多数人也都在设法解决这个问题。一些公司参与了所有试验（AllTrials）倡议，承诺公布有关其产品的完整的试验数据。2011 年，葛兰素史克公司停止将销售代表的薪酬与处方挂钩，而是根据销售代表对产品知识和对病人及医生需求的理解程度来奖励他们。这种过渡并不是一件容易的事情，但制药公司正在坚持不懈地努力[28]。

"药品定价必须在多个利益相关者的需求之间取得平衡，在激励创新、管理医疗服务系统中的成本压力以及确保患者获得所需药品之间取得平衡。要实现这种平衡，需要新的思路、更好的合作与创造力"，葛兰素史克公司前首席执行官安德鲁·威蒂（Andrew Witty）表示。威蒂是美国/欧盟领导力计划药物外交集团（PharmaDiplomacy）的成员，该计划旨在弥补医疗卫生系统与

生物制药行业之间的信任缺失。该计划汇集了来自生物制药行业，支付者、医疗卫生系统、患者组织和投资者的十几位高级管理者，是多个利益相关者为寻找药品定价问题的解决方案而做出的努力之一。2016 年 5 月，该计划推出了一个框架，旨在帮助利益相关者调和多种经常相互竞争的利益，以实现相互都能接受的药品定价[29]。该框架的关键是生物制药公司与支付者之间进行连续、反复沟通，使双方都能理解并积极回应其关注的问题和优先事项。

信任不会改变一个事实，即支付者的目标（以最低的价格购买最好的药物）与生物制药的目标（以最高的价格售卖最好的药物，以实现与之所承担的风险相称的研发投资回报）是不同的。信任也不会改变支付者按较短的年度预算周期工作的事实，这样的周期对当前的药品价格十分敏感，但很难考虑到以后几年中这些药品的成本会降低。但是，一种相互信任的关系可以增加双方通过真正合理的努力来适应这些差异的机会。

生物制药公司及其投资者在信任危机方面的损失最大。如果没有解决药品定价问题的方案，可能会导致包括美国政府在内的各国政府采取更为严厉的措施。无论政府实施价格控制的威胁多么可信，现在或将来，生物制药公司都需要在客户和合作者之间重建信任。生物制药公司还需要患者的合作和善意，来开发其下一代产品和解决方案。开发与患者相关的产品来解决患者报告需求（不仅仅是达到某些临床目标），越来越被认为是成功的关键，因此也是行业可持续发展的未来。杨森生物技术公司负责欧洲、中东和非洲公司的集团主席，以及药物外交集团成员简·格里菲斯（Jane Griffiths）说道："为了确保制药行业不断创新，并持续为社会提供价值，我们必须改善与利益相关者的合作。这只有在强大的信任基础上才能做到。"[30]

需要新的生物制药组织模式

随着药品购买决策从医生个体转移到大型医疗网络、医院委员会或支付者等团体，许多生物制药公司已经将重心重新转移到商业销售上，他们已经从传统的销售代表（通常专注于单个产品的销售最大化）转向大客户经理。大客户经理具有很强的人际交往能力，他们的职责是采用投资组合而非单一产品，与医生和其他支付者的预算负责人和决策者建立长期合作伙伴关系。

虽然这是朝着正确的方向迈出的重要一步，但依然面临很多挑战。大客户经理需具备特殊并广泛的技能，而且这样的人才往往供不应求[31]，其成功取决于不同部门（例如医疗事务、客户管理、销售乃至研发部门）之间一定程度的交叉职能，而目前许多组织模式中仍然缺乏这样的交叉职能。大客户经理还必须在更广泛的战略性和结构性框架内开展工作，不仅要认识到个体客户的需求，还要认识到更广泛客户群的需求，包括特定区域内的客户。此外，生物制药公司必须掌握足够的信息和保持一定的灵活性，不仅要了解和满足支付者的当前需求，还要预测这些需求在医疗改革趋势和竞争压力下会如何演变。这样的洞见是十分必要的，其可以使某些措施与方法有效地影响具有类似兴趣的支付者。

总而言之，生物制药公司必须采用更灵活的、具有长期激励结构的跨学科组织模式，以便在迅速变化的环境中实现战略和商业意义（图8-7）。

了解支付者的发展前景
高度分散和复杂的体系，其特点是：
—加大控制药物使用的力度
—更广泛地使用成本效益工具
—新型支付者，包括医疗服务提供者、雇主及综合交付网络

生物制药公司与客户的互动
—灵活但可扩展的支付者细分策略
—从一次性的、交易性的方式发展到更具协作性的、持续的关系
—更加注重基于治疗结果的交易，特别是对高成本慢性病
—通过共同创造数据、道德行为等来重建信任

生物制药组织新模式
—更具跨职能的灵活性
—创建商业团队，使其能够在更广泛的战略性支付者细分框架内运作
—建立长期激励结构

来源：安永分析

图8-7 了解支付者并与之有效互动

生物制药公司与客户的互动必须超越实验的范畴

目前，一些生物制药公司以及不断发展的美国和欧洲支付者正在试验新的更有协作性的定价和获取策略，以更好地支持改善结果。如美国一样将支付模式从数量转向价值，需要时间。这种变化需要一系列的组织、基础设施和文化的变革。责任护理组织的数量不断增加、范围不断扩大，但关于它们在改善医疗服务和节约成本方面作用的数据仍然喜忧参半[32]。健康交易所于2013 年底开业，其对保险业的影响尚未完全实现[33]。

欧洲支付者市场也在持续不断地发展。诸如英国国家卫生与保健卓越研究所之类的老牌卫生技术评估机构，面临患者和公众的批评，以及政府卫生部门提出的更高要求，呼吁对药物的获取、支付以及开发方式进行大刀阔斧的改革[34]。在法国，人们正在努力将临床有效性决策与定价更紧密地结合起来，这是寻找以价值为中心的价格的另一种间接努力。德国政府正在考虑关闭欧洲仅存的自由定价窗口，限制药物制造商在对其产品进行严格的附加收益评估之前的一年内可以制定的价格[35]。关于建立针对某些药物的泛欧采购小组的消息已经传开，但没有更多的后续消息。

尽管有了调整，但医疗保健市场的未来方向是明确的。在所有市场中，支付者对药品高价的抵制都会存在，成本效益结果也是如此，无论采用何种激励方式都不会改变这样的现象。美国政府的目标是，到 2018 年，所有医疗服务提供者的付款有 50% 是基于质量或价值的。2016 年，美国医疗保险和医疗补助服务中心提出了一系列新的基于价值的支付试点，主要是围绕医生或医院管理的药品，甚至为与制造商进行基于治疗结果的风险分担交易打开了大门[36]。同时，数据和数字化革命势不可挡，并提供了新的健康数据源和具有创新性的数据采集和分析技术。这些技术和基础数据正在挑战研发战略和商业模式，它们也提供了前所未有的机遇，例如，在启用和推动以患者为中心策略的过程中，通过允许更轻松、更广泛的结果数据捕获，开发并挖掘生物制药的价值论点。

因此，在《平价医疗法案》实施将近十年后，生物制药公司已开始超越实验领域，那些能够扩大支付者参与策略的生物制药公司可能会比其他生物制药公司获得更强的竞争优势。确定并建立长期合作伙伴关系，将在某些治疗领域、市场和解决方案中创造商业优势。

扩大新的伙伴关系模型

对于那些愿意改变的支付者而言，拓展新的合作伙伴关系将是最容易操作且富有成效的方法。与任何重大的市场变化一样，将有一些先行者的经验可以为他人提供信息并让他们放心，因此，生物制药公司的支付者细分活动应包括评估支付者参与新定价模型的意愿，或者换言之，评估他们对风险的偏好。

美国私人支付者市场提供了最肥沃的土壤。一些欧洲支付者，例如意大利，已经进行了一些针对特定药物的基于治疗结果的交易，但最近的分析表明，支付者的投资回报很有限。拥有大量纳税人资金的美国和欧洲支付者在没有看到足够的可操作性证据的情况下，通常不太可能主动承担一些有意义的风险。美国商业支付者的规模、数量和关注点各不相同，也为一系列模式提供了潜在的合作伙伴。一些公司已经开始围绕特定药物进行基于治疗结果的交易（也称为风险分担计划），这些交易将特定产品的价格或折扣与所产生结果的量化程度相关联。

因此，2015 年 11 月，位于马萨诸塞州的一家小型非营利性支付机构哈佛朝圣者公司与安进公司就降低胆固醇的药物瑞百安（依洛尤单抗）达成了一项按绩效支付的协议。如果该药物没有临床试验中所见的降低胆固醇的作用，并且使用超过一定数量，将给予更大的折扣[37]。对于安进公司而言，该交易帮助瑞百安获得了比竞争对手赛诺菲/再生元制药公司研发的波立达（阿利西尤单抗）更早的处方成分领先优势。两种药物都是 PCSK9 抑制剂，新型药物的价格远远高于现有胆固醇治疗的药物。对于哈佛朝圣者公司而言，该计划展示了一种积极主动的方法，可为客户提供创新性的治疗方法，能够在竞争激烈的市场中使支付者脱颖而出，这是因为该计划正在与个人及雇主争夺市场份额。

2016 年，生物制药公司与几家较大的支付者合作，包括信诺公司、安泰保险公司和美国快捷药方公司，签订了类似的基于成果的创新性合同。哈佛朝圣者公司就礼来公司的糖尿病药物度易达（度拉糖肽）、诺华公司的心力衰竭药物诺欣妥签署了另外两份绩效协议。度易达是一种 GLP-1 激动剂，在拥挤的市场中，属于较晚的进入者。作为成分升级的条件，如果使用度易达的患者中达到降低血糖目标的人数少于接受其他药物治疗的糖尿病患者，礼来公司将提供折扣[38]。对于诺欣妥而言，如果该药物不能使住院率降低一定程度，那么哈佛朝圣者公司将获得一定的折扣[39]。

　　早期合作的典型案例集中于进入市场时竞争激烈、对价格敏感的药物上，传统的准入模式也最有可能在这些药物上失败。这些计划需要对衡量的结果达成共识，拥有足够强大的信息技术基础框架，并且愿意对数据分析进行投资。目前，它们主要限于胆固醇或血糖水平等指标，这些指标是可靠的结果替代标志，并且较易通过理赔数据进行跟踪。

　　大多数支付者依靠理赔数据。除了综合的支付者–医疗服务提供者，很少有人能访问医院和医生办公室电子医疗记录中的临床信息。住院率和相关的费用抵销的追踪并不容易，但对于综合的支付者–医疗服务提供者而言相对容易。哈佛朝圣者公司首席营销官迈克尔·谢尔曼（Michael Sherman）说："如果前期的药品成本足够高，我们愿意应用专用内部资源来手动收集数据，以确定是否达到了成功标准"。

　　由于存在这些操作上的障碍，新的基于价值的支付模式很难在试点阶段之后得到推广。只有与生物制药公司和支付者在可靠的讨论中，针对与定义和测量结果、安全数据共享有关的共同障碍制定解决方案，这种与绩效相关的措施才会成为主流。2017 年，生物制药公司、患者倡导组织、政策制定者和支付者共同组成多个联盟，其中包括由联合健康保险集团的奥普图姆公司和默沙东公司组成的学习实验室：学习如何设计和执行可行的、高质量的、基于治疗结果的协议，并且这个协议能够被所有利益相关者接受[40]。

　　综合支付者和慢性高成本疾病是基于治疗结果的交易的最佳选择

　　与基于治疗结果的合同的管理有关的挑战可帮助确定最有可能参与其中的支付者。最合适的支付者与医院和医生网络紧密连接或完全整合在一起，这需要有强大的信息技术系统来收集数据。这个群体可能包括规模较大的商业保险公司，这些保险公司建立了电子健康记录，并整合支付服务供应商网络，也许还有一些对创新性定价模式特别感兴趣的领先医院系统（美国退伍军人事务部拥有大型、高度整合的系统和数据支持，是另一个可能的竞争者）。反过来，这样的群体行为可能会影响其他群体。

　　支付者必须愿意参与并进行投资，如果所涉及的产品属于价格昂贵的治疗领域，这个领域里有许多相互竞争的治疗选择，例如心血管疾病和糖尿病等高度流行的慢性疾病，那么这种情况更有可能发生。一些生物制药公司开始投资药物以外的服务或附加技术（包括药物依从性工具），为跟踪和改善长期治疗结果提供了新的途径。癌症是另一个高成本的治疗领域，在某些子类别中，几种药物的治疗效果相对无差别；治疗作用是长期生存率意味着某些癌症患者的管理实际上是一种慢性病的管理。支付者尚未严格管理对肿瘤药物的获取。然而，预算压力意味着他们在不远的将来可能会针对适应证特异性定价或其他模型进行试点。根据支付者的整合程度、信息技术的进步、对风险的态度以及最相关的疾病领域对支付者进行细分，生物制药公司将最有可能与能持续参与的支付者进行合作。

但是，生物制药业的态度也必须改变。正如哈佛朝圣者公司的迈克尔·谢尔曼指出的那样，"大多数制药商仍将风险分担视为一种防御性策略"。医疗行业向基于价值收费的转变意味着更多的医疗服务提供者和医生不得不承担实现某些结果的财务风险。当今，随着绝大多数新药进入竞争性和/或价格高度敏感的治疗领域，生物制药公司将被要求承担这样的财务风险。谢尔曼认为，生物制药公司不应将风险分担安排视为最后的手段，而应将其视为使患者获得更多服务的机会。对于先行者而言，"随着基于治疗结果付费的方式在全国范围内制度化"，这将是超越竞争对手的机会[41]。

与支付者进行数据共创，可带来更大的信任度和更好的数据

早期交易合作中的部分或全部成功将有助于信任的建立，这也有望将传统的对抗性关系转变为更具协作性和互惠互利的合作关系。合作的双方均可以互相给予并相互借鉴，以提供更多具有成本效益的高质量医疗服务。通过与生物制药公司共同投资进行数据收集和基础设施建设，从而支持对跨学科的多种治疗进行有效跟踪，支付者将得到一种新的工具来帮助他们了解治疗效果，并向具有丰富的数据处理经验的合作伙伴学习。更重要的是，支付者还可以向其他成员提供可能改变命运的药物。与此同时，生物制药公司将在相关治疗领域获得真实世界的对比数据，从而有可能支持其他产品的市场准入和定价。生物制药公司还可以根据其投资组合，与涉及多种治疗方法甚至多种适应证的支付者合作，以体现他们对医疗的支持，而不仅仅是为患者开一张处方。

合理的支付者关系还可以包括创新性的数字化工具和数据源，生物制药研发和医疗服务提供方面已对此进行研究，例如可穿戴设备技术。通过这些技术可以获得前瞻性洞见，使生物制药公司和支付者均可以优化其技术投资。因此，对生物制药行业而言，在这种竞争激烈的治疗领域中关注治疗结果的

差异性至关重要。

真实可靠、有意义并可访问的数据是实现基于价值的医疗保健的核心要素，无论如何，支付者正在投资于系统和数据库，以实现更积极的人类健康管理，包括更有效的预防[42]。承担更大财务风险的医疗服务提供者正在尝试开发更多的综合系统，以更好地跟踪患者治疗的有效性和成本。与生物制药公司合作优化治疗目标和使用完全符合这些目标。

战略性支付者参与形式的多样性

并非每个生物制药公司都可以与支付者进行合作，即使那些愿意采用创新性支付模式的支付者有能力做到这一点，也会缺乏进行多方面合作的有效资源。因此，生物制药公司应该在各个领域建立广泛而具创造性的传播网络，并筛选合适的合作伙伴，最好是熟悉各种支付模式。

合作关系一旦达成并开始建立信任，就更有可能找到解决方案，因为不可避免地会遇到各种障碍。那到时，双方都会获得成功带来的利益。那些早期的成功将激励其他人。哈佛朝圣者公司的迈克尔·谢尔曼说："只有在取得一些成功的情况下，与制药公司的风险共享才会获得牵引力。这意味着与正确的合作伙伴一起向前迈了一小步"[43]。

从定义上讲，这些新的准入和支付模式存在一定的风险，有些模式可以扩大规模，有些则不能。有些模式在一个市场或治疗领域运营得很好，而在另一个市场或治疗领域却表现得不好，但是不参与导致的风险更大。从根本上讲，医疗保健行业新的世界秩序的核心非常简单：生物制药公司必须开发与患者相关的有效解决方案，价格反映其提供的价值。与为这些解决方案付费并对之进行管理的利益相关者进行持续有效的互动与沟通至关重要。

要点总结

• 支付者是生物制药公司最重要的合作伙伴之一；当新的数字化技术给生物制药公司带来额外的商业压力时，支付者的覆盖范围决策是产品商业成功的关键决定因素。

• 并非所有支付者都具有同样的性质，政府支付者与商业支付者明显不同，仅购买药品的支付者与为更广泛的医疗服务提供资金的支付者也不完全相同。

● 这种比较分散的支付者格局正在发生快速的变革，随着医疗保健系统的报销从数量转向价值，支付者也正在发生整合，并涌现出一些新型的支付者。

● 所有支付者对他们购买的疗法和价格都有更大的选择权。在这方面，美国支付者与欧洲具有成本意识的政府支付者更加相似。

● 所有支付者都在寻找价值，但价值可能意味着一个较低的前期价格对于另一方而言是长期成本。

● 生物制药公司需要合理的细分策略，以确定哪种方法最适合哪种支付者，并紧跟不同支付者不断变化的需求。

● 这意味着更多的协作关系需要建立在更为牢固的信任基础上。基于治疗结果的交易协议——将基于药物的价格（或报销比例）与所交付结果联系起来——很难建立起来，但是不同利益相关者还是会选择适当的方法进行有效的探索。

● 此类交易需要在数据基础框架和其他数字工具化方面进行前期的必要投资；它们最有可能在综合支付系统的高成本慢性病治疗领域取得成功，其结果可以在短期内进行评估。

● 与治疗结果相关的交易还要求并促成了各种数据的收集，这些数据最终将服务于所有的医疗服务利益相关者。

数字化医疗的新模式

第 9 章
数字化医疗策略

介　绍

　　在过去的几年中，从基于分析的研究到由网络驱动的消费者授权，数字技术已经改变了医疗保健领域。生物制药的研发正在通过 IBM 的沃森健康等分析工具进行相关优化，将认知计算应用于基因组、临床试验和理赔数据库。由于随机、双盲类型的临床试验整合了患者报告的结果，试验本身也在不断发展。消费者正在推动智能手机和生物传感器（例如乐活运动手环和苹果手表）的快速应用，并且越来越多的消费者通过在线患者社区参与到了产品研发中。从梅奥诊所和其他医疗系统共同开发的苹果研究工具包到三星的生物传感器和普洛透斯电子健康等新进入者，这种新的格局在一定程度上反映了信息技术和医疗保健行业的融合。

　　本章将首先介绍数字化医疗从研发到商业活动对生物制药价值链的影响，然后将重点关注消费者驱动的趋势，包括可穿戴传感器和社交媒体，最后内容将涵盖以医疗服务提供者

　　Managing Biotechnology: *From Science to Market in the Digital Age*, First Edition. Françoise Simon and Glen Giovannetti.
© 2017 John Wiley & Sons, Inc. Published 2017 by John Wiley & Sons, Inc.

为中心的远程医疗计划，从电子咨询到远程药品监控，以及新型按需医疗服务的兴起。第 10 章探讨了生物制药公司如何利用数据和分析来提高他们在同一价值链上的敏捷性。

生物制药数字化策略

以患者为中心的创新研发模式

传统的药物开发模式遵循的线性路径是从化合物的发现到临床前阶段，随后开展一期、二期和三期的人体试验，以获得 FDA、欧洲药品管理局和其他监管机构的批准。目前，一种新型的模式正在出现，即患者作为共同创造者参与研发的每个阶段。分析允许采用更多的有预测性的方法与手段，通常包括生物标记物和伴随诊断的方法；由于众包技术，目前创新本身也更加开放与包容。试验通过电子招募和电子报告得到了优化。实时预测的洞察力、患者对产品配方的投入，以及基于云技术的创新型全球分销也使供应链管理成为可能。

由于上市后继续进行数据的收集模糊了产品研发与商业推广之间的界限，研发部门开始通过基于证据的沟通战略支持营销活动。图 9-1 总结了数字化技术对价值链的影响。科学家可以通过挖掘基因和临床数据发现新的诊疗路径。在临床治疗中，大数据可以将环境数据与用户在谷歌等搜索引擎上的查询数据相结合，从而推动流行病学的新模式。

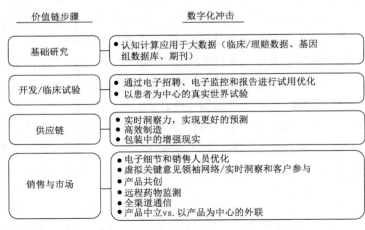

来源：弗朗索瓦丝·西蒙

图 9-1　数字化转型

在线患者社区还可以帮助研究者寻找和招募罕见病患者，但数字化技术的广泛应用仍然面临巨大的挑战。

电子健康记录为广泛优化治疗提供了重要的机会，但是它们仍然是零散的数据，并且这些数据可能存在很大的偏差，例如，它们可能将在没有收集数据所必需的基础设施且人力资源匮乏的医院就诊的人群排除在外[1]。在流行病学方面，2009 年谷歌在发布其流感趋势倡议时开创了一种新方法[2]。但是，2013 年的一篇报道说，谷歌公布的流感病例几乎是美国疾病控制与预防中心（CDC）流感病例估计数量的两倍。[3]

优化临床试验

数字化技术可以改变许多不同的阶段，包括受试者招募、远程监控和上市后监督。美国医学研究所的数据显示，美国 75% 的临床试验未能纳入其目标人数，并且有 90% 的试验未能在指定的时间内达成目标[4]。除 "Clinical-Trials. gov" 等数据库外，患者还可以通过谷歌和脸书广告以及在线社区寻找到相关的临床试验。例如，渤健公司与 "像我一样的病人" 网站、乐活公司合作，以更好地了解可穿戴设备在追踪多发性硬化症患者活动方面的效用。苹果研究工具包被许多医疗系统使用，包括西奈山医院的哮喘健康应用程序；仅仅 6 个月内，有 8000 多名受试者参加了一项临床研究，其中，只有约 13% 的受试者位于纽约研究中心附近[5]。

在临床试验过程中，可移动设备可提供实时的患者反馈，从而减少当面访问的次数，并且仍可以客观地评估治疗反应。早期的有效性和安全性信号还可帮助研究者识别出对治疗反应更佳的患者亚组人群，并允许进行试验重组。真实世界证据有助于监测在有限的试验范围内可能未出现的疗效和不良事件。例如，辉瑞公司和 IBM 发起了一项有关帕金森病的研究项目，其利用传感器并提供实时症状信息以及用药时间和剂量，从而确定患者个人的特征数据。这项研究针对包括对照组在内的多达 200 名参与者，旨在探索哪种传感器最能提供正确的洞见并加快试验速度。到 2019 年，辉瑞公司可能将此方法应用于新化合物的三期临床试验中，然后将其应用于其他退行性疾病，例如亨廷顿病和阿尔茨海默病[6]。

社交媒体在试验中的作用

患者正在试验中发挥直接作用。如第 6 章所述，"像我一样的病人" 于 2004 年开始重点关注肌萎缩侧索硬化症，此后已扩大到 2700 多种疾病，注册会员超过了 50 万名。2013 年，他们推出了开放研究交流平台，该平台由罗伯特·伍德·约翰逊基金会资助，联结了科学家和注册会员，他们可以在平台上记录患者报告结果。这个平台在 2015 年进一步扩大，罗伯特·伍德·约翰逊基金会拨款 90 万美元，资助平台与美国国家质量论坛合作，旨在开发和评估患者报告结果，使患者报告结果能够被更广泛地使用[7]。2016 年，"像我一样的病人"和信息学公司"M2Gen"将患者报告结果与来自俄亥俄州立大学的全面癌症治疗计划中患者的分子数据和临床数据相结合，并重点关注肺癌领域。该联盟由"像我一样的病人"合作伙伴阿斯利康公司和基因泰克公司资助[8]。

其他患者社区已成功资助了罕见病试验，并通过其患者网络迅速开展此类试验的注册。到 2005 年左右，白血病和淋巴瘤基金会每年拨款约 5000 万美元，资助全球 350 个研究项目。2013 年至 2014 年，制药公司为血癌研究的进一步发展资助了至少 6 亿美元资金[9]。生物制药公司越来越多地参与到长期合作中来优化研究，除了与患者社区合作，还与信息技术领导者进行有效合作。

诺华与高通：创新合作伙伴关系

高通风投公司和诺华公司于 2015 年 1 月宣布成立 dRx 资本合资企业，目标是提供移动设备的健康应用、可穿戴设备和临床决策项目。他们计划投资最多 1 亿美元，已经资助了包括奥玛达健康和三十七科学在内的公司，前者可以提供糖尿病的数字化行为管理的解决方案，后者旨在开发针对美国分散人群的分散式临床试验。

诺华公司和高通公司也正在合作开展一项临床试验，该试验使用高通公司的 2net 平台，用于优化肺部疾病患者的家庭数据收集，该平台受 FDA 监管且符合《健康保险流通和责任法案》标准，并将通过 2net 手机收集的传感器数据发送至高通公司基于云的 2net 平台。诺华公司在该领域有市场应用，但试验与特定产品无关[10]。

虽然社交媒体正在帮助优化试验，但也出现了一些混合报道。由诸如西奈山医院（哮喘）和马萨诸塞州总医院（糖尿病）等卫生系统为苹果公司的研究工具包开发的应用程序，使注册人数更多，注册速度也更快（在两个月内第一批研究中有超过 70 000 名受试者)[11]。但是，在试验过程中，患者社区内部的积极沟通可能会破坏数据完整性，诸如入选资格（指导患者如何达到标准）、随机性（有关如何进入治疗组而非对照组的建议）以及安全性（共享不良事件信息可能会导致安全报告中的错误峰值升高)[12]。为了减轻这些风险，申办方可以考虑各个患者社区的活动强度、研究规模（一名电子受试者可能会使一个小的研究产生大的影响），并可能通过对患者进行相关风险的教育来补充电子知情同意程序。

数字化对供应链管理的影响

与沃尔玛等大型零售商相比，生物制药行业在数字化和整合其供应链方面的速度相对较慢，物联网将支持从孤立的功能向动态的、以患者为中心的一体化全球网络发展。医疗行业物联网可以被定义为收集和分析可操作的患者数据，以帮助治疗和预防传统医疗环境以外的疾病的平台[13]。这可以显著降低其成本，并将市场洞察力和病人的结果反馈给供应网络，包括合作的制造商和供应商。物联网在整个供应链中具有以下优势：

● 无所不在的可视化：通过射频识别（RFID）、连接设备和通道（3G／4G、GPS）的组合实时监视物流。

● 预测性维护：使用传感器和连接设备监视技术，能够及时发现问题并对其作出快速反应，几乎接近机器对机器的沟通速度。

● 预测和补货：这在生物制药中尤其重要，它可以避免产品缺货，缺货会危及患者生命，并将给企业声誉造成持久的损害。

● 资产跟踪：智能标签包括安装在常规标签下的平面转发器，用于传输对安全性和合规性至关重要的识别数据。在当前风险不断增加的大背景下，例如对美国阿片类药物的滥用，生物制药业正在加强对其供应链的控制。例如，辉瑞公司在 2016 年 5 月宣布更新其分销渠道的控制措施，停止在致死性注射中使用其产品。该政策增加了对批发商和分销商的控制，并建立了一个监控系统以确保合规。这与 2015 年辉瑞公司收购赫士睿公司（Hospira）有关，其中增加了几种用于致死性注射的药物。虽然个别州仍从辉瑞公司体系之外的复合药店购买药物，但几家公司对其供应的限制在一定程度上导致了几年来死刑使用率的下降[14]。

在制造业中，一种新兴的技术是 3D 打印，也称为增材制造，可用于假肢和定制研究工具。这种技术通过在计算机的引导下添加连续的材料层来创建三维物体。该市场在 2015 年增长了 17%，获得投资高达 15 亿美元，不仅吸引了斯特塔西（Stratasys）和 EOS（EOS GmbH）等专业公司，还吸引了惠普等老牌企业的参与。该市场宣布了一项为期五年的计划，以开发一种大批量、更主流的生产方法，以实现更快、更便宜的生产。它也对夏普维斯（Shapeways）进行了股权投资。2016 年 3 月，FDA 首次批准了用于治疗癫痫病的阿普雷西亚制药公司（Aprecia）的斯普瑞特姆（左乙拉西坦）3D 制造药物。3D 打印的优势包括吞咽有困难的患者更容易服用药物，而且起效和溶解迅速[15]。

为了通过全球网络进行分销，云计算（使用远程服务器来存储、访问和处理数据）可以最大程度地减少资本投资，并且最适合在网络效应最大化且共享敏感数据最少的领域使用；这些领域包括采购、运输管理系统、商店货架优化以及一些销售和运营计划[16]。数字化技术对供应链的影响如图 9-2 所示：

▶ 协作并以客户为中心，具有"端到端"的可视性			
● 无缝连接和数据共享 ● 本地系统和功能一体化		● 安全跟踪和追踪能力 ● 积极应对潜在问题	
需求驱动	**卓越制造**	**先进的产品设计 与包装**	**创新分销模式**
● 实时洞察以实现 更好的需求预测 ● 创新和相应能力 ● 快速上升或下降 响应	● 有效的制造工艺 ● 3D打印	● 采用更智能的包装 以获得更好的客户 体验 ● 通过射频进行识别 ● 合规	● 采用创新性平台 来接触客户 ● 基于云端提供服务

来源：弗朗索瓦丝·西蒙

图 9-2　智能供应链

商业活动的数字化转型

数字化正在使人们从交易思维（出售药物）向以患者为中心的方法（治疗前、治疗中和治疗后满足患者需求，并提供可为患者和支付者提供价值的积极成果）实现根本性转变。虽然与网络相连的患者最需要长期的、与产品无关的疾病信息，但许多数字活动适合在营销组织内进行，具有短期预算周期和销售目标。为了使新产品能够满足患者需求，跨职能方法必须将研发、经济和营销团队联系起来。

药物零售商和卫生系统正在实施医疗整合。在药房连锁店中，沃尔格林药店（Walgreens）正在使用个人智能手机的应用程序进行持续处方开具、患者依从性跟踪和电子咨询。其与 MDLive 药店合作提供远程医疗服务，并与 WebMD 网站合作提供疾病信息，以及通过将其纳入"平衡奖励"忠诚度计划来激励患者。在卫生系统中，杜克大学医学院正在尝试与苹果、乐活和威辛斯（Withings）公司建立合作伙伴关系，通过苹果研究工具包的埃匹克电子系统，将患者产生的血压、体重等数据与临床数据整合到其系统中。对于生物制药而言，这种整合的障碍包括缺乏专门的预算和损益所有权，以及试点计划的大量间接费用，这些费用在更大范围内可能不可行。

2016 年对生物制药公司的调查显示，只有 15% 的高级管理人员可以确定其公司的主要数字关键绩效指标，不足 15% 的公司明确定义了数字化领导者角色，不足 30% 的公司能够跟踪其数字化业务部门的预算。许多生物制药公司倾向于将数字化参与视为执行的一个方面，而不是其战略的核心要素[17]。

鉴于糖尿病在全球的影响范围超过 3.5 亿人，糖尿病是数字化计划的关键领域。主要参与者采取了多管齐下的策略，将以产品为中心和以产品为中立的方法相结合。

• 诺和诺德是迄今为止最关注糖尿病的公司，其是世界上最大的胰岛素生产企业，如诺和平（地特胰岛素）、诺和锐（门冬胰岛素）、诺和力（利拉鲁肽）和一条包括超长效基础胰岛素和口服长效 GLP-1 类似物在内的产品管线[18]。诺和诺德公司在几年前已了解了患者的需求，因为其开发了一款名为诺和笔的自动注射器，从患者的角度反映了胰岛素的商品化，而他们显然更倾向于使用方便的输送系统。目前，其药物以外的目标包括帮助发现人口统计学解决方案。诺和诺德公司与伦敦大学学院、多个国家的城市领导者合作，通过在线和离线网络分析了糖尿病在城市背景下的社会学传播情况。

• 默沙东公司在所有治疗领域都拥有最全面的中性产品资源，其创作的《默沙东手册》已在线发布，这为其赢得了独有的消费者认可。其还经营着整个子公司维瑞医疗公司（Vree Health），专注于医疗保健服务和交付。除了捷诺维（西格列汀）和捷诺达（西格列汀二甲双胍）的产品推广，及奥格列汀（每周 DPP-IV 抑制剂）和埃格列净（甘精胰岛素）的生产线，默沙东公司还在糖尿病护理创新方面有广泛的发展措施。其于 2014 年推出了一项全球性治疗结果登记册，以确定 2 型疾病管理差距。这个为期三年的项目涉及 20 000 名患者，跟踪其血糖控制、依从性、生活质量和卫生资源的利用情况，这也是产生真实证据的更广泛承诺的一部分[19]。

● 阿斯利康公司将其产品组合从百达扬（艾塞那肽）扩大到安达唐（达格列净）和安立泽（沙格列汀），其目的是根据患者情况为医生提供多种治疗选择，并为患者提供个性化定制服务。2014 年 10 月，其推出了 Fit2Me 网站，这一免费的饮食和生活方式支持项目，包括数字辅导、激励措施、进度记录，以及有在各个药物类别中与护士接触的机会，但仍然仅限于阿斯利康公司的产品[20]。

● 赛诺菲公司旗舰产品基础胰岛素来得时（甘精胰岛素）的专利丧失，其后继分子来优时（高浓度甘精胰岛素）以及礼来公司和勃林格殷格翰公司的生物仿制药的摄取速度慢于预期。因此，他们正在扩大赛诺菲公司患者解决方案的覆盖范围（请参见"赛诺菲糖尿病数字化组合"）。

赛诺菲糖尿病数字化组合

赛诺菲公司正在以糖尿病作为新的综合治疗方法的变革因素，包括将诊断作为患者预后的价值驱动因素。该公司就医护人员经验、注射恐惧症和口服疗法的副作用之间的平衡、葡萄糖监测生物传感器对消费者的吸引力等问题咨询了患者和代表团体。

赛诺菲公司通过跨职能团队逐步解决患者的痛点。由于一个痛点是药物和设备无法以最小化时间和管理负担的方式进行交互，赛诺菲公司正在建立一个集成套件。其 iBGStar 血糖仪能够连接到苹果手机，是与安格医疗器械公司（AgaMatrix）一起开发的，并被欧洲的糖尿病患者广泛使用。其相关产品包括"MyStar Connect"，这是一款定制软件，使医生可以通过安全门户评估患者的医院记录。相关产品还有"MyStar Extra"，这款设备于 2014 年在欧洲推出，为患者提供按需指导。

在法国，Diabeo 管理工具结合了针对 1 型患者的移动应用程序和呼叫中心；巴西的 StarBem 计划提供了针对不同收入水平的患者的教育；在拥有世界上最大的糖尿病人群的中国，赛诺菲公司正在承保一项为期五年的疾病管理项目——"中国糖尿病综合管理项目"，其为 1 万名社区医生和医护人员提供了临床认可的课程和实践指导。赛诺菲公司与美敦力公司的联盟在可植入设备 MiniMed 的基础上进一步加强了这项计划，欧洲药品管理局在 2013 年批准了 1 型患者的治疗。

为了支持赛诺菲公司实现从"药片"到"患者"的转变，赛诺菲公司建立了五个卓越中心，其中之一是综合治疗和以患者为中心，并任命了首席患者官[21]。除了来得时和其他产品的网站，数字化组合现在还包括 iBGStar、糖尿病博客、在线词汇表、脸书、推特新闻推送以及 GoMeals 饮食应用程序（图 9-3）。

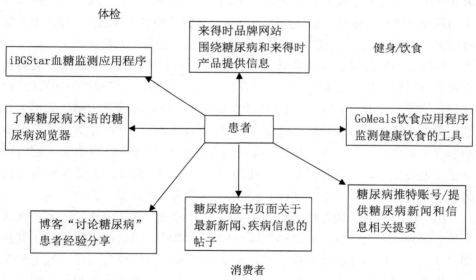

来源：弗朗索瓦丝·西蒙

图 9-3　赛诺菲公司糖尿病数字化组合

其他数字化计划包括基因泰克公司与"像我一样的病人"网站的五年合作，最初的重点是肿瘤学。该网络的临床试验认识工具可能有助于招募患者，其开放的研究交流计划可提供患者报告结果，这对于肿瘤治疗很有价值，因为它们有可能向支付者和监管者展示产品价值[22]。

辉瑞公司还制订了一些与产品中立的在线计划。2015 年 9 月，其与五个倡导团体合作（包括癌症支持社区、"让生命超越乳腺癌"和青年生存联盟），设立网站"乳腺癌：一半的故事"（www. storyhalftold. com），以鼓励患者分享照片和有关治疗希望的信息。这解决了 15 万名至 25 万名美国女性转移性乳腺癌患者的问题，并旨在改善患者教育[23]。辉瑞公司还于 2015 年 6 月宣布与美国肺脏协会一起创建了"戒烟圈"，这个移动应用程序和在线社区旨在通过教育、社交和经济支持等手段帮助吸烟者戒烟。研究表明，仅有一半的吸烟者与他们的医生谈论过戒烟问题，并且他们面临着财务方面的担忧，如看医生、咨询和治疗费用。该计划允许吸烟者与朋友和家人组建戒烟团队，众筹资金，并加入脸书和推特上的"戒烟圈"社区[24]。辉瑞公司于 2012 年推出了首个移动记录工具 HemMobile，这是一款免费应用程序，可帮助血友病患者和医护人员记录输液和出血情况，不论患者使用何种因子的替代产品。该应用程序允许设置输液、预约医生和重新安排事务的私人提醒，并加入血友病村社区。如果患者选择退出，辉瑞公司将不会记录任何个人信息[25]。

尽管大多数公司现在都采取了这种行动，但患者对产品中立的疾病信息和对生物制药产品的需求之间仍然存在巨大差距。2015 年埃森哲公司对巴西、法国、德国、英国和美国的 7 个地区的 10 000 名患者（涉及大脑、骨骼、心脏、免疫系统、肺部、新陈代谢和癌症等疾病）进行的调查显示，仅有 19% 的患者了解生物制药服务。65% 的受访者强调在整个诊断旅程中治疗前阶段是最令他们沮丧的阶段，并希望在此阶段寻求指导。85% 的人更喜欢将他们的医生作为主要的联络点，仅有 1% 的人表示联络点可以是制药公司[26]。

由于职能孤岛及缺乏社会和非社会沟通之间的协调，生物制药公司在成为患者服务的一站式商店方面仍然面临结构性障碍。如果社交媒体位于营销部内部，那么产品经理的轮换及其较短的预算周期可能成为问题。理想情况下，患者沟通应成为协调性生态系统的一部分，该生态系统应包括与倡导团体的联盟，并提供有关疾病的实时支持（包括预防），只有在开出处方后才能超越参与范围。

以消费者为中心的趋势

可穿戴设备：机遇与挑战

与生物制药计划并行的是，市场需求驱动了两个相关趋势：可穿戴设备（穿戴在身上或放在衣服里以跟踪活动和生命体征的传感器）及其与社交媒体的联系。尽管可穿戴设备的数量呈指数级增长，但公司未必成功，部分原因是消费者通常对硬件（诸如乐活运动手环之类的设备）比对软件（诸如健身和健康应用程序）更满意。根据 BCC 研究公司的说法，mHealth 被定义为"由移动电话、患者监测服务和其他无线设备等支持的医疗和公共卫生实践"[27]，预计到 2018 年，全球收入将达到 215 亿美元，欧洲将成为最大的移动医疗市场[28]。

然而，智能手机本身已经显示出饱和的迹象。国际数据公司报告称，全球出货量趋于平缓，苹果公司的销售额在 2016 年首次出现下滑，三星公司（最大的安卓手机制造商）的销售额也有所下降。由于近 80% 的美国人拥有智能手机，市场的驱动因素可能只有剩下的非用户的升级和转换[29]。

同时出现的另一个趋势是应用程序数量激增，但满意度很低。在苹果公司的苹果系统和谷歌公司的安卓系统上的 165 000 种与健康相关的应用程序中，大多数应用很少被使用，许多应用很快就被废弃了。根据 2015 年艾美仕市场研究公司的一项研究，超过 50% 的健康应用程序功能有限（通常只是信息，没有解释）。只有 2% 的应用程序可与提供者系统建立连接。

多种障碍仍然存在，包括电子病历系统之间缺乏集成、监管不确定性和隐私问题。对医生来说，由于缺乏处理大量病人流入的基础设施，责任和报销问题更加严重。

由于医疗保健系统较分散，美国在移动医疗方面的发展落后于欧洲。丹麦在移动医疗利用、数字化水平和监管框架方面处于领先地位。2015 年，英国国家卫生服务体系推出了一个网站和多个相关应用程序来治疗抑郁症和焦虑症，并改善获得心理健康服务的机会[30]。美国的梅奥诊所、盖辛格医疗中心、凯泽医疗集团、山间医疗保健公司和卫生集团在 2015 年成立了医疗互联联盟，以安全的交换方式分享患者数据。

通过合作收集到的证据也越来越多。2016 年 4 月，丹娜·法伯癌症研究所和乐活公司宣布了一项关于减肥研究对癌症复发影响的合作研究，该研究由国家癌症研究所和肿瘤临床试验联盟共同赞助。这项研究的目的是招募 3200 多名患有早期乳腺癌的超重女性，将她们随机分配到一项为期两年的减肥和教育项目中，而不仅仅是健康教育。乐活公司捐赠了一款健身和心率追踪器、智能秤和用于在移动设备上进行视频练习的软件[31]。目前的垂直解决方案能在多长时间内从消费级设备和应用程序发展到 FDA 批准的研究级设备还有待观察，该设备具有应用程序管理、供应商购买功能和从患者到医生和卫生系统的连续医疗互操作性。

渤健、乐活和"像我一样的病人"：追踪多发性硬化症

乐活公司在一项较早的计划中与渤健公司和"像我一样的病人"网站合作跟踪多发性硬化症的进展。2014 年 7 月，一组多发性硬化症患者接受了乐活公司活动追踪器，使用了三周以上，并授权"像我一样的病人"访问和传播他们的活动数据。这项研究旨在帮助患者确定基线活动水平和对生物传感器的态度。在多发性硬化症中，步行是疾病状态的一个指标，追踪可能使复发的多发性硬化症患者的变化被更早发现。"像我一样的病人"在 24 小时内招募了所有受试者，受试者显示出很高的参与度，有 68% 的参与者报告说该设备可以帮助他们管理多发性硬化症，还有 54% 的人希望继续使用该传感器。加利福尼亚大学与乐活公司进行的一项研究也支持将远程步数监测作为多发性硬化症试验的探索性结果。未来的发展包括更详细地测量患者的步态和灵活性，以及一个测量认知功能和视力的苹果平板电脑应用程序[32]。

诸如安森公司和普雷梅拉蓝十字公司（Premera Blue Cross）等大规模数据泄露事件也加剧了消费者的担忧。2015 年初，仅安森一家公司就有 7880 万份记录被破坏。安全专家一致认为，医疗保健数据的价值比信用卡信息更持久，因为盗窃和滥用需要很长时间才能在欺诈性账单和医疗记录中显现[33]。2013 年"健康咨讯全国趋势调查"针对 3000 多名患者进行的一项调查显示，仅有 6% 的患者通过他们的设备共享了健康数据，并且只有不到 1/4 的患者愿意为数字图像或诊断信息这样做[34]。

有些隐私风险甚至可能不为公众所知。《美国医学会杂志》在 2016 年对 211 个安卓糖尿病应用程序进行了一项研究，结果显示 81% 的应用程序没有隐私政策。用户的许可（用户下载应用程序时必须接受）授权应用程序收集并与第三方共享敏感信息，例如胰岛素和血糖水平。没有联邦保护措施，包括在《健康保险流通和责任法案》中，禁止将应用程序数据出售或披露给第三方[35]。

FDA 已经发布了几项指南，包括 2015 年有关试验中电子知情同意书的指南，其要求提供清晰的信息和便利的索引[36]。指南表明了调整监管的意图，只监管那些如果出现故障可能带来安全风险的移动应用程序和设备，比如活力科公司[37]的心电图设备。美国联邦贸易委员会出于监管虚假和欺骗性广告的目的，已经对两家应用程序开发商提起了诉讼，其中一家开发商声称通过手机光

线治疗痤疮。此外，美国卫生与公众服务部监视违反《健康保险流通和责任法案》的行为，并于 2013 年 7 月对维朋医疗公司（WellPoint）罚款 170 万美元，原因是该公司未能为其在线应用程序数据库提供足够的保护措施[38]。这种快速且不受控制的增长模式和相关风险也适用于社交媒体在医疗保健领域的发展。

　　社交媒体：从洞察挖掘到共同创造

　　皮尤研究中心的数据显示，美国有 65% 的成年人使用社交媒体，而 2005 年仅有 7%，但自 2013 年以来，用户的总体数量已经趋于平稳。虽然 90% 的年轻人使用这些网站，但在 65 岁以上的人群中，多达 35% 的人也使用这些网站[39]。

　　在 2015 年美国网络公民健康研究中，决策资源公司（Decision Resources）对 6601 名美国成年人进行调查，结果发现人们对疾病相关信息而非药物数据的总体需求超过 38%，受访者在过去 12 个月内一直在搜索症状和体征，约 39% 的人通过搜索引擎进行搜索，而在社交网络上进行搜索的只有 18%，在处方药网站上搜索的只有 12%，在制药公司网站上搜索得更少（8%）。使用最多的网站是脸书，紧随其后的是 WebMD，而推特则远远落后。搜索最多的是事实类信息——处方药的疗效和副作用，其次是新闻推送和医疗服务提供者评分[40]。

　　私人在线医师评分的使用量大幅增加，仅在 2015 年 9 月，就有 890 万个个体访问者访问了医疗评级，其中部分原因是诸如"医生比较"之类的公共网站包含过于复杂的数据或临床质量衡量标准，这些数据对消费者更有意义，他们对服务组成比对死亡率统计更感兴趣[41]。

　　除了医疗服务提供者评级，对疾病信息的主要需求还可以解释患者群体为何增长。其中，"像我一样的病人"网站允许会员跟踪其疾病状况，将其与大型数据库中未识别的数据进行比较，并访问定制的临床试验信息。这种趋势是全球性的：在欧洲，RareConnect 是欧洲罕见病组织（EURORDIS）的一个网站，其资金来自公共资金、电视台节目（例如马拉松）等活动以及企业资源。"像我一样的病人"网站与 FDA 合作改善了不良反应的报告，并通过公开研究交流平台开发了测量工具。鉴于 30% 至 55% 的高血压患者不能依从药物治疗方案，"像我一样的病人"网站与维拉诺瓦大学护理学院共同开发了一种对医生免费的管理工具，在患者到诊室就诊期间将患者报告结果添加到临床数据中[42]。

　　最先进的策略来自罕见病领域，一些团体实际上已经资助了试验并共同开发了突破性治疗方法。在囊性纤维化基金会首次投资奥罗拉公司（Aurora,

后来的福泰制药公司）之后，2012 年 FDA 批准了卡利迪科（依伐卡托）用于罕见基因突变的患者。囊性纤维化基金会目前正在与辉瑞公司、赛诺菲公司、健赞公司和夏尔公司共同资助研究计划。作为风险慈善模式的一部分，囊性纤维化基金会已投资 4.25 亿美元，并于 2014 年以 33 亿美元的价格出售了福泰制药公司开发的囊性纤维化治疗方法的版权，以进一步开发新疗法并为患者提供在线支持[43]。

　　鉴于患者通过社交媒体的快速赋权及有关部门的监管限制，生物制药公司应采取循序渐进的方法。不可或缺的第一步是完善的聆听功能，该功能可跟踪消费者在网上的需求，以及他们在网上和其他消费者的所有对话。除了洞察挖掘，公司还可以通过从博客到《默沙东手册》的无品牌产品组合反映和塑造消费者对疾病信息的需求。一些公司正在发布有关患者访问信息等主题的公司帖子。尽管少数生物制药公司会使用品牌信息，但在不受控制的社交媒体上使用品牌信息仍然会带来风险。脸书继续允许制药品牌禁用评论，因此许多现有品牌页面仅提供共享功能，但不作回复[44]。这些反映不同风险程度的步骤如图 9-4 所示：

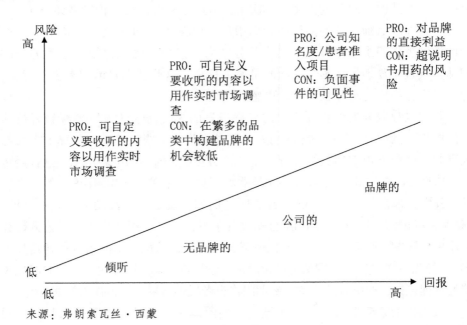

来源：弗朗索瓦丝·西蒙

图 9-4　社交内容风险评估

生物制药公司的最佳做法还可以包括以下步骤:

- 听:关于您的疾病和产品正在发生什么对话?
- 审查:消费者首选的平台是什么,它们是否与您已经使用的平台相对应?
- 创建内容:开发内容以解决患者的痛点及其整个诊疗旅程,包括治疗前和治疗后处理阶段。
- 整合:试行新举措并将其整合到整体社交发布中。
- 协调:从研发到卫生经济学和市场准入、客户关系、销售和市场营销等各个职能部门协调一致的信息。

除广泛参与消费者趋势和行为之外,生物制药的电子医疗成功还取决于对包括远程医疗在内的以医疗服务提供者为中心计划的了解。

以医疗服务提供者为中心的策略:远程医疗

远程医疗的爆炸式增长受到多种趋势的支持,从伴随疾病的人口老龄化给本已负担沉重的系统带来压力,再到宽松的执照监管和移动技术。根据考恩股票研究公司(Cowen Equity Research)的估计,门诊支出的总目标市场目前为 570 亿美元[45]。虽然远程医疗和远程医药经常被互换使用,但是后者被定义为“当参与者距离遥远时,使用电子信息和通信技术来提供和支持医疗保健”。虽然远程医药具体指诊断和治疗,但远程医疗通过自我保健、教育和支持系统为患者提供更广泛的帮助[46]。远程医疗的范围非常广泛,从标准的电子咨询到新的按需服务,例如美国健康公司(American Well)和远程医生公司(Teladoc)。

医师数字化趋势

虽然生物制药公司旨在提高患者和医师的参与度,但研究表明医师显然偏爱其他信息来源。2015 年一项针对 3029 名美国执业医师的决策资源公司研究表明,他们的临床决策主要受会议、同事和期刊的影响,而不到 1/3 的受访者引用了制药公司代表的观点。医师最常用的专业应用是依波克拉底(Epocrates)、临床顾问(UpToDate)和医景(Medscape),它们的主要吸引力是快速访问信息和易于索引。对于为临床目的观看的在线视频,这种趋势也适用，医景职业网络和优兔分别排名第一，而使用制药企业网站的比例仅为8%。这些视频主要用于继续医学教育、研讨会、医疗程序和提供疾病信息[47]。

　　数字化服务范围

　　除了这些明显的医师数字化趋势，从按需服务到设备制造商，一系列新老参与者都从根本上改变了医疗行业的格局（图9-5）。随着部分患者迁移到按需服务、内容门户网站甚至是连锁药店，医疗服务提供者和生物制药公司正面临着一些竞争威胁，这些实体的作用是消除生物制药公司与患者之间的沟通，例如 WebMD 和日常健康（Everyday Health）之类的在线门户正从提供内容过渡到提供医疗服务。WebMD 网站为自我保险的雇主和健康计划提供私人健康门户。它与沃尔格林药店合作将其内容整合到零售商的体验中，以跟踪和激励健康行为。日常健康网站与信诺公司合作，在产前护理中进行早期风险识别。此外，它还与梅奥诊所[48]建立了联盟。

内容公司/门户网站	按需服务	药房	保险公司	卫生系统	设备制造商
• WedMD/雇主门户网站 • 日常健康/信诺、梅奥诊所合作伙伴关系	• 美国健康 • 远程医生 • MDlive • 按需就医	• 沃尔格林/MDlive • CVS 分钟诊所 • 来德爱	• 奥斯卡健康 • 安森/在线实时健康 • 联合健康/远程医疗合作伙伴 • 卡斯特莱比较服务	• 退伍军人管理局 • 约翰·霍普金斯医院 • 联盟医疗 • 凯萨医疗机构	• 美敦力 • 戴克斯·康姆 • 活力科 • 乐活 • 朗石

来源：弗朗索瓦丝·西蒙

图9-5　远程医疗服务范围

　　按需服务代表了一场"便利革命"，因为它们提供实时咨询，费用约为标准就诊费用的一半，参与者包括 MDLive、按需供医和美国健康等公司，美国医生（AmeriDoc）等公司也提供实验室检测服务。尽管某些网站声称已由内部医疗委员会进行了审查，但大多数网站不能提供外部验证或连续的医疗服务。

　　《美国皮肤病学会杂志》于2016年5月发表的一项研究对16家在线远程

医疗公司进行了调查，其中包括 7 个普通网站和 9 个专注于皮肤病学的网站。研究人员创建了 6 个虚拟场景并使用了库存图片。一些网站误诊了梅毒、疱疹和皮肤癌，还有两个网站将用户链接到没有在患者所在地区执业的海外医生。在查看结节性黑色素瘤照片的 14 位临床医生中，有 11 位正确地告诉患者去门诊就诊，但有 3 位将其诊断为良性。美国远程医疗协会（ATA）称，这些服务迅速增长，2016 年电子访问次数将超过 100 万次。许多保险公司为他们提供服务，费用通常在 35 美元至 95 美元之间。考虑到质量问题，美国远程医疗协会在 2015 年开始了一项认证计划。尽管有近 500 家远程医疗公司申请，但截至 2016 年 5 月，只有 7 家被批准[49]。

面对来自奥斯卡健康等新保险公司的竞争，健康计划还开发了在线服务，联合健康保险集团拥有 16 个远程医疗合作伙伴，远程监控 20 000 名会员的家庭情况；安森公司还与美国健康公司合作推出了在线健康项目，该项目即将推出向其 3300 万会员提供的全天候服务，每次访问收费 49 美元。这些付款方式旨在最大程度地减少非紧急情况患者对急诊室的滥用。

远程医疗的主要治疗领域包括通过同步服务（实时咨询）和异步服务（例如放射图像的传输）进行的精神健康、皮肤病学和心脏病学治疗。

医疗保险计划的报销正在逐步改善，尽管没有联邦强制性规定，但各州仍可以选择医疗补助计划的补助远程服务，包括加利福尼亚州、纽约州和宾夕法尼亚州在内的许多州的保险范围已经覆盖了视频会议。此外，还有 21 个州和哥伦比亚特区要求以不同的水平补偿私人支付者的费用[50]。

远程医疗的有效性

远程医疗的关键问题仍然是其准确性和成本效益，卫生系统已经对这两点进行了最佳分析。退伍军人管理局开展了一项大型计划，收集了 17 000 多名参与者的数据，涉及从糖尿病到抑郁症等各种疾病。与常规治疗相比，该计划显示患者的满意度高，住院时间减少了 25%，住院次数减少了 19%。

联盟医疗使用无线药瓶进行了一项随机试验，为高血压患者提供反馈服务和提醒。初步研究结果显示，与对照组相比，试验组的药物依从性提高了 68%[51]。约翰·霍普金斯医院取得了与住院患者相当的效果，总体节省了 19% 的费用，部分是由于平均住院时间缩短和诊断检查次数减少[52]。

欧洲的措施也产生了积极的结果。早在 2008 年，英国就启动了卫生部全系统示范项目，对 3230 名糖尿病、慢性阻塞性肺疾病或心力衰竭患者进行了为期 12 个月的研究。研究结果显示，接受远程医疗设备和监控服务的参与者住院次数减少了，死亡率降低了，人均成本也更低。

在美国，由于一些农村地区缺乏足够的网络基础设施，剩余的障碍包括许可证、隐私问题和宽带接入。只有大约 10 个州医疗委员会签发了允许州际远程医疗的许可证，但预计可移植性会增加。远程医生和美国健康公司均承担了医疗事故保险的费用，但如果患者仅使用远程医疗，而不是将其作为现场就诊的补充，风险仍然存在[53]。最后，即使一些电子健康记录系统已经开始交流计划，互操作性仍然是一个挑战。

结　论

从可穿戴设备和社交媒体等以消费者为导向的趋势，到按需服务等以医生为中心的战略，以及以支付者和电子健康记录系统为特征的企业对企业的相关举措，数字化技术正在深刻改变医疗卫生领域。许多企业，包括赛诺菲、诺和诺德、阿斯利康和礼来，均启动了糖尿病项目，并且许多试验项目都处于试验阶段。

生物制药公司对患者旅程和医生偏好的理解仍然存在很大的差距。尽管多项研究报告表明，无论是患者还是医生，对相对中立的产品信息的需求量都很大，但生物制药数字化资产组合仍然经常会偏向以产品为中心的沟通交流。生物制药公司进行大规模、长期的数字化投资尚无明确的商业案例。在许多情况下，数字化活动仍孤立于各职能部门和业务部门，并且也缺乏相对有效的指标能够支持投资决策。

要点总结

● 从涉及患者作为共同创造者的新研发模型到通过持续药物监测进行优化的上市后监测，数字化技术从根本上影响着整个生物制药的价值链。

● 电子健康还支持增强消费者的能力，尤其是当在线社区在收集患者报告结果以及为罕见病的临床试验提供实际资金方面发挥更大的作用时。

● 生物制药公司和信息技术公司越来越多地合作为技术初创企业提供资金，并优化数据收集，诺华公司与高通公司之间的 dRx 资本合资企业就是证明。

● 现在，生物制药供应链越来越受到物联网的支持，从而可以更好地进行资产跟踪、增加制造和基于云的分销。

• 在商业方面，生物制药公司正在开发包括疾病信息、患者支持、博客和健康监测在内的数字资产组合，但是，消费者对产品中立信息的需求与生物制药业务范围之间的差距仍然很大，很大程度上仍然以产品为中心。

• 消费者驱动的趋势包括乐活运动手环等可穿戴设备的增长，但是大多数应用仍然受到功能狭窄以及从患者到医疗系统的互操作性缺乏的限制。

• 对于医疗服务提供者来说，关键的数字化信息源仍然是专业网络，而不是生物制药公司。按需服务代表着新的竞争，质量却参差不齐。尽管电子咨询的费用越来越高，但由于各州间许可有限、责任问题和隐私问题，尤其是考虑到网络攻击和有关"云服务"的不确定性，美国仍落后于欧洲。

第 10 章

通过数据和分析来提高敏捷性

介　绍

　　生物制药行业很难不被与大数据相关的统计数据吸引。据估计，每天有 25 亿字节的数据被越来越多的基于传感器的技术收集，这些技术从手机到物联网——从家庭中的联网"智能"恒温器到台式电脑[1]。2016 年，全球消费者使用了超过 60 亿个连接"物"[2]。因此，分析家们预测，数字化宇宙（定义为每年创建或复制的数据）2020 年将增长到 44 皆字节，即 44 万亿吉字节[3]。

　　如此庞大的数据量可能会破坏包括传统生物制药在内的许多不同业务，这种现象已经从根本上改变了零售业、银行业和运输行业，例如亚马逊和苹果等组织都在挖掘客户生成的信息来了解客户的购买习惯和行为，以提供个性化的购物体验[4]。医疗卫生行业的变化还没有那么快。对患者隐私的高度关注以及高度规范的产品开发环境，使生物制药公司很难通过大规模的数据整合和分析来获取可衡量的价值。

　　数据以及对理解各种相关数据集至关重要的分析平台，具

Managing Biotechnology：*From Science to Market in the Digital Age*, First Edition. Françoise Simon and Glen Giovannetti.

© 2017 John Wiley & Sons, Inc. Published 2017 by John Wiley & Sons, Inc.

有解决医疗保健领域最大挑战的潜力。如前几章所述，不可持续的成本上涨和预算压力将推动药品报销从按服务收费到按结果付费的转变。与此同时，我们看到了健康数据的数量、种类和速度都在呈爆炸式增长，这些数据包括电子健康记录数据、支付者的理赔数据、基因测序数据、由移动技术生成的实时数据，社交媒体网站（例如脸书和推特）上以及患者社群和倡导组织（例如"像我一样的病人"）的患者报告的数据。

如果生物制药公司可以利用这些数据来识别可能消耗过多医疗资源的一小部分人，并设计适当的治疗方法和行为干预措施来保持他们的健康，那会怎样？如果生物制药公司可以将这些数据整合到他们的研发计划中，确定更好的药物靶点并进一步提高临床试验的效率，又会怎样呢？如果新的数据类型可以为商业活动提供信息，以更好地展现患者、支付者和医疗服务利益相关者想要的价值呢？简单地说，如果生物制药公司可以将这些不同的数据流结合起来，看清行业发展的"大局"，会怎样呢？

这些问题创建了令人信服的愿景，即汇总和利用从各种来源收集的真实世界的实时数据，有可能改变生物制药价值链的各个方面，事实上其中一些已经在发生。然而，在了解如何最好地使用数据以及哪些数据对利益相关者（如支付者）具有最大的价值方面，生物制药公司还处于起步阶段。

事实上，制药商只有向分析驱动的文化过渡，才能从数据中提取价值——据一些分析家估计，在药品的整个生命周期中，其价值将超过 10 亿美元[5]。实现这一飞跃需要制药商克服重大的文化、技术和（在某些情况下的）监管障碍，创造新的商业惯例，以取代前数字时代形成的复杂流程，或与其共存。正如查尔斯·汉森的名言："数字化的所有问题就是模拟问题"[6]。

本章回顾了当前数据和分析技术爆炸所带来的机遇和挑战，还讨论了生物制药公司获得数据分析专业知识所需的多种能力。如果在未来，知识产权与实际产品的关系不大，而与该产品产生的真实世界的证据——以及用于发现该证据的算法——挂钩，生物制药公司就有必要开发强大的系统，使他们能够缩短数据生成和创造商业见解之间的时间间隔。

多方力量汇聚在一起，创造数据和分析机会

如果生物制药公司及其合作者想利用当今丰富的数据环境，就不能只成为出色的数据收集者，还必须发展为出色的数据分析者。从云存储到自然语

言处理和机器学习等一系列支持工具的发展进步，为分析和连接不同类型的结构化和非结构化健康数据提供了前所未有、或大或小的机会。事实上，最近有四种力量融合在一起，使数据分析成为生物制药公司的核心能力（图 10-1）。这四种力量是：

- 不断变化的客户期望；
- 不断变化的数据生成速度；
- 不断变化的报销模式；
- 不断变化的生物制药商业模式。

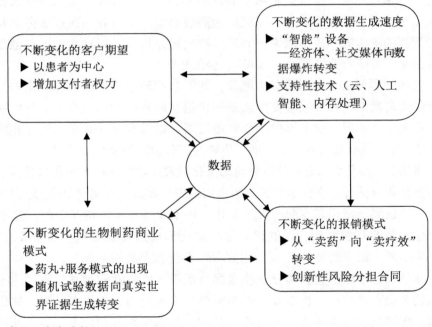

来源：安永分析

图 10-1 多方力量要求生物制药公司成为分析专家

如第 5 章和第 8 章所述，传统的生物制药产品客户（医生）在当前形势下的发言权比十年前要少，而支付者和患者拥有越来越大的权力以及越来越高的期望，这是由于经济变化需要更好的人口管理。在这种环境下，这些超级消费者群体不仅需要相关产品的安全性和有效性信息，还希望获得更多的治疗结果信息。信息的民主化和以患者为中心的重要性日益提高，这意味着患者不仅要了解治疗方案，而且会在处方决定中起重要作用，尤其是当副作用可能会对生活质量产生不利影响时。

不断变化的数据生成速度是另一个重要因素。随着第 9 章中概述的可穿戴设备革命的快速发展，通过与数字化应用程序连接的无源传感器获得的临床级健康数据也在不断增加。事实上，纽约西奈山卫生系统伊坎基因组学和多尺度生物学研究所的创始主任埃里克·斯凯特（Eric Schadt）预测，随着这些设备的功能越来越强大，"关于你的健康的准确信息将更多地存在于卫生系统之外而不是卫生系统之内"[7]。对于生物制药公司而言，这既是机遇，也是挑战。为了充分利用这些日益庞大的数据库，制药商必须能够迅速挖掘数据以作出不同的业务决策。

同样，医疗费用报销模式的变化也要求生物制药公司更加熟悉数据分析。由于报销越来越多地基于成本效益和独特的现实世界价值，证明药物有效性的数据不仅是产品价值主张的内在组成部分，而且是在制药商和支付者之间分配风险的新型支付模式的基础。

这些不断变化的客户期望是在生物制药业务模式已经受到压力的情况下出现的。由于生物制药公司在科学上愿意进军更具挑战性的治疗领域（如阿尔茨海默病）或试图在仿制药有良好服务的疾病领域实现突破性创新，其研发生产力受到了损害。同时，几乎每个主要市场都越来越关注药物支出成本，因此生物制药公司对现有产品进行定期提价的能力也更加有限。

随着传统创新的增长速度放缓，生物制药公司正在拥抱新的商业模式，这些创新性商业模式不局限于销售产品，而是基于真实世界的数据来创建解决方案，其核心是使用数据和分析功能以快速适应不断变化的市场的能力。随着信息技术公司等新进入者带着自己的数据驱动的解决方案进入健康领域，这种适应能力变得更加重要。

医疗保健的四个数据媒介：数量、速度、种类和准确性

自成立以来，生物制药公司一直是数据驱动的组织，他们已经擅长使用随机临床试验中的数据来开发安全、有效的新型产品。在不断变化的商业环境中，生物制药公司现在正试图同时收集数据以做到以下几点：更好地细分患者人群；更准确地瞄准高处方率医师；收集真实世界的结果证明，以满足

公共和私人支付者的要求，并将这些真实发现纳入他们的药物发现和研发活动。

伴随着数据重要性的提高，用于描述数据的术语的数量也在激增（请参见"重要定义"）。在大多数情况下，健康数据仍然没有达到真正的"大数据"的标准，因为它的字节量被汇总了。然而，大规模遗传数据集和物联网设备收集的信息意味着形势正在迅速变化。

重要定义

请牢记以下定义：

大数据：20世纪90年代创造的一个术语，指的是庞大而复杂的数据集，以至于难以使用传统的数据库管理工具或数据处理应用程序进行分析[8]。

小数据：由不到几吉字节的数据组成，这些数据将人们与及时的信息联系起来，这些信息经过处理和压缩，可用于日常任务；在生物制药行业也称为"大数据的最后一英里"，它是指与开发和特定产品的商业化有关的数据[9]。有时，小数据用来表示来自面向消费者的可穿戴设备的数据。

真实世界数据：并非通过临床试验捕获的数据，也不用于研究目的。真实世界数据包括大数据和小数据，具体取决于数据量和必须合并的来源数量。

结构化数据：可以通过机器存储、查询、检查和分析的数据，例如实验室结果、报销代码和来自电子健康记录的患者健康数据（例如血压、心率、体温）。

非结构化数据：未按预定义方式组织的富含文本或图像的数据。例如，医生笔记、医学图像和社交媒体评论都是非结构化数据。

分析：分为三个步骤，用于发现和交流有意义的数据模式（无论大小）。这三个步骤是数据收集、数据共享和数据分析。

健康数据可以沿四个不同的轴分类：数量、速度、种类和准确性（图10-2）[10]。除了匿名的患者记录数据，影像记录、可穿戴设备的生物识别传感器读数、遗传序列信息和社交媒体互动，都推动了现在生成的健康数据的数量、速度和种类的巨大增长。虽然这三个参数中的每一个都给生物制药公司带来了很大的挑战，但它是第三个"V"，即最难管理的品种。

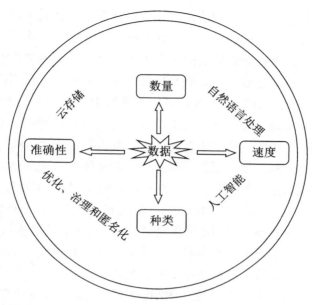

来源：安永分析

图 10-2　启用工具以利用数据的四个维度

　　首先要考虑数量。尽管医疗保健数据的爆炸式增长是一个挑战，但生物制药公司所面临的障碍与其他行业（例如零售或消费者）实际上没有什么不同，这意味着已经在其他地方得到充分验证的分析工具可以适应或应用于生物制药领域，同时管理团队则要建立以分析为导向的蓬勃发展文化所需的组织结构。在医疗保健的时间框架内，生物制药公司也无需使用分析技术来根据在微秒级的时间框架内生成的数据作出决策。在医疗保健领域管理数据生成速度并不像在金融或银行业那样令人担忧。

　　相反，生物制药公司现在必须吸收的各种数据正是需要清除的主要障碍，这也是最大的机会之一。尽管每种数据类型（例如电子病历数据、遗传数据或生活方式数据）都具有巨大的价值，但只有将这些不同的信息联系起来，生物制药公司才能实现业务上的逐步改变。正如领先的转化信息学企业平台供应商 DNAnexus 的首席医疗官大卫·夏维兹（David Shaywitz）所指出的，"真正的洞见正是来自数据的碰撞"[11]。

　　但是，这些不同的数据类型都以不同的格式存在，由于涉及患者的隐私，这些数据已经被剥夺了可识别能力。这使得将数据合并成为挑战。生物制药公司必须考虑非结构化信息——来自社交媒体评论、电子健康记录中的医生笔记、环境读数以及临床试验中的患者旅程描述，同时将其与电子健康记录中更结构化的数据联系起来，以获得新的见解。此外，吸收不同数据所面临的挑战更大，因为大多数数据由健康生态系统中的不同参与者拥有。因此，如果生物制药公司希望通过整合真实世界的数据与患者健康记录来全面转变其业务，他们就必须购买信息或与其他医疗保健利益相关者合作以获取更多他们尚未拥有的信息。如本章稍后所述，不断发展的商业环境需要涵盖患者全部经验的集成数据，与此同时，动态市场中的医疗数据以及与支付者和提供者（这两个群体不一定信任生物制药公司）进行最佳合作的重要性日益增加。

除了上述三个属性，在评估健康数据时，还有第四个数据特征需要考虑：准确性。随着生物制药公司在分析工作中越来越多地使用非结构化数据，他们必须格外小心，以确保数据尽可能无错误且可信。正如本章稍后所讨论的，数据质量是一个特殊的挑战，因为非结构化数据可能是高度可变和不准确的，例如对医生笔迹的误译[12]。

从数据中提取价值需要新工具

随着医疗保健从纸质记录、处方和成像胶片过渡到数字化技术，信息需要被收集并存储在一个通用平台上。在这种环境下，云计算已成为数据管理的一个关键推动因素，它不仅能实现数据方便访问（无论数据在哪里产生），而且支持将不同类型的数据存储在一个共同的位置，这使比特和字节更易于操作。此外，第三方专家（如 DNAnexus 公司或迷笛数据解决方案公司）提供的安全云意味着生物制药公司不必花费时间和金钱创建和维护专门用于数据管理和存储的大型部门，从而降低了大数据分析的进入门槛，尤其是对于年轻的生物制药公司而言，这使他们能够更快地扩展他们的活动。

再生元遗传学研究中心的执行董事兼基因组信息主管杰弗里·里德（Jeffrey Reid）博士指出，如果没有云计算，该公司的数据工作将会有一个更加坎坷的增长曲线。仅仅建立数据存储中心就需要大量的努力，包括从购买硬件到建立一个带有计算机服务器的专用设施。他说："从纯基础架构的角度来看，我们能够在没有云计算的情况下，从没有一个中心到拥有顶级的能力，在时间上是不可能的。"[13]

除了云计算，随着生物制药数据库的增长，其他能够分析结构化和非结构化数据的工具也必不可少。现在人们普遍认为拥有更多数据总是更好，而实际上拥有更多数据可能是喜忧参半。咨询公司 pathForward 的创始人，曾在默沙东公司、基因泰克公司和罗氏公司担任高管的大卫·达维多维奇（David Davidovic）指出："您所做的一切，正在产生海量数据，但组织不知道该如何处理。"[14]实际上，根据市场研究公司国际数据公司的说法，"目前全球采集的数据中，只有大约 5% 的数据被分析过"[15]。

要从数据中获得回报，需要对其他 95% 的信息进行更深入的分析。其中发挥作用的工具包括并行计算的数据分割和数据处理方法、Apache Hadoop 等软件平台、概率统计模型的使用以及包括认知计算和机器学习在内的人工智能的进步，这些工具已从基于人类的应用程序发展到更具预测性的解决方案，该解决方案既可以管理激增的数据，又可以在相关时间点迅速为生物制药决策者提供及时有意义的见解[16]。（参见"使用机器学习从经验医学转变为循证医学：GNS 医疗保健公司的演进"和"人工智能：使药物变得更智能、更快和更少的潜力"。）

使用机器学习从经验医学转变为循证医学：GNS 医疗保健公司的演进

总部位于马萨诸塞州剑桥市的 GNS 医疗保健公司成立于 2000 年，当时人们对人类基因组测序的热情高涨。近十年来，该公司使用贝叶斯算法来揭示大型数据集中变量之间复杂的因果关系，并专注于筛选基因和临床数据，以帮助制药公司发现新的药物目标、组合疗法或现有产品的新适应证。然而，随着机器学习工具的发展，GNS 医疗保健公司扩展了其方法，将数十亿患者数据指向计算机模型，以回答关于治疗方法、医疗程序和个人护理管理计划的有效性的现实问题。GNS 医疗保健公司的联合创始人、董事长兼首席执行官柯林·希尔（Colin Hill）说："我们的目标是迅速利用来自多个来源的数据来解决最终的匹配问题，从头开始为患者提供正确的干预措施，以改善健康状况并降低总体医疗费用。"

实际上，许多研究表明，仅在美国，每年就有数十亿美元因为过度医疗或不适当的治疗而被浪费[18]。例如，为类风湿关节炎（RA）患者开出一种治疗方案，然后逐步根据治疗反应和出现的不良反应而选择其他替代治疗方案。尽管有一系列的治疗方案来治疗类风湿关节炎，但优化治疗不是通过科学，而是通过试验和错误以及医生的经验来完成的。这种试验和错误在许多疾病中都很常见，包括癌症、心血管疾病和中枢神经系统疾病。

随着机器学习和人工智能的发展，希尔希望改变这一模式，他认为使用因果机器学习和模拟来揭示大型数据集内的复杂因果关系，将是支付者与制药公司之间基于价值的合同的关键推动力。

2012 年，该公司与安泰保险公司合作创建了因果关系模型，用于识别一年内患代谢综合征风险最大的病人。该公司使用其被称为 REFS（逆向工程和正向模拟）的因果机器学习和模拟平台，将安泰保险公司的一个雇主客户的 37 000 人的未识别医疗、药房、实验室和人口统计学数据转化为个人层面的代谢综合征风险和反应。GNS 医疗保健公司的 REFS 平台发现某些因素组合比其他因素更有意义。事实上，腰围、血糖水平和就诊次数的组合以 88% 的准确度预测哪些人会患代谢综合征，而且 GNS 医疗保健公司能够在短短 3 个月内进行这种高水平分析，从而为患者创造了干预的机会[19]。

这种因果分析之所以可能，是因为 GNS 医疗保健公司可以快速结合各种数据，并根据从具有一组风险因素而非另一组风险因素的患者身上观察到的统计学上的显著反应，将其转化为新型证据。但 GNS 医疗保健公司的研究人员也发挥了至关重要的作用，他们"能够退后一步，提出关于代谢综合征的重要基本问题"。

希尔相信，支付者和医疗服务提供者将越来越多地使用因果机器学习来确定应将哪些疗法和干预措施应用于患者亚群甚至单个患者。生物制药公司还可以主动使用这些数据，更自信地与其他利益相关者达成风险分担协议。他说："生物制药公司可以查询数据，以了解对健康有益的其他参数。我们能够更全面地了解他们在基于结果的合同中所承担的风险。"因此，GNS 医疗保健公司定位为生物制药公司和支付者之间"诚实的经纪人"。

希尔最兴奋的是，因果机器学习能够创建新的比较知识，这在我们目前的随机临床试验方法中是不切实际的（或负担不起的）。希尔说："没有时间、金钱或足够大的患者群体来回答许多关于药物的现实效用的基本问题。"但是，现在的计算方法能快速测试数百种潜在相关关系，以确定 A 导致 B 的情形。从这个意义上说，因果机器学习也是重要的决策支持工具，可用于量化稀缺的医疗资金应该如何使用以及用在哪里，以最大程度地优化患者的治疗效果，同时将总的医疗费用降至最低[20]。

分析连续步骤：从描述性到规范性

如果生物制药公司要充分利用数据和分析的力量来改造其业务，则其能力需要从描述性发展到规范性。换句话说，公司需要从识别发生的事情（例如，某个市场的药品销量在 6 个月内增长了 20%）转变为了解采取什么步骤使事件发生（例如，通过采取更多的战略方法，有选择地将产品推销给某些对该产品的认知度较低的顶级区域卫生系统，这些系统目前有可能使产品销售达到预期目标）。从"是什么"到"如何"的转变是沿着一个四步连续步骤发生的，如图 10-3 所示：

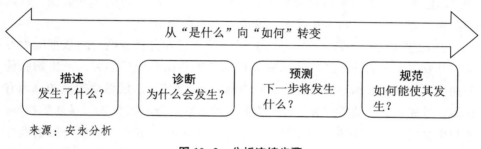

来源：安永分析

图 10-3　分析连续步骤

该过程的第一步是最简单的：通过描述性分析，生物制药公司需要整合数据源创建系统，持续收集、汇总和分发来自内部和外部的结构化和非结构化数据。挖掘数据通常需要实时仪表盘或其他可视化工具。在此阶段，进行诊断性分析也可能有助于根据过去的表现了解为什么会发生一些事情。例如，一家准备推出新的心血管产品的生物制药公司，可能会根据它最新发布的三个产品来评估销售人员的部署、广告支出、自付卡的使用以及其他因素，以数据驱动的方式了解过去发布产品中哪些有效或哪些无效，并进一步优化其当前的投放策略。

随着生物制药公司在数据方面的专业知识增长，他们将逐步使用分析方法来识别可以预测未来事件的过去模式。这种预测性分析在进行复杂的预测时特别有价值，例如，其与产品或业务部门的销售和营销挂钩，因为它们有助于推动实际的商业决策，并帮助管理风险。研究表明，即使预测准确性适度提高，也可以节省大量资金或增加收入。正如埃里克·西格尔（Eric

Siegel）在《预测性分析：预测谁会点击、购买、撒谎或死亡的力量》中所述，一家保险公司利用预测性分析将其损失率（定义为其支付的理赔总额除以收取的保费总额）降低了半个百分点。这一小小的改进在财务上的影响是巨大的，每年价值约 5000 万美元[21]。

据技术研究公司高德纳（Gartner）的数据，目前所有行业中只有约 13% 的企业使用预测性分析方法，仅有 3% 的企业使用最有价值的分析形式——规范性分析[22]。规范性分析旨在帮助回答特定的问题，例如，包括药物和行为改变在内的干预措施的哪些组合可以使一个有心脏病、糖尿病和胆固醇控制不佳的病人保持健康而不被送进医院。获得此类数据显然将使生物制药公司围绕产品服务作出更明智的投资决策，或者在开发阶段收集更多的数据，以向利益相关者（如支付者和医疗卫生系统）展示药物价值。

《福布斯观察》（Forbes Insights）的一项跨行业分析表明，在数据能力方面，开发技术和消费产品的公司拥有最成熟的数据和分析能力，而生物制药公司的得分则最低，与医疗机构和政府部门大致相当[23]。成熟度较低的原因有很多。首先，适当地管理和处理健康数据需要获得分析工具和一系列的技能，这与生物制药公司传统上使用的商业智能工具不同。其次，高度分散的医疗保健市场意味着需要大量工作来汇总来自不同支付者、医疗服务提供者以及患者和护理人员的高价值数据，以全面了解医疗需求和潜在趋势。最后，医疗保健受到严格监管，患者隐私仍然是病人和其他利益相关者之间社会契约的重要组成部分。如何最好地使用算法锁定高风险患者，同时又保护个人可识别的敏感信息，这是一个尚待充分解决的问题[24]。

人工智能：使药物变得更智能、更快和更少的潜力

安永全球生命科学负责人帕梅拉·斯彭斯（Pamela Spence）

AI 被定义为人工智能或增强智能，有可能通过应用促进深度学习的神经网络，大大增强科学突破和医学研究。在机器学习算法的支持下，计算机可以利用大数据在视频和棋盘游戏中击败人类，并在症状出现之前发现疾病。2016 年，深度思考公司（DeepMind）的"阿尔法狗"（AlphaGo）在古老而复杂的认知棋盘游戏中击败了人类，这是历史性的第一次胜利。在牛津大学，贝叶斯生物统计学家克里斯·霍姆斯（Chris Holmes）一直在使用机器学习研究来了解遗传疾

病的发展。深度学习可以建立人类无法拼凑的联系。这种类型的人工智能从数据的形状中学习，而不仅仅是离散的部分，这将增加突破性发现的机会，这些发现可以解决关键问题，并在我们允许的情况下对人类产生长期的积极影响。

毫无疑问，生物制药行业面临的最大挑战之一是研发生产力。新药分子的研发需要 10 年至 15 年，耗资超过 10 亿美元。人们普遍认为，目前临床开发过程中的消耗水平是不可持续的。生物制药行业和监管机构也过分依赖动物试验，认为这些试验可以转移到人类身上。基因和疾病通常不会在物种之间转移，人们还不清楚基因-疾病关系。

人工智能可以应用于许多不同的生物制药领域，它是一个研究助手，可以以惊人的速度通过系统和无情的搜索来解决问题，而且永不停止。现在有大量的生物医学数据——从越来越多的文献到全基因组测序数据，可以迅速分析出以前未发现的关联。现在可以大规模分析各个基因反应之间的具体时间间隔。深度学习可以应用于根据基因和蛋白质特征预测症状，然后反向应用，以将症状与基因功能联系起来。

使用这个更完整的数据集，生物制药公司可以提高成功的可能性并降低失败的成本。事实上，现在更有可能确定正确的目标、正确的化合物、正确的安全状况、正确的病人和正确的试验设计。人工智能为我们提供了更简化和高效的药物开发流程，更好的患者分层，更好的疾病进展可预测性，以及更好的患者个性化治疗。

创新的药物发现公司（例如，成立于 2013 年的伦敦伯耐沃伦人工智能有限公司）现在将软件工程师、数据分析专家和科学家聚集在一起，以"敏捷"方式进行药物发现和开发方面的协作。如今的机会是无缝整合新的技能组合。

生物制药价值链中的数据分析

为了使数据真正改变生物制药价值链，公司将需要培养能力或进行合作，以获得不同的工具和技术的组合。实际上，创建由分析驱动的组织所面临的挑战之一是，没有一个技术或流程有能力回答整个生物制药价值链中出现的所有问题——从如何发现最有效的生物学目标到如何有效地开发它们，再到如何优化产品销售（图 10-4）。正如本章后面所讨论的，信息或专业知识孤岛化的可能性使得公司必须建立治理结构，促进数据的适当共享和整合。

价值链的阶段	分析的作用	示例
发现	▶新靶点和生物标记物的发现 ▶药物再利用 ▶辨识治疗未满足医疗需求的新服务	伯格健康公司（Berg Health）使用机器学习寻找新的癌症靶点；再生元制药公司通过云连接基因型和表型数据
开发	▶数据的实时分析 ▶将真实世界的数据纳入临床试验 ▶定向患者招募 ▶新的试验设计：自适应和虚拟	昆泰医药公司和 Validic 公司提供远程试验；枸赛普医疗（Corcept Therapeutics）与液体网格公司（Liquid Grid）合作，利用社交媒体来辨别罕见病患者
供应链	▶实时洞察需求预测 ▶有效的制造过程 ▶不良事件监测 ▶从制造商到药房再到患者的端到端协调	葛兰素史克公司与剑桥大学的制造业研究所合作建立端到端的供应项目
销售与营销	▶真实世界数据驱动的解决方案 ▶支付者细分 ▶按渠道和地理位置进行销售 ▶将社交媒体数据整合到商业数据之中	大型制药公司对美国 12 个主要地区的患者自付费用进行了优化，以增加总销售额
生命周期管理	▶传递实时消息以维持药物依从性；行为改变 ▶精准护理路径 ▶预测性干预	强生公司、IBM 和苹果公司使用人工智能为患者提供虚拟教练；阿斯利康公司使用真实世界的数据来获得更好的心脏药物处方；安进公司、诺华公司和辉瑞公司为数据采集创建了真实世界的证据平台

来源：安永分析

图 10-4 生物制药的跨价值链分析（部分示例）

改善研究与发现

数据分析也许最有潜能实现新的药物发现和开发模式，尽管目前在价值链的这一步的投资回报是最难衡量的。新基因组技术的出现极大地降低了基因组测序的成本。美国国家人类基因组研究所（该机构从其资助的基因组测序小组收集数据）在 2015 年年中表示，创建一个高质量的全人类基因组序列草案需要花费约 4000 美元。到 2015 年末，这一价格显著降低，仅为 1500 美元；如果只需要蛋白质编码区域，即科学家所说的外显子组，价格则更低，每个基因组不到 1000 美元[25]。随着因美纳公司和其他生物技术的测序技术的发展，预计成本将进一步下降，可能会低于 100 美元。随着测序成本的下降，生物制药公司能够重新思考如何识别和验证药物靶点，利用大量的基因数据集来寻找有趣但罕见的生物信号，这些信号可能是新药的基础。

如果生物制药公司能够将非结构化的表型数据（例如来自病人电子健康记录的数据）与基因数据联系起来，则这种方法将变得更加强大。通过强大的分析将遗传数据与非结构化历史数据相结合，生物制药公司不仅可以发现以前隐藏的生物标记物，还可以将他们的分子研究与以前未被认识的结果联系起来。

抓住这个机会是再生元制药公司成立其遗传学研究中心（RGC）并与盖辛格医疗系统合作对数十万名盖辛格患者的基因组进行测序的原因之一[26]。2016 年 3 月，合作伙伴发表了他们的第一篇同行评审论文，使用与未确定身份的纵向健康记录相关的序列数据来鉴定导致冠状动脉疾病风险显著降低的特定基因突变[27]。这一发现也证实了再生元制药公司正在开展动物研究以及生化和早期人类基因实验在改善临床结果方面的重要性。医学博士、RGC 负责人阿里斯·巴拉斯（Aris Baras）说："这一新证据使我们对我们的发展策略和发现改变游戏规则的机会的能力充满了信心。"[28]

除了再生元制药公司，诸如伯格健康公司、twoXAR 公司和 Sema4 公司之类的初创公司自行或与学术团体、大型生物制药公司和信息技术公司合作，利用认知计算和其他大数据工具开发用于复杂疾病的新药。[29,30,31]

癌症一直是最明显的改变生物制药发现的领域之一，部分原因是融合驱动和精准医学的相同趋势（分别在第 1 章和第 4 章中概述）增强了对复杂分析的需求。如在第 1 章中概述的，IBM 通过其沃森健康部门明确提出要使用认知计算来识别肿瘤患者并对其进行个性化治疗[32]。

展望未来，遗传学和历史健康信息技术的这种交叉将进一步推动高效药物研发。至关重要的是，在资源有限的世界中，后期试验中药物的失败率仍然很高。根据赛劲特公司（Sagient）研究系统和生物技术创新组织（BIO）的研究人员估计，大约有 40% 的药物在三期临床阶段失败[33]。由于研发成本从一个阶段到下一个阶段急剧增加，这样的后期失败表示研发资金的使用效率非常低。由于历史定价的灵活性，生物制药公司没有压力专注于研发效率，但是这种情况正在迅速改变。未来，生物制药公司需要更好地使用诸如人工智能和因果机器学习之类的支持工具来改善价值链[34]。

改善临床试验

毫无疑问，当前的临床试验范式被定义为按顺序进行的一期、二期和三期研究，需要经过数月的分析和规划。这种范式已经过时。在技术和消费领域，实时收集的大数据经常为产品形成提供参考，而与之形成鲜明对比的是，药物开发的基本框架自 20 世纪 60 年代以来一直没有改变[35]。然而，由于后期药物失败的高昂成本，生物制药公司开始采用分析驱动的临床试验设计来提高效率和成功率。这些所谓的自适应设计依靠贝叶斯算法来实现对临床试验的预先调整，以完善假设并根据临床数据实时重新分配研发资金[36]。

此外，如第 9 章所述，临床数据和社交媒体（例如推特、脸书和优兔，尤其是在线患者社区）的结合为开发疾病的临床描述创造了新的机会，从而可以为临床提供参考并加速临床试验患者的招募。组学数据（例如基因组、蛋白质组学、微生物学等）可以识别可能作出反应的患者；类似地，将数字技术整合到试验设计中可以检测早期的安全性和有效性信号。来自可穿戴设备和传感器的数据流可提供实时反馈，为通过分析在临床试验中持续学习创造了机会。

生物制药公司现在才开始确定如何利用这方面的分析工具（例如机器学习），最初的许多努力都集中在神经系统疾病领域，在这些领域，评估产品的疗效和疾病的进展历来依赖于主观的调查数据。例如，梯瓦制药工业公司于 2016 年 9 月与英特尔合作，将可穿戴设备的数据纳入监测亨廷顿病进展的二期临床试验中，从而得出衡量运动症状严重程度的客观评分[37]。

创建敏捷供应链

随着成本压力的增加以及新兴企业和新进入者之间的竞争加剧，大型生物制药公司越来越专注于优化运营，特别是与生产和供应链相关的活动。先进的分析技术在这方面可以发挥关键作用。分析技术还可以帮助公司更好地进行实时预测、减少对昂贵的过剩库存的需求以及创建新的药品分销平台，以提高生产效率。

2014 年的一项研究表明，尽管大多数生物制药公司积累了大量的历史制造和供应链相关数据，但收集到的统计数据分散在不同部门，并且可用工具有限，无法应对生物制药公司的复杂制造过程[38]。在当今严峻的形势下，简化业务流程变得更加重要，但是，生物制药公司将吸取零售和消费技术领域的经验教训，像苹果公司用来制造苹果手机的那种由分析支持的灵活供应链将成为常态。优化批发商、零售药房和患者之间的交接步骤可以促进护理协调和依从性，最终可以提高药品的价值。

为此，葛兰素史克公司在 2014 年与剑桥大学制造学院合作，建立了更高效的端到端供应链，将设备制造商、监管机构、知识转移网络和医疗服务提供商聚集在一起[39]。三年前，这家生物制药公司还与当时并不起眼的角色——一级方程式赛车制造商迈凯伦（McLaren）——合作。在赛道上，每一秒钟都十分重要，因此维修人员使用复杂的数据分析来减少更换轮胎所需的时间。葛兰素史克公司希望将这种方法学应用于其自身的流程，特别是在其消费者健康业务中（在这一领域，小批量生产不仅会导致生产率下降，还会使利润率降低）。在与迈凯伦公司合作大约一年之后，葛兰素史克公司将特定制造工厂的停机时间减少了 60%。2011 年以来，这两个组织一直致力于增加变化，并扩大规模，通过在临床试验中使用复杂的传感器来提高研发效率[40]。

使用分析重新思考商业活动

从按服务收费到按价值收费的转变以及数字技术的发展使生物制药价值链中曾经最直接的部分（销售、市场营销和生命周期管理）成为最复杂的部分。研究表明，大约 2/3 的新药在上市第一年就达不到上市前的销售预期，并在接下来的两年中持续表现不佳[41]。

如第 7 章和第 8 章所述，最近推出的许多新药不理想的原因之一是在发行时需要具有显示真实世界效用的数据。如果缺乏此类信息，持怀疑态度的支付者和提供者越来越多，会使得药品更难获得，它们要么被列入昂贵的处方集，要么被完全排除在外[42]（请参见"真实世界的数据和分析在建立产品价值中扮演着越来越重要的角色"）。

真实世界的数据和分析在建立产品价值中扮演着越来越重要的角色

如图 10-5 所示，真实世界的数据在确定产品价值和加速药品在市场上的应用方面发挥着越来越重要的作用。这些数据可能与支持治疗依从性、改善护理协调性、精准医学相关的治疗路径或预测性干预措施相联系。根据艾美仕市场研究公司估计，这些努力的潜在价值在 6 亿美元到 8 亿美元之间，其中很大一部分是由于直接收入的提升[43]。

利益相关者	对利益相关者的价值
生物制药	**通过以下方式加快市场采用并保护现有市场份额：** ▶ 证明患者治疗结果/疗效得到改善 ▶ 加强对患者未获满足的医疗需求的了解 ▶ 探索新的适应证 ▶ 提供报销理由
监管机构	**通过以下方式支持真实世界中的安全性和有效性：** ▶ 探测安全信号 ▶ 验证长期有效性
医疗机构	**通过以下方式优化患者治疗以获得最高质量的治疗：** ▶ 在当地人口中提供证据 ▶ 持续医疗机构报销 ▶ 提升社会声誉
支付者	**通过以下方式促进患者群体更具成本效益的资源分配：** ▶ 了解价值和保险决策 ▶ 将卫生资源的利用与患者结局证据联系起来 ▶ 开发更好的成本效益计算模型
患者	**通过以下方式实现更个性化的健康体验：** ▶ 允许对个人风险和利益进行更明智的评估 ▶ 促进选择更安全、更方便的药物

来源：安永分析

图 10-5　真实世界证据对所有健康利益相关者都至关重要，但原因各不相同

在生物制药生命周期的早期阶段整合真实世界的数据以提高三期临床试验成功的可能性也至关重要。这里的收益更难以量化，很难对减少临床试验设计缺陷或改进产品设计的长期利益进行评估。比较容易看到的是对临床试验患者招募的影响，其中合并真实世界的数据可以在两步过程中加速患者招募，包括确定反应更好的病人亚群和随后的临床试验重组。事实上，艾美仕市场研究公司估计，对于排名前十的生物制药公司来说，30%的改进可以每年节省1亿美元至2亿美元的成本[44]。此外，随着监管机构接受新的有条件批准途径，允许产品加速上市以及加速退出，真实世界数据将成为最低要求[45]。

当然，将真实世界的数据转换为可用的、有说服力的证据需要一个能够减少实际业务决策时间的分析骨干，拥有预定义的工具，在保护病人隐私的前提下整合数据，并且不需要特殊的编程能力。因为它们允许生物制药厂将其员工部署在增值的战略任务上（如临床试验设计或上市规划），而不是更常规的流程，如数据清理或汇总。在帮助管理复杂的慢性病（如糖尿病或心脏衰竭）方面，回报可能是最大的。

除现实世界的证据分析之外，其他将因数据分析而改变的商业活动包括第 8 章中讨论的战略支付者的参与，以及通过多渠道数字工具对生物制药销售队伍的渠道和地理优化。这种分析能力更好地使制药商能够根据治疗方法的临床特征与合适的医师、关键意见领袖和医疗卫生系统进行互动。随着与已经很忙的医师进行交流变得越来越困难，向正确的处方者提供定制信息的能力至关重要。制药商平均每年要与高处方医生联系近 3000 次，但其中许多互动过于笼统，而且是在医生努力在更短的预约时间内提供更高质量的治疗时进行的[46]。

虽然有一个重大的机会使医疗服务提供者的体验更加个性化，但优化病人体验的潜力可能更大。艾维德新健康公司（Evidation Health）的首席数据科学家卢卡·福斯奇尼（Luca Foschini）认为，在网络广告和零售领域实现以客户为中心的原理也将从根本上改变病人的体验。"个性化在 10 年前完全缺失，而在 5 年前则知之甚少"，他说。[47]事实上，随着网飞（Netflix）和亚马逊等组织越来越精通数据，他们已经采用了预测性分析来挖掘用户的观看或阅读习惯，从而对未来的电影或书籍提出建议，进一步定制体验并改变消费者的期望[48]。

随着生物制药公司不断发展其分析能力，我们可以设想他们会采取类似的措施，直接在法规允许的范围内或通过与医疗服务提供者的合作来定制患者的体验。他们可以使用可穿戴数据并根据患者的健康状况为他们提供量身定制的互动方式，例如，促进患者坚持用药或改善睡眠卫生等健康行为。数据分析也可能是在疾病教育方面更直接地与患者联系的有价值的工具。通过从社交媒体（例如推特、脸书和优兔）挖掘元数据，生物制药公司可能会开始开发与患者讨论症状的方式相一致的疾病临床描述，然后可以使用该术语来开发更有意义的基于教育和患者的门户网站。

但是，对这些新方法感兴趣的生物制药公司必须谨慎行事。有关生物制药公司如何安全合法地与患者互动的指南仍在不断发展，并且有明确证据表明，患者需要未知品牌的信息，而不是与特定疗法相关的材料。事实上，成功与否部分取决于建立新的社会契约，使患者更愿意与医疗领域非提供者的利益相关者共享其个人数据[49]。

未来用途

随着制药公司全面整合外部和内部数据以回应利益相关者的需求并收集有关价值的产品证据，他们有机会建立新型的、数据丰富的伙伴关系，这种伙伴关系的交易性（销售药品）少，关联性大（涉及健康结果）（请参见"动态数据市场"）。这些内容包括第 7 章和第 8 章中介绍的新的风险分担模型，以及"药片之外"的服务模式，其中有知识产权的不是治疗方法而是算法。

考虑到生物制药可以与支付者合作，将支付者的理赔和授权数据与其专有的临床试验数据相结合，并开发算法来预测与使用新颖但未经测试的产品相关的货币影响以及潜在收益。生物制药公司可以拟订一个定价合同，保留定价的灵活性，这种基于分析的成果支付可以提高生物制药公司的生产率，加速有价值的成果数据的收集，同时创造收入。一个额外而重要的好处是：通过以这种方式分享数据，生物制药公司加强了与重要客户的关系。

一些公司已经开始涉足这一领域，例如维福药业公司（Vifor Pharma）和费森尤斯医药公司（Fresenius Medical Care）的合资企业维福-费森尤斯公司（Vifor Fresenius Medical Care Renal Pharma）正在开发基于结果的服务，以预测并最终预防慢性肾脏病患者的贫血。该服务取决于从实验室报告中收集的结构化数据。然而，随着诸如云计算和机器学习之类的技术的发展，未来的算法也将利用环境和个人数据[50]。

动态数据市场

生物制药公司本质上就是数据驱动的，因此一直以来都在关注收集数据以显示产品价值。然而，随着价值的定义已演变为包括真实世界的有效性和成本有效性，生物制药公司必须访问的数据种类已经改变。这种变化，再加上数据生成的数量、速度和种类方面的技术转变，进一步加速了已经充满活力的数据市场的变化。最终结果是一种掠夺心态，因为数据空间中的不同参与者都在试图掌握关键数据源和能力。一个典型的例子是：2016 年，昆泰医药公司和艾美仕市场研究公司以 90 亿美元的价格合并，创建了一个领先的真实世界证据和患者数据的聚合器[51]。

　　昆泰医药公司和艾美仕市场研究公司充分利用了支付者、药房收益管理者和医疗服务提供者的需求，使核心价值驱动力货币化。但是它并不是唯一采用这种策略的公司，许多不同的公司都在开发必要的工具和基础设施平台，以使数据能够更快地被收集、分析和用于日常商业决策。例如，西门子医疗公司（Siemens Healthineers）在 2016 年与 IBM 沃森健康部门签署了为期五年的合作协议，以开发一项数据驱动的人口健康服务。这只是 IBM 沃森健康自2015 年创建其以生命科学为重点的业务部门以来所促成的一系列数据驱动的交易之一，其收购对象包括储文医疗健康分析公司（Truven Health Analytics）、探索公司和融合医疗公司（Merge Healthcare）[52]。

　　除了 IBM，甲骨文和思科等其他信息技术巨头也将在不断增长的生命科学数据市场中分一杯羹视为创收的机会。在更具创新性的方面，诸如艾维德新健康、西凤健康（Zephyr Health）、维我（Veeva）和特里奥（Treato）等公司希望成为自己所在领域的主导者。

　　随着数据收集者、分析者和工具提供商的范围不断扩大，生物制药公司有众多合作伙伴可以选择。多方利益相关者联合体的建立进一步加速了这种扩展，这些联合体越来越多地包括公共和私人组织。例如，总部位于美国的非营利性健康保健成本研究所正在将支付者理赔数据和利用率数据结合起来，以提供有关美国医疗保健支出趋势的更全面的信息，同时多个政府正在帮助推动基因组数据收集计划，以加速精准医学的发展（请参阅第 4 章）[53]。

数据和分析的挑战

　　随着生物制药公司在数据分析方面获得专业知识，他们必须克服许多挑战（图 10-6）。这些挑战可分为以下几类：

　　• 数据整合：公司如何消除"数据孤岛"，并在整个组织中收集外部和内部数据？

　　• 数据质量：随着数据量的大幅增加，公司如何才能防止歪曲分析的数据不一致？

　　• 数据隐私：公司如何持续遵守隐私、法规和安全制度？

　　• 变化的步伐：随着该领域的快速发展，最大的回报在哪里？生物制药公司应如何投资？

●**组织和文化障碍**：在投资回报尚不明确的情况下，如何建立激励机制，促进数据优先的业务导向？

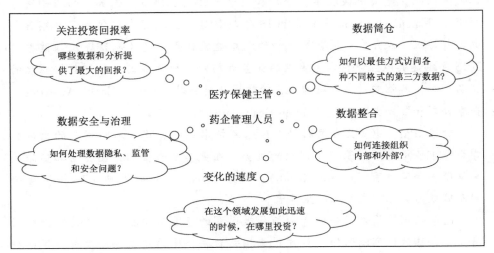

来源：安永分析

图10-6　阻碍更广泛地使用数据和分析的挑战

数据整合

前两个挑战（数据整合和数据质量）主要是技术上的障碍，有的公司已经开始解决，尽管进展缓慢。但由于健康数据生成的分散性（通过可穿戴设备、医疗记录、实验室测试和支付者理赔产生），第一步是获取相关数据。随着生物制药公司在上市后对真实世界的证据收集进行更多的投资，他们将自己产生其中一些数据。其他类型的数据，例如匿名电子病历信息或理赔数据，将通过与医疗服务提供者或支付者的合作关系获得。如前所述，生物制药公司已积极进入这一领域，但其他数据（例如空气质量预测或消费者搜索模式）也可以从包括信息技术参与者在内的第三方渠道购买。

除了获得所需数据，生物制药公司还必须创建一个通用平台——无论是通过第三方云还是内部仓库，以促进那些最重要的数据相互碰撞（图10-7）。共同的定位鼓励用户在不同类型的数据之间建立联系，这些数据在历史上被储存在组织内部或外部的独立数据池中。通过整合这些不同的数据流，我们的目标是将各个数据池变成更大的数据海洋。但是，即使是最先进的生物制药公司，目前的内部分析能力水平也使这一前景更像是一个理想的目标。

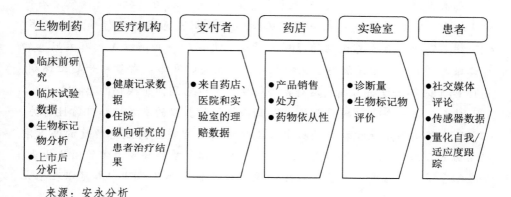

生物制药	医疗机构	支付者	药店	实验室	患者
●临床前研究 ●临床试验数据 ●生物标记物分析 ●上市后分析	●健康记录数据 ●住院 ●纵向研究的患者治疗结果	●来自药店、医院和实验室的理赔数据	●产品销售 ●处方 ●药物依从性	●诊断量 ●生物标记物评价	●社交媒体评论 ●传感器数据 ●量化自我/适应度跟踪

来源：安永分析

图 10-7 数据在医疗保健的多样化生态系统中仍然孤立

为了鼓励数据共享，尤其是在大型生物制药公司之间的数据共享，管理团队将需要开发一种以保持前后联系的方式持续构建数据的平台，即使因隐私法规而导致信息无法识别。这对于非结构化数据以及对患者健康有影响的非健康数据（例如，与哮喘或慢性阻塞性肺疾病患者的空气质量有关的环境数据）尤其重要。因此，在早期建立严格的数据管理协议很重要，包括使用主数据管理技术解决数据定义不一致的问题。实际上，麻省理工学院斯隆信息系统研究中心的研究人员建议大型公司考虑指定"数据支配者"，建立通用定义和数据管理协议，以确保安全、可靠、适当地处理数据[54]。

数据质量

为了使数据可用并产生新的见解，它必须具有高质量。对于生物制药数据团队而言，这并不是一个新问题，但数据量大及被存储于筒仓中的趋势使情况变得更糟。问题是，如果"小数据"不值得信赖，则拥有更大的数据池并不一定会有所帮助，而只会增加生物制药公司基于其分析得出错误结论的风险。此外，如果生物制药商要避免"垃圾数据进，垃圾数据出"的现象，他们必须积极避免美国东北大学和哈佛大学的研究人员所说的"大数据傲慢"，即"大数据是对传统收集和分析的替代，而不是补充"的现象[55]。（请参见"'谷歌流感趋势'意料之外的大数据教训"。）

"谷歌流感趋势" 意料之外的大数据教训

如第 1 章所述，"谷歌流感趋势"（GFT）旨在利用大数据（消费者在网络上搜索规定数量的流感相关词汇的频率）预测流感实时流行率。2013 年，GFT 明显高估了其流感预测的规模。对这一失误的一种解释是：有关流感的媒体报道增加，导致无流感症状的人对流感相关的网络搜索量增长超出预期。支持 GFT 的算法没有考虑到这种行为转变，所以它高估了疾病的患病率。

然而，另一个更大的问题与 GFT 用来评估的数据的有效性和可靠性有关。GFT 没有将美国疾病控制与预防中心提供的有关当前流感流行程度的高度准确的历史数据纳入其评估模型中。来自美国东北大学和哈佛大学的团队指出，如果结合了这些信息——基于实际的现场数据集，那么 GFT "本可以在很大程度上自行痊愈"[56]

虽然只是一个轶事，但 GFT 的例子说明了退后一步并确保任何数据集中的大数据也是正确数据的重要性。但不幸的是，此过程更像是一门艺术，而不是一门科学。事实上，大大小小的生物制药公司都在努力了解哪些数据对于产品开发的某个方面可能是最可靠和最有价值的。

验证健康数据并制定一致的标准来判断其可靠性是未来需要开展的两项基本研究。如果没有这样的能力，则存在非常现实的危险，即将分析应用于大量数据不会导致有趣或准确的发现，而是导致有缺陷结论的虚假相关性。在严格管制的健康领域中，这样不正确的判断可能会产生有害的后果，对患者和生物制药公司的声誉造成不利影响。这就是许多生物制药公司对投资大数据计划持谨慎态度的原因。目前，我们的工作重点集中在使用分析来改善高度确定人群中的目标发现过程和试验设计，在这些人群中，与数据集成相关的风险更易于管理。

数据隐私

在许多市场中，隐私法规要求医疗保健机构在共享信息之前先删除患者的身份信息，这可能会使进行最有可能带来最大投资回报的预测性和规范性分析变得更加困难，例如一家生物制药公司可能想要展示一种新的心血管药物的价值，该药物可能会与价格更便宜的老式仿制药竞争。它可以使用预测性和规范性分析来识别最有可能发生昂贵不良事件风险的 20% 的患者人群，并开始进行临床研究和观察性试验来展示其价值。但是要建构一幅完整的图景，该生物制药公司可能希望整合一系列不同的数据，例如从数字秤或活动跟踪器传输的信息。如果没有既定的数据管理和整合流程，就很难以有意义的方式组合数据和提供一个完整和可操作的图景。

　　生物制药公司也面临新的合规风险。来自不同组织的数据合并在一起后，仍然存在重新识别的风险，特别是当健康数据与政府信息（例如美国选民登记详细信息）相结合时。包括较小样本数量的汇总在内的数据管理技术对控制风险很有帮助[57]。

　　但是生物制药公司还必须审查自己的网络安全计划，以确保对存储在其组织内或云中的高度敏感的患者数据提供足够的保护措施。支持物联网的设备（如智能哮喘或血糖监测仪）生成的数据可能尤其脆弱，特别容易受到利用细节信息进行欺诈的网络犯罪分子的攻击[58]。事实上，即使没有黑客入侵，潜在的网络犯罪威胁也可能损害公司的声誉和产品收入。2015 年，赫士睿公司发生了这种情况，FDA 就其 Symbiq 药泵相关的软件漏洞发出了警告。尽管赫士睿公司最初致力于软件更新以防止远程黑客入侵，但它最终决定从市场上撤下该产品[59]。

　　尽管许多生物制药公司了解网络威胁带来的潜在商业风险，但安永公司在 2015 年进行的一项调查发现，不同生物制药公司的能力存在巨大差距。有趣的是，65% 接受调查的生命科学组织透露了他们的安全团队没有发现的重大网络事件。61% 的受访者还指出，他们没有专门的网络安全角色来关注与新兴技术相关的威胁。因为生物制药公司越来越依赖大数据，所以弥补这一能力差距将非常重要[60]。

　　变化的步伐

　　除了上述挑战，开发数据分析功能的生物制药公司还面临第四项主要挑战：变化的步伐。这可能令人惊讶，但就在五年前，电子病历还没有在整个医疗卫生系统得到广泛实施，可穿戴设备的使用也仅限于早期采用者。从那时起，简化数据访问和集成的支持技术取得了巨大的进步，现在已经有了理解信息所需的特定分析工具。在这种动态环境下，生物制药公司所面临的问题是，如何以灵活和可扩展的方式投资于数据分析。

　　这不是一个小问题，总的来说，这类信息技术需要数月甚至数年的时间才能实施，并且需要大量资本。鉴于目前技术标准和平台的变化速度，以及由于宏观经济力量的影响，生物制药商业模式本身也在不断发展，当一家生物制药公司创建内部分析引擎时，它将不再适合目标的风险。这是一个潜在的问题，因为行业中许多大型生物制药公司的收入增长速度已经放缓。

　　组织和文化障碍

　　在数据分析的改善和更好的市场表现之间建立直接联系，相对容易一些。不幸的是，证明数据价值的数据还不存在，一个例外也许是使用数据分析优化对主要的医疗服务提供者进行的营销。由于创建分析技术的潜在前期成本巨大，这种投资回报并不明显，从而进一步阻碍了加速投资的积极性。

　　此外，还有其他组织和文化障碍可能会限制对分析技术进行投资的意愿。大数据分析不是大多数生物制药公司的核心能力。传统上，数据专家坐在后台购买和操作数据库。数据并不被视为加快生物制药价值链各方面工作的战略必要条件。这种筒仓思维使得在整个生物制药公司中集成不同类型的数据变得更加困难，因此获得全部投资回报也很难。

　　生物制药公司也需要新的专家，特别是能够从各种结构化和非结构化数据中获取必要价值的科学家。这些科学家不仅了解不同类型数据的局限性，还能够快速建立预测模型以反映实时变化，例如在产品销售或临床试验患者招募方面。

　　具有这些能力的人是一种"稀有商品"：战略咨询公司麦肯锡预测，全球将有 150 万名数据科学家的超额需求[61]。由于许多数据科学家是数学或工程学专业的，他们也需要医疗卫生相关知识的专门培训[62]。

建立分析优先的组织：文化而非技术障碍

2015 年《麻省理工斯隆管理评论》（*MIT Sloan Management Review*）对近 3000 名不同行业的经理进行的调查发现，从分析中获取价值的主要障碍不是技术本身，例如数据管理或复杂的建模技能，而是将分析转化为实际行动，或者从大数据转变为更大的视野[63]。那么生物制药公司应该怎么做才能从其分析工作中充分获取价值并创造敏捷性呢？这是三个关键步骤：

- 使分析成为战略要务；
- 鼓励正确的行为；
- 尽可能灵活地合作。

分析是战略要务

廉价的计算能力、云计算以及由人工智能驱动的日益强大的算法是当前数据分析机会背后的主要技术驱动力。但是，这些技术进步应被视为成功的必要条件，而不是充分条件。首要目标是将一系列行为制度化，以促进将分析作为产生更好业务洞见的核心能力。只有当生物制药公司的高层领导将分析视为一项必要的战略时，这种彻底的行为改变才会发生。

这意味着需要有一位致力于分析计划的高管，他有能力主张提供资源，并在适当的时候把这个问题提交给董事会。此人可以是首席信息官（CIO）或首席数据官（CDO）。比起这个头衔，负责人阐明分析将如何支持整体业务战略的能力更重要。安永公司的首席分析官克里斯·马泽（Chris Mazzei）指出："我们看到许多组织纷纷采取行动，（但）不一定对价值将如何传递有明确的观点。"[64]事实上，首席信息官或首席数据官可以帮助连接正在进行的有趣试点，从而使公司可以减少重复工作，并将成功的计划应用到组织中的其他部门。

改变行为

管理的关键工作之一是创建激励措施，以促进整个组织中数据和分析工具的适当共享，这既是人员管理问题，又是技术问题。对于大型公司而言，加快流程的一种方法是优先考虑建立专注于开发某些关键分析流程的卓越中心。该高级管理团队将负责执行以下工作：开发用于数据治理和聚合的协议；将方法、工具和模型集中起来，以便在整个组织中轻松共享它们；为成功创建共享标准；促进新的创新。高级管理人员通过专注于此类活动，可以推动行为改变，促进建立一个将先前分析的结果纳入新的分析项目的环境。重要的是，使用这种方法的生物制药公司花费更少的时间搜索正确的数据和工具，而花费更多的时间执行分析，以制定重要的商业决策。

然而，要使这种方法成功，卓越中心的活动必须与实际业务紧密结合。拥有一支由数据科学家组成的团队来制定多个产品发布方案，然后将其交给生物制药品牌部门进行评估和实施，相比于销售人员和市场营销人员作为一个团队与分析师互动以制订精确的启动计划，成功的可能性较小。只有通过共同努力，分析师和业务组织才能相互建立信任，并在最终分析和业务单元的优先级之间建立明确的一致性。由于缺乏业务领导者和数据科学家之间的牢固工作关系，生物制药决策者确实有可能回归到以往的商业模式，其作出的决定不是由分析和证据驱动的，而是植根于他们先入为主的观念和历史偏见。

灵活性合作伙伴

规模较大的生物制药公司可以选择通过有机方式或通过收购来构建自己的内部能力。而规模较小、处于早期阶段的生物技术公司，由于资金限制，几乎肯定需要与合作伙伴一起获得数据、支持平台的分析工具和专业人才。然而，大公司有能力"独自行动"并不意味着他们应该这样做。构建一个强大的分析引擎需要大量的时间和金钱投资，以创建适当的基础设施和功能。技术的变化非常快，鉴于医疗市场的变化，对大公司而言存在着花费数亿美元创建无法使用或过时的平台的实际风险。

为了保持灵活性，公司应考虑是否可以将"即服务"模型应用于数据分析的各个方面（图10-8）。许多生物制药公司已经将其业务的某些部分外包，与第三方合作进行生产或研究，如化验开发。为什么不进行分析呢？

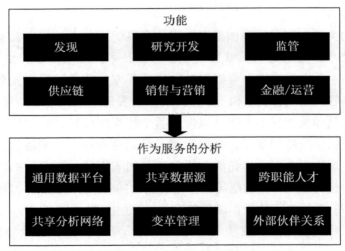

来源：安永分析

图10-8　建立具有分析能力的敏捷生物制药组织

公司可以与各种第三方合作，以根据其成熟度和生命周期获得最有价值的功能。处于后期临床试验中的商业前生物技术人员可以开始与商业分析专家合作，开发分析技术以优化即将推出的产品；只有少量产品的商业生物技术公司可能会与分析服务提供商合作，与关键卫生系统制定更多个性化的定价协议。更大的生物制药公司可能也有兴趣与更大的分析公司合作，将以患者为中心的数据整合到他们的临床试验设计中，因为这些数据应该在何时使用和如何使用的规则正在不断变化。简而言之，通过采用分析即服务的方法，生物制药公司可以根据其不断变化的需求，扩大或缩小其使用量。他们还可以通过与第三方签约来限制风险，这些第三方可以帮助产生分析洞见。

许多大型生物制药公司都将分析作为一种服务选项，并确定数据驱动的洞见是其业务的核心部分，因此他们需要"拥有"这些功能。事实上，那些真正想要实现"超越药片"的公司可能会发现，他们知识产权的重要组成部分是一种旨在于产品上市后最大程度地提高产品销量的算法。在这种情况下，公司将希望保留对该算法的完全控制权，这意味着必须保持其内部能力。

即使在这种情况下，鉴于在医疗中起作用的数据种类繁多，生物制药公司也需要与第三方建立伙伴关系，这至少意味着要在组织外部访问不同类型的相关数据，以便将其与内部数据进行组合，但是这也可能意味着与合作伙伴或供应商共享数据以创建新的商业模式，例如与支付者合作为新的昂贵药物创建基于结果的定价模型。随着寻求这种合作伙伴关系需求的增长，公司将希望构建这些协议，以控制产生数据驱动的洞见的过程。

结　论

数据和分析将是未来生物制药公司的核心竞争力。对于刚刚建立这些能力的公司而言，好消息是现在还为时不晚。那些了解数据和分析如何改善生物制药业务基本面并因此改变其做法的公司，将在竞争中脱颖而出。然而，要取得成功，管理团队必须专注于数据和分析如何加强公司药物的价值主张。通过这样做，他们可以主动避免被信息技术淘汰。信息技术通过面向消费者的设备和软件在健康数据生成方面发挥着越来越大的作用。正如生物制药开发的许多其他领域一样，从营销到定价再到联盟建设，环境决定着一切。

要点总结

• 数据以及支持数据的分析技术有可能为医疗保健行业的一些挑战找到新的解决方案。

- 随着商业模式越来越重视客户对药物价值的定义，结合新型数据以产生基于结果的洞见成为生物制药公司的一项基本技能。

- 大数据和分析将改变生物制药价值链的各个方面，尤其是商业实践。

- 分析功能的投资回报是直观的，但目前仍难以量化，尤其是在药物开发的早期阶段。

- 为了建立充分利用大数据的分析优先文化，生物制药公司必须具备或构建关键能力，包括用于整合和分析数据的工具。

- 在此过程中，生物制药公司的高管必须始终专注于他们想回答的问题，同时避免数据过多。最重要的问题是："我们真正想解决的业务问题是什么？"

- 为了取得成功，生物制药公司将需要采取投资组合的方法，根据疾病领域和竞争激烈的市场动态，将特定类型的大数据和分析工具结合起来。

结　论

　　席卷整个卫生系统和生物制药行业的"大势"为管理团队提出了严峻的挑战，但对那些能够适时调整其战略与商业模式的企业，这也意味着重要的机遇。这些"大势"包括：新的数字化技术的出现、医疗领域的新进入者、消费者不断增长的期望以及不断变化的支付方式等。我们通过研究认为，那些正在从线性价值创造意图向以患者为中心转变的生物制药公司，需要三个明显的转变，本书对此进行了深入的论述。

从以产品为中心向以患者为中心转变

- 企业未来成功与否，将取决于其是否能从关注产品属性的商业模式转向一个新模式，这一新模式要求企业关注患者需求，并深刻理解患者旅程（从诊断到后期的治疗）。这种理解要求企业不断倾听联系日益紧密的患者的声音，加强与患者组织的有效互动。
- 这种更深刻的理解将帮助企业辨别未满足的需求，推动产品研发和临床试验设计策略，并最终成为患者、医疗机构以及最关键的支付者等了解产品价值的基础。

Managing Biotechnology：*From Science to Market in the Digital Age*，First Edition. Françoise Simon and Glen Giovannetti.
© 2017 John Wiley & Sons, Inc. Published 2017 by John Wiley & Sons, Inc.

- 创建一个以患者为中心的组织需要领导层的承诺和所有职能部门的一致行动。为促进商业化，还应重点关注沟通与定价政策，在利益相关者之间建立信任。
- 从本质上看，精准医学是以患者为中心的策略，但已不再局限于配对诊断药物。相反，可以认为，精准医学涵盖了多种方法，包括那些利用数字技术和连接能力，使治疗能够更加精准地针对患者的需求，从而获得更好的治疗结果的方法。

从"单位"向"结果"转变

- 处于各个发展阶段的企业都必须接受这样一个现实：衡量成功的标准不再是消耗的单位数量，而是对所取得结果的整体看法。
- 对患者而言，结果将包括解决真实世界中未满足需求的有效性证据。对支付者而言，结果将包括在预算受限的情况下实现的成本补偿和药物的前期可负担性。
- 基于结果（或风险）的定价安排将变得更加普遍，付款将基于患者层面、系统层面或两者显著改善的结果。这一现实要求具有新的、多样化的数据来源。
- 生成这些数据将需要新的能力以及对成功的共同定义。重要的是，生物制药公司的数据要可信，其采用的商业策略不能降低外界对企业或其数据的信任。

从事务导向向关系导向转变

- 这些挑战的复杂性将要求生物制药公司与传统行业参与者和非传统合作伙伴如信息技术公司、支付者等建立更多、更多样化的战略关系。这样的关系将要求企业从专注短期收益最大化的交易思维，转向基于风险分担与利益共享的长期关系导向。
- 信息技术公司已经进入了医疗卫生领域，并有可能破坏既有关系和传统的生物制药商业模式。然而，出于对监管限制的担心，一些公司可能不愿意发展医疗联盟，这就限制了其可能获得的合作机会。
- 支付者是生物制药公司最重要的合作伙伴之一，他们的保险决策是产品取得商业成功的关键决定因素。然而，不同的支付者在疾病领域和价值定义方面均有所不同，这需要定制化的关系策略，并在坚实信任基础上建立更多的合作关系。

- 最后，要真正做到以患者为中心还要重建与消费者的信任关系。这意味着应对患者关系（尤其是慢性病患者）采取长期观点并据以作出相关决策，包括是否有意愿通过数字平台或其他方式。投资共创能够满足真实患者需求的解决方案、共享产品中立的健康信息。

参考文献

第 1 章

1. Evens R. , Kaitin K. , "The Evolution of Biotechnology and Its Impact on Health Care. " *Health Affairs.* 2015; 34 (2): 210–219.

2. Jinek M. et al. , "A Programmable Dual-RNA-Guided DNA Endonuclease in Adaptive Bacterial Immunity. " *Science.* 2012; 337 (6096): 816-821. See also Platt R. J. et al. , "CRISPR-Cas9 Knockin Mice for Genome Editing and Cancer Modeling. " *Cell.* 2014; 159 (2): 440–455. See also Ruby T. , Singh N. , "Realizing the Potential of CRISPR: Three Healthcare Executives Share Industry Perspectives on the Future of Genome Editing. " McKinsey, January 2017.

3. Paine J. et al. , "Improving the Nutritional Value of Golden Rice through Increased Pro-vitamin A Content. " *Nature Biotechnology.* 2005; 23 (4): 482-487. See also Simon F. , Kotler P. , *Building Global Biobrands: Taking Biotechnology to Market.* New York: Free Press; 2003; p. 4.

4. Greenwood J. , "Unleashing the Promise of Biotechnology to Help Heal, Fuel and Feed the World. " In: Shimasaki C. , ed. , *Biotechnology Entrepreneurship: Starting, Managing and Leading Biotech Companies.* Waltham, MA: Elsevier; 2004: 3–13. See also Friedman Y. , *Building Biotechnology.* Washington, DC: Logos Press; 2014.

Managing Biotechnology: From Science to Market in the Digital Age, First Edition. Françoise Simon and Glen Giovannetti.

5. Clark D. , Strumpf D. , "Tech Stalwarts Soar to New Highs. " *Wall Street Journal.* October 24, 2015; Eisen B. , Dieterich C. , "Apple Market Cap Tops ＄800 Billion. " *Wall Street Journal.* May 10, 2017; market cap for Johnson & Johnson, Capital IQ, May 2017.

6. World Health Organization, *MHealth: New Horizons for Health through Mobile Technologies.* Global Observatory for eHealth Series, volume 3, 2011; cited in IMS Health Research Institute, Patient Adoption of mHealth, September 2015.

7. PWC Health Research Institute, *Health Wearables: The Early Days.* 2014.

8. Dormehl L. , "Why the Anthem Security Breach Was Such a Wake-Up Call for the Health Industry. " *Fast Company.* February 6, 2015.

9. Steinberg D. , Horwitz G. , Zohar D. , "Building a Business Model in Digital Medicine. " *Nature Biotechnology.* 2015; 33 (9): 910-920.

10. Forrester Research, The State of Consumers and Technology: Benchmark 2015, US.

11. IMS Institute for Healthcare Informatics, Patient Adoption of mHealth, September 2015.

12. Steinberg D. , Horwitz G. , Zohar D. , "Building a Business Model in Digital Medicine. " *Nature Biotechnology.* 2015; 33 (9): 910-920.

13. Miller R. , "Proteus Seeks Pharma Partnerships for Ingestible Sensors. " *The Gray Sheet.* July 15, 2015.

14. Neil R. , "The Digital Healthcare Revolution Picks Up Speed. " *MedTech Insight.* July 14, 2015.

15. Etherington D. , "Apple Boasts over 3500 Apple Watch Apps Already Available. " TechCrunch Website. https://techcrunch. com/2015/04/27/apple-boasts-over-3500-apple-watch-apps-already-available/. Published April 27, 2015. Accessed April 18, 2017. Cited in Husson T. , "Beyond the Apple Watch Hype-Early Lesson for B2C Marketers. " June 22, 2015.

16. Michael O'Reilly, VP Medical Technology, Apple, interview by Françoise Simon and Ellen Licking, October 20, 2015.

17. O'Reilly interview, ibid. See also Apple, "Apple Announces New ResearchKit Studies for Autism, Epilepsy and Melanoma. " https://www. apple. com/pr/library/2015/10/15Apple-Announces-New-ResearchKit-Studies-for-Autism-Epilepsy-Melanoma. html. Published October 15, 2015. Accessed April 18, 2017; for CareKit, see Genes N. , "The First CareKit Apps Are Out. What's Next?", *Telemedicine Magazine*, March 7, 2017.

18. Jack Young, former leader of dRx Capital at Qualcomm, interview by Françoise Simon, September 16, 2015. Don Jones, Chief Digital Offificer, Scripps Translational Research Institute, interview by Françoise Simon, October 2, 2015; see also dRX Capital website, http://www. dRxcapital. com.

19. Simon F. , Kotler P. , *Building Global Biobrands*: *Taking Biotechnology to Market*, Free Press, New York, 2003; p. 35.

20. Paul Grundy, IBM Global Director of Healthcare Transformation, interview by Françoise Simon, October 22, 2015.

21. IBM Annual Report/SEC Form 10 K, February 24, 2015; see also IBM Annual Report 2016.

22. Apple, "Japan Post Group, IBM and Apple Deliver iPads and Custom Apps to Connect Elderly in Japan to Services, Family and Community. " https://www. apple. com/pr/library/2015/04/30Japan-Post-Group-IBM-and-Apple-Deliver-iPads-and-Custom-Apps-to-Connect-Elderly-in-Japan-to-Services-Family-and-Community. html. Published April 30, 2015. Accessed April 18, 2017.

23. Medtronic, "IBM and Medtronic Partner to Improve Diabetes Care. " http://newsroom. medtronic. com/phoenix. zhtml? c = 251324&p = irol-newsArticle&ID = 2034597. Published April 13, 2015. Accessed April 18, 2017.

24. Rubenfifire A. , "IBM's Watson Targets Cancer and Enlists Prominent Providers in the Fight. " *Modern Healthcare*. May 5, 2015.

25. Lohr S. , "Google to End Health Records Service after It Fails to Attract Users. " *New York Times*. June 24, 2011. Available at http://www. nytimes. com/2011/06/25/technology/25health. html? _ r=1. Accessed April 18, 2017.

26. Verel D. , "Google to Reshape How It Provides Health Information, Mayo Clinic Joins as Partner," *MedCity News*. http://medcitynews. com/2015/02/google-seeks-bring-accuracy-online-health-information/. Published February 10, 2015. Accessed April 18, 2017.

27. Ginsberg J. et al. , "Detecting Inflfluenza Epidemics Using Search Engine Query Data. " Nature 2009; 457 (7232): 1012-1014. Available at http://www. nature. com/nature/journal/v457/n7232/full/nature07634. html. Accessed April 18, 2017. See also Lazer D. , Kennedy R. , King G. , Vespignani A. , "The Parable of Google Flu Traps in Big Data Analysis. " *Science*. March 14, 2014; 343: 1203 – 1205. Available at https://gking. harvard. edu/fifiles/gking/fi-files/0314policyforumff. pdf. Accessed April 18, 2017. Cited in Hopkins B. , "Google Flu Trends-A Big Data Fail? Not Exactly. " *Forrester Research*. https://www. forrester. com/Google+Flu+Trends + A + Big + Data + Fail + Not + Exactly/fulltext/-/E-RES116507. Published June 20, 2014. Accessed April 18, 2017.

28. Sanofifi, "Sanofifi to Collaborate with Google Life Sciences to Improve Diabetes Health Outcomes. " http://www. news. sanofifi. us/2015-08-31-Sanofifi-to-Collaborate-with-Google-Life-Sciences-to-Improve-Diabetes-Health-Outcomes. Published August 31, 2015. Accessed April 18, 2017; see also Roland D. , Landauro I. , "Companies Join to Fight Diabetes", *Wall Street Journal*, Sep-

tember 13, 2016.

29. Comstock J., "DexCom Taps Google for Smaller, Cheaper Diabetes Devices." *MobiHealthNews*. http://mobihealthnews. com/46008/dexcom-taps-google-for-smaller-cheaper-diabetes-devices/ . Published August 11, 2015. Accessed April 18, 2017.

30. Winslow R., "Google Joins Heart Research Effort." *Wall Street Journal*. November 9, 2015: B5. See also "Google to Collect Data to Defifine Healthy Human." *Wall Street Journal*. July 24, 2014. Available at http://online. wsj. com/articles/google-to-collect-data-to-defifine-healthy-human-1406246214. Accessed April 18, 2017. See also "Johnson & Johnson Announces Formation of Verb Surgical Inc, in Collaboration with Verily", press release December 10, 2015. Available at https://www. jnj. com/media-center/press-releases/johnson-johnson-announces-formation-of-verb-surgical-inc-in-collaboration-with-verily. Accessed July 8, 2017.

31. GSK, "GSK and Verily to Establish Galvani Bioelectronics-A New Company Dedicated to the Development of Bioelectronic Medicines." http://us. gsk. com/en-us/media/press-releases/ 2016/ gsk-and-verily-to-establish-galvani-bioelectronics-a-new-company-dedicated-to-the-development-of-bioelectronic-medicines. Published August 1, 2016. Accessed April 18, 2017.

32. Calico, "AbbVie and Calico Announce a Novel Collaboration to Accelerate the Discovery, Development and Commercialization of New Therapies." http://www. calicolabs. com/news/ 2014/09/03/. Published September 3, 2014. Accessed April 18, 2017.

33. GV Portfolio (https://www. gv. com/portfolio/) and Google Capital company data (https:// www. capitalg. com).

34. Macmillan D., "Google Backs Health Insurance Start-Up." *Wall Street Journal*. September 7, 2015: B1, B8.

35. Caradigm, "Caradigm Partners with Eliza Corporationto Improve Patient OutcomesCare Effifi-ciency." https://www. caradigm. com/en-us/news-and-events/caradigm-partners-with-eliza-corporation-to-improve-patient-outcomes-care-effifiency/. Published April 13, 2015. Accessed April 18, 2017.

36. Robinson M., "Johns Hopkins Joins Forces with Microsoft to Improve Critical Care." http://www. microsoft. com/en-us/health/blogs/johns-hopkins-joins-forces-with-microsoft-to-improve-critical-care/default. aspx # fbid = QY6nldkv8EJ. Published October 19, 2015. Accessed April 18, 2017. See also Chase D., "Microsoft Ends Another Vertical Market Dalliance—This Time in Healthcare." *TechCrunch*. http://techcrunch. com/2011/12/10/microsoft-ends-dalliance-healthcare/. Published December 10, 2011. Accessed April 18, 2017.

37. Tan T., "Big Pharma Helps Pour $900 Million Into Grail", MedTech Insight, March 1, 2017. Available at https://medtech. pharmamedtechbi. com/MT104520/Big-Pharma-Helps-

Pour- $ 900m-Into-Grail. Accessed July 8, 2017.

38. Friend S. , "App-Enabled Trial Participation: Tectonic Shift or Tepid Rumble?" *Science Transla-tional Medicine*. 2015; 7 (297): 297ed10.

第2章

1. Hay M. et al. , "Clinical Development Success Rates for Investigational Drugs. " *Nature Biotech-nology*. 2014; 32 (1): 40-51.

2. Mathers E. , "If You Build It, Will It Matter?" *Beyond Borders: Matters of Evidence*. EY Bio-technology Annual Report. 2013; 5. Available at http://www. ey. com/Publication/vwLUAssets/ Beyond_ borders/ $ FILE/Beyond_ borders. pdf. Accessed April 19, 2017.

3. Pharmaceutical Research and Manufacturers of America (PhRMA), *Medicines in Development: Biologics* 2013 *Report*. Washington, DC: PhRMA 2013; 6. Available at http://phrma. org/sites/ default/fifiles/pdf/biologicsoverview2013. pdf. Accessed April 19, 2017.

4. Tufts Center for the Study of Drug Development, *How the Tufts Center for the Study of Drug Devel-opment Pegged the Cost of a New Drug at $ 2. 6 Billion*. Boston: Tufts University; 2014. Available at http://csdd. tufts. edu/fifiles/uploads/cost_ study_ backgrounder. pdf. Accessed April 19, 2017.

5. Data derived from the respective companies' fifinancial statements, available at US Securities and Exchange Commission Website, EDGAR Company Search. http://www. sec. gov/edgar/ searchedgar/companysearch. html. Accessed April 19, 2017.

6. Bosley K. , "Life of a Start-up CEO: Priorities and Preparation. " In: EY, *Beyond Borders: Reaching New Heights. Biotechnology Industry Report* 2015. Available at http://www. ey. com/ Publication/vwLUAssets/EY-beyond-borders-2015/ $ FILE/EY-beyond-borders-2015. pdf. Accessed April 19, 2017.

7. EY analysis based on data from Capital IQ and VentureSource databases.

8. Bosley K. , "Life of a Start-up CEO: Priorities and Preparation. " In: EY, *Beyond Borders: Reaching New Heights. Biotechnology Industry Report* 2015. Available at http://www. ey. com/ Publication/vwLUAssets/EY-beyond-borders-2015/ $ FILE/EY-beyond-borders-2015. pdf. Acc-essed April 19, 2017.

9. Mass Medical Angels MA2 Website. http://www. massmedangels. com/. Accessed April 19, 2017. See also Life Sciences Angels Website. http://lifescienceangels. com/about/. Accessed A-pril 19, 2017.

10. Sohl J. , "The Angel Investor Market in Q1Q2 2015: Modest Changes in Deals and Dollars. " Center for Venture Research. https://paulcollege. unh. edu/sites/paulcollege. unh. edu/fifiles/ webform/Q1Q2% 202015% 20Analysis% 20Report% 20FINAL. pdf. Published January 15,

2016. Accessed April 19, 2017.

11. Timmerman L. , "Crowdfunding Is Coming to Biotech, so Get Ready for a Wild Ride. " *Xconomy*. http://www. xconomy. com/national/2013/01/28/crowdfunding-is-coming-to-biotech-so-get-ready-for-a-wild-ride/. Published January 28, 2013. Accessed April 19, 2017.

12. Bancroft D. , "Biotech Crowdfunding in Europe: Trendy but Only 0. 2% of Total VC Money Raised since 2010. " Labiotech. European Biotech News Website. http://labiotech. eu/biotech-crowdfunding-in-europe-trendy-but-only-0-2-of-total-vc-money-raised-since-2010/. Published July 9, 2015. Accessed April 19, 2017. See also Kelly E. , "Life Science Start-Ups Turning to Crowdfunding," Science Business News Website. http://www. sciencebusiness. net/news/77188/Life-science-start-ups-turning-to-crowdfunding. Published September 10, 2015. Accessed April 19, 2017.

13. EY analysis based on various primary data sources, including review of thefifinancial statements included in the relevant IPO documents and Capital IQ and VentureSource databases.

14. Booth B. , "Debunking Corporate Venture Capital in Biotech. " Life Sci VCWebsite. https://lifescivc. com/2011/09/debunking-corporate-venture-capital-in-biotech/. Published September 15, 2011. Accessed April 19, 2017.

15. Google Ventures (GV) Life Sciences Portfolio Investments Website. https://www. gv. com/portfolio/#life. Accessed June 2016.

16. WebMD, "Cystic Fibrosis—Topic Overview. " http://www. webmd. com/children/tc/cystic-fi-fibrosis-topic-overview. Accessed April 19, 2017.

17. Cystic Fibrosis Foundation Website, "CF Foundation Venture Philanthropy. " https://www. cff. org/Our-Research/Our-Research-Approach/Venture-Philanthropy/. Accessed April 19, 2017.

18. Aurora Biosciences Corporation Form 10-K for Year ended December 31, 1999. http://www. sec. gov/Archives/edgar/data/1010919/000091205700011002/0000912057-00-011002. txt. Accessed April 19, 2017.

19. Pollack A. , "Deal by Cystic Fibrosis Foundation Raises Cash and Some Concern. " *New York Times*. November 19, 2014. Available at https://www. nytimes. com/2014/11/19/business/for-cystic-fifibrosis-foundation-venture-yields-windfall-in-hope-and-cash. html? _ r = 0. Accessed April 19, 2017.

20. Walker J. , Rockoff J. , "Cystic Fibrosis Foundation Sells Drug's Rights for $ 3. 3 Billion: The Biggest Royalty Purchase Ever Reflflects Group's Share of Kalydeco Sales. " *Wall Street Journal*. November 19, 2014. Available at http://www. wsj. com/articles/cystic-fifibrosis-foundation-sells-drugs-rights-for-3-3-billion-1416414300? alg=y. Accessed April 19, 2017.

第3章

1. Czerpak E. A. , Ryser S. , "Drug Approvals and Failures: Implications for Alliances." *Nature Reviews Drug Discovery.* 2008; 7: 197-198.

2. Booth B. , "Transformational Late Stage Drugs Delivered through Deal-Making," *Life Sci* VC Website. http://lifescivc. com/2014/03/transformational-late-stage-drugs-delivered-through-deal-making/. Published March 21, 2014. Accessed April 20, 2017.

3. Berkrot B. , "Success Rates for Experimental Drugs Falls: Study." Reuters Health News Website. http://www. reuters. com/article/us-pharmaceuticals-success-idUSTRE71D2U920 110214. Published February 14, 2011. Accessed April 20, 2017.

4. Lo A, Pisano G. , "Lessons from Hollywood: A New Approach to Funding R&D." *MIT Sloan Management Review.* 2015; 57 (2). Bernal L. , "Why Pharma Must Go Hollywood." The Scientist. 2017; 21 (2): 42-45.

5. Morgan Stanley Research, "Pharmaceuticals: Exit Research and Create Value." January 20, 2010.

6. Bluestein A. , "Will Johnson & Johnson's New Innovation Centers Point the Way Toward Its Future?" *Fast Company.* http://www. fastcompany. com/3025556/keeping-up-with-the-johnsons. Published January 20, 2010. Accessed April 20, 2017. Senior M. , "J&J Courts Biotech in Clusters." *Nature Biotechnology.* 2013; 31; 769-770.

7. Index Ventures, "Index Ventures Launches New € 150 Million Life Sciences Fund." https://indexventures. com/news-room/news/index-ventures-launches-new-% E2% 82% AC150m-life-sciences-fund. Published March 21, 2012. Accessed April 20, 2017.

8. Jarvis J. , "Pfifizer's Academic Experiment." *Chemical & Engineering News.* 2012; 90 (40): 28-32. http://cen. acs. org/articles/90/i40/Pfifizers-Academic-Experiment. html. Accessed April 20, 2017.

9. UCB Pharma, "UCB Leads Epilepsy Hackathon to Support Patient Needs through Digital Tools and Services. " http://www. cureepilepsy. org/downloads/articles/UCB-hackathon. pdf. Published February 18, 2015. Accessed April 20, 2017.

10. EY, "Firepower Index and Growth Gap Report 2016." http://www. ey. com/GL/en/Industries/Life-Sciences/EY-vital-signs-fifirepower-index-and-growth-gap-report-2016. Accessed April 20, 2017.

11. For example, the page on Merck's website that describes licensing, available at http://www. merck. com/licensing/home_ licensing. html. Accessed April 20, 2017.

12. Carroll J. , "Novartis Options Proteon Therapeutics for $ 550 M." FierceBiotech Website. http://www. fifiercebiotech. com/story/novartis-options-proteon-therapeutics-550m/2009-03-

05. Published March 5, 2009. Accessed April 20, 2017.

13. Carroll J. , "Constellation Inks $95 M Discovery Deal, Buyout Option with Genentech. " Fierce-Biotech Website. http://www. fifiercebiotech. com/story/constellation-inks-95m-discovery-deal-buyout-option-genentech/2012-01-16. Published January 16, 2012. Accessed April 20, 2017. Fidler B. , "Constellation Pharma Plots IPO Run as Genentech Passes on Buyout Deal. " Xconomy Website. http://www. xconomy. com/boston/2015/08/24/constellation-pharma-plots-ipo-run-as-genentech-passes-on-buyout-deal/. Published August 24, 2015. Accessed April 20, 2017.

14. McBride R. , "Updated: Fueled by Sanofifi, Warp Drive Bio Takes off with $125 M Deal. " FierceBiotech Website. http://www. fifiercebiotech. com/story/fueled-sanofifi-warp-drive-bio-takes-125m-deal/2012-01-10. Published January 10, 2012. Accessed April 20, 2017.

15. Genentech, "Genentech and Roche Holding Ltd. Form Pioneering Relationship; Roche to Own 60 Percent of an Independent Genentech. " http://www. gene. com/media/press-releases/4305/1990-02-02/genentech-and-roche-holding-ltd-form-pio. Published February 2, 1990. Accessed April 20, 2017.

16. Genentech, "Genentech Stockholders Approve Roche's Extended Buyout Option. " http://www. gene. com/media/press-releases/4728/1995-10-25/genentech-stockholders-approve-roches-ex. Published October 25, 1995. Accessed April 20, 2017.

17. Infinity Pharmaceuticals, "Infinity Announces Global Strategic Alliance with Purdue Pharma and Mundipharma Encompassing Infifinity's Early Clinical and Discover Programs. " Nasdaq Global-Newswire Website. https://globenewswire. com/news-release/2008/11/20/388767/155 108/en/Infinity-Announces-Global-Strategic-Alliance-With-Purdue-Pharma-and-Mundipharma-Encompassing-Infifinity-s-Early-Clinical-and-Discovery-Programs. html. Published November 20, 2008. Accessed April 20, 2017.

18. Pierson R. , "Sanofifi to Buy 12 Percent of Alnylam, Expands Rare-Disease Drug Deal. " Reuters Website. http://www. reuters. com/article/us-sanofifi-alnylam-idUSBREA0C07K20140 113. Published January 13, 2014. Accessed April 20, 2017.

19. Roche, "Roche Enters a Broad Strategic Collaboration with Foundation Medicine in the Field of Molecular Information in Oncology. " http://www. roche. com/media/store/releases/med-cor-2015 01-12. htm. Published January 12, 2015. Accessed April 20, 2017.

20. Menzel G. , Xanthopoulos K. , "Securing a Partner Is Only the Beginning—You then Have to Put Substantial Effort and Resources into Keeping the Collaboration Functioning and Productive. " Bioentrepreneur (Nature Biotechnology) Website. http://www. nature. com/bioent/2012/120201/full/bioe. 2012. 2. html. Published February 23, 2012. Accessed April

20, 2017.

第 4 章

1. Personalized Medicine Coalition, *The Case for Personalized Medicine*. 4th ed. Washington, DC: Personalized Medicine Coalition; 2014. Available at http://www. personalized-medicinecoalition. org/Userfifiles/PMC-Corporate/fifile/pmc_ the _ case _ for _ personalized _ medicine. pdf. Accessed April 21, 2017.

2. Biotechnology Industry Organization, Biomedtracker, Amplion. *Clinical Development Success Rates*: 2006-2015. Report, June 2016. Available at https://www. bio. org/sites/default/fifiles/ Clinical% 20Development% 20Success% 20Rates% 202006-2015% 20-% 20BIO,% 20Biomedtracker,% 20Amplion%202016. pdf. Accessed April 21, 2017.

3. About the Precision Medicine Initiative Cohort Program, National Institutes of Health webpage (https://www. nih. gov/precision-medicine-initiative-cohort-program).

4. Naylor S., "What's in a Name? The Emergence of P-Medicine." The Journal of Precision Medicine. October/November 2015; 15-29. Available at http://www. thejournalofpreci-sionmedicine. com/wp-content/uploads/2015/10/NAYLOR. pdf. Accessed April 21, 2017.

5. Mara Aspinall, Executive Chairman of GenePeeks and CA Therapeutics and cofounder of the School of Biomedical Diagnostics, personal correspondence, February 2016.

6. Tozzi J., "Drugs Could Soon Come with a Money-Back Guarantee." *Bloomberg Businessweek*, October 8, 2015. Available at http://www. bloomberg. com/news/articles/2015-10-08/drugs-could-soon-come-with-a-money-back-guarantee. Accessed April 21, 2017.

7. Senior M., "How Patients Are Transforming Pharma R&D." In Vivo Website. Published May 9, 2016. https://invivo. pharmamedtechbi. com/IV004513/How-Patients-Are-Transforming-Pharma-RampD. Accessed April 21, 2017.

8. National Institute for Health and Care Excellence, Technology Appraisal Guidance, 2014. https://www. nice. org. uk/process/pmg19/chapter/1-acknowledgements.

9. Kolata G., "F. D. A. Approves Repatha, a Second Drug for Cholesterol in a Potent New Class." *New York Times*. August 27, 2015. Available at http://www. nytimes. com/2015/08/28/health/fda-approves-another-in-a-new-class-of-cholesterol-drugs. html? _ r = 0. Accessed April 21, 2017.

10. Hirschler B., "New Heart Drugs Struggle to Win Sales as Doctors Hold Back." Reuters Health News Website. http://www. reuters. com/article/us-health-heart-drug-idUSKCN0XI0T6. Published April 21, 2016. Accessed April 21, 2017.

11. Lincoln Nadauld, Director, Cancer Genomics at InterMountain Healthcare, personal correspon-

dence, February 2016.

12. Nadauld L. et al. , "Precision Medicine to Improve Survival Without Increasing Costs in Advanced Cancer Patients. " *Journal of Clinical Oncology*. 2015; 33. (suppl; abstr e17641). Available at http://meetinglibrary. asco. org/content/152750-156. Accessed April 21, 2017.

13. Kaiser Permanente, "Connectivity: Comprehensive Health Information at Your Fingertips. " https://share. kaiserpermanente. org/total-health/connectivity/. Accessed April 21, 2017.

14. Minor L. , "We Don't Just Need Precision Medicine, We Need Precision Health. " *Forbes*. http://www. forbes. com/sites/valleyvoices/2016/01/06/we-dont-just-need-precision-medicine-we-need-precision-health/# 60f6ddb6415e. Published January 6, 2016. Accessed April 21, 2017.

15. US Food and Drug Administration, "FDA Approves New Pill to Treat Certain Patients with Non-Small Cell Lung Cancer. " http://www. fda. gov/NewsEvents/Newsroom/PressAnnouncements/ucm472525. htm. Published November 13, 2015. Accessed April 21, 2017.

16. Boggs J. , "AstraZeneca Concedes NSCLC Drug Iressa in U. S. Withdrawal. " BioWorld Website. http://www. bioworld. com/content/astrazeneca-concedes-nsclc-drug-iressa-us-withdrawal. Published May 29, 2012. Accessed April 21, 2017.

17. Dennis B. , Bernstein L. , "Cancer Trials Are Changing. That Could Mean Faster Access to Better Drugs. " *The Washington Post*. June 1, 2015. Available at https://www. washingtonpost. com/national/health-science/paradigm-change-in-the-development-of-cancer-drugs/2015/06/01/09fcb4c4-086e-11e5-95fd-d580f1c5d44e_ story. html. Accessed April 21, 2017.

18. "The Top 15 Best-Selling Drugs of 2016," *Genetic Engineering News*, March 6, 2017. Available at http://www. genengnews. com/the-lists/the-top-15-best-selling-drugs-of-2016/77900868.

19. US Food and Drug Administration, "FDA Approves First Companion Diagnostic to Detect Gene Mutation Associated with a Type of Lung Cancer. " May 13, 2014.

20. Staton T. , "BMS' Opdivo Gets a Jump on Keytruda with Another Early FDA Approval. " FiercePharma Website. http://www. fifiercepharma. com/regulatory/bms-opdivo-gets-a-jump-on-keytruda-another-early-fda-approval. Published October 12, 2015. Accessed April 21, 2017.

21. Loftus P. , Rockoff J. , Steele A. , "Bristol Myers: Opdivo Failed to Meet Endpoint in Key Lung-Cancer Study. " *Wall Street Journal*. August 5, 2016. Available at http://www. wsj. com/articles/bristol-myers-opdivo-failed-to-meet-endpoint-in-key-lung-cancer-study-14704009 26. Accessed April 21, 2017. See also U. S. Food & Drug Administration, "FDA Approves First Cancer Treatment for Any Solid Tumor with a Specifific Genetic Feature. " U. S. Department of Health and Human Services website. Published May 23, 2017. Available at https://www. fda. gov/newsevents/newsroom/pressannouncements/ucm560167. htm. Accessed July 17, 2017.

22. Rockoff J. , Loftus P. , "Bristol-Myers Bucks Trend Toward Precision Medicine. " *Wall Street Journal*. March 13, 2016. Available at http://www. wsj. com/articles/bristol-bucks-trend-toward-precision-medicine-1457912801. Accessed April 21, 2017.

23. Armour A. , Watkins C. , "The Challenge of Targeting EGFR: Experience with Gefifitinib in Non-Small Cell Lung Cancer. " *European Respiratory Review*. 2010; 19: 186-196. Available at http://err. ersjournals. com/content/19/117/186. Accessed April 21, 2017.

24. De Bock A. , "Iressa (gefifitinib): The Journey. " A presentation by AstraZeneca Portfolio Leader Oncology/Infection Anne De Bock, May 2011. Available at https://ec. europa. eu/research/health/pdf/event06/12052011/anne-debock_ en. pdf. Accessed April 21, 2017.

25. Schattner E. , "Companion Diagnostics? For Cancer Care, We Need Better Ones. " *Forbes*. http://www. forbes. com/sites/elaineschattner/2015/11/19/companion-diagnostics-why-we-need-more-and-better-ones-to-optimize-cancer-care/#5b2ce2996003. Published November 19, 2015. Accessed April 21, 2017.

26. Relling M. , Evans W. , "Pharmacogenomics in the Clinic. " Nature. 2015; 526: 343-350. Available at http://www. nature. com/nature/journal/v526/n7573/full/nature15817. html. Accessed April 21, 2017.

27. Audette J. , "Biomarker Trends: 73% Growth in the Use of Companion Diagnostic Biomarkers. " Amplion Website. http://www. amplion. com/biomarker-trends/73-growth-in-use-of-companion-diagnostic-biomarkers/. Published October 19, 2015. Accessed April 21, 2017.

28. Getz K. , Stergiopoulos, Kim J. Y. , "The Adoption and Impact of Adaptive Trial Designs. " R&D Senior Leadership Brief. Boston, MA: Tufts Center for the Study of Drug Development, February 13, 2013. Available at https://www. iconplc. com/icon-fifiles/docs/thought-leadership/premium/TuftsCSDD _ Adaptive-Design-Trials-Sr-Mgmt-Brief _ May2013. pdf. Accessed April 21, 2017. See also Woodcock J. , Lavange L. , "Master Protocols To Study Multiple Therapies, Multiple Diseases, Or Both. " *New England Journal Of Medicine* 2017; 377: 62-70. Accessed July 17, 2017.

29. Schork N. , "Personalized Medicine: Time for One-Person Trials. " *Nature*. 2015; 520: 609-611. Available at http://www. nature. com/news/personalized-medicine-time-for-one-person-trials-1. 17411. Accessed April 21, 2017. See also Demeyin W. et al. , "N of 1 Trials and the Optimal Individualisation of Drug Treatments: A Systematic Review. " *Systematic Reviews* 2017 6: 90. Accessed July 17, 2017.

30. Hayes D. et al. , "Breaking a Vicious Cycle. " *Science Translational Medicine*. 2013; 5, 196cm6.

31. Schork N. , "Personalized Medicine: Time for One-Person Trials. " *Nature*. 2015; 520: 609-611. Available at http://www. nature. com/news/personalized-medicine-time-for-one-person-

trials-1. 17411. Accessed April 21, 2017.

32. Food & Drug Administration. *In Vitro Companion Diagnostic Devices: Guidance for Industry and Food and Drug Administration Staff.* Rockville, MD: US Department of Health and Human Services, August 6, 2014. Available at http://www. fda. gov/downloads/MedicalDevices/DeviceRegulationandGuidance/GuidanceDocuments/UCM262327. pdf. Accessed April 21, 2017.

33. Pothier K. , Gustavsen G. , "Combating Complexity: Partnerships in Personalized Medicine. " *Personalized Medicine.* 2013; 10 (4): 387-396.

34. Hayes D. et al. , "Breaking a Vicious Cycle. " *Science Translational Medicine.* 2013; 5, 196cm6.

35. National Institute of Health and Care Excellence, "EGFR-TK Mutation Testing in Adults with Locally Advanced or Metastatic Non-Small-Cell Lung Cancer. " NICE Diagnostics Guidance. https://www. nice. org. uk/guidance/dg9/chapter/3-Clinical-need-and-practice. Published August 2013. Accessed April 21, 2017.

36. Domchek S. M. et al. , "Multiplex Genetic Testing for Cancer Susceptibility: Out on the High Wire Without a Net?" *Journal of Clinical Oncology.* 2013; 31 (10): 1267-1270.

37. Thermo Fisher Scientifific, "Thermo Fisher Scientifific Signs Development Agreement for Next-Generation Sequencing-Based Companion Diagnostic. " http://news. thermofifisher. com/press-release/life-technologies/thermo-fifisher-scientifific-signs-development-agreement-next-genera-tion. Published November 18, 2015. Accessed April 21, 2017.

38. Global Genomics Group, "Global Genomics Group (G3) Partners with Sanofifi to Identify New Signaling Pathways in Atherosclerotic Cardiovascular Diseases. " PR Newswire Website. http://www. prnewswire. com/news-releases/global-genomics-group-g3-partners-with-sanofifi-to-identify-new-signaling-pathways-in-atherosclerotic-cardiovascular-diseases-300195 426. html. Published January 5, 2016. Accessed April 21, 2017.

39. Human Longevity, Inc. , "Human Longevity, Inc. Announces 10 Year Deal with AstraZeneca to Sequence and Analyze Patient Samples from AstraZeneca Clinical Trials. " http://www. human-longevity. com/human-longevity-inc-announces-10-year-deal-with-astrazeneca-to-sequence-and-analyze-patient-samples-from-astrazeneca-clinical-trials/. Published April 21, 2016. Accessed April 21, 2017. See also Mack H. , "Verily, Stanford, and Duke Kick Off Project Baseline Study to Develop Broad Reference to Human Health. " *Mobihealth News*, April 20, 2017. Available at: http://www. mobihealthnews. com/content/verily-stanford-and-duke-kick-project-baseline-study-develop-broad-reference-human-health. Accessed July 17, 2017.

40. Lung-MAP Clinical Trial, http://www. lung-map. org. Accessed April 21, 2017.

41. US Food & Drug Administration Biomarker Qualifification Program, https://www. fda. gov/Drugs/DevelopmentApprovalProcess/DrugDevelopmentToolsQualifificationProgram/Biomarker-

Qualififfication Program/default. htm. Accessed April 21, 2017.

42. About PrecisionFDA, https://precision. fda. gov/about. Accessed April 21, 2017.

43. Mike Capone, COO, Medidata, personal correspondence, March 7, 2016.

44. Molteni M. , "Medicine Is Going Digital. The FDA Is Racing to Catch Up. " *Wired.* Published May 22, 2017. https://www. wired. com/2017/05/medicine-going-digital-fda-racing-catch. Accessed July 17, 2017. See also European Medicines Agency, "*Work Programme* 2016. London: European Medicines Agency. July 5, 2016. Available at http://www. ema. europa. eu/docs/en _ GB/document_ library/Work_ programme/2016/03/WC500202857. pdf. Accessed April 21, 2017.

45. Foundation Medicine, "IMS Health and Foundation Medicine Announce Collaboration to Optimize Targeting of Precision Therapies in Oncology. " http://investors. foundationmedicine. com/releasedetail. cfm? releaseid=918859Published June 22, 2105. Accessed April 24, 2017.

46. Oracle, "Oracle Powers Precision Medicine Delivery with New Solution Connecting Research, Pathology and Clinical Care. " https://www. oracle. com/corporate/press/oracle-precision-medicine 012516. html. Published January 25, 2016. Accessed April 24, 2017.

47. National Academies of Sciences, Engineering, Medicine, "Roundtable on Genomics and Precision Health. " http://www. nationalacademies. org/hmd/Activities/Research/GenomicBasedResearch. aspx. Accessed April 24, 2017.

48. Independence Blue Cross, "Independence Blue Cross Becomes First Major Insurer to Cover Next-Generation Whole Genome Sequencing for a Variety of Cancers. " http://news. ibx. com/independence-blue-cross-becomes-fifirst-major-insurer-to-cover-next-generation-whole-genome-sequencing-for-a-variety-of-cancers/.) Published January 11, 2016. Accessed April 24, 2017.

49. Buzyn A. , "How INCa Is Supporting the Development of Personalized Medicine. " Presented at WIN2013, July 10-12, 2013. Available at http://www. winsymposium. org/wp-content/uploads/2013/07/WIN2013_ Agnes-Buzyn-REVISED. 190713. pdf. Accessed April 24, 2017.

50. Personalized Medicine Coalition, *The Case for Personalized Medicine.* 4th ed. Washington, DC: Personalized Medicine Coalition; 2014. Available at http://www. personalizedmedicinecoalition. org/Userfifiles/PMC-Corporate/fifile/pmc _ the _ case _ for _ personalized _ medicine. pdf. Accessed April 24, 2017.

51. Qiagen, "QIAGEN and Lilly Collaborate to Co-Develop Companion Diagnostics for Simultaneous Analysis of DNA and RNA Biomarkers in Common Cancers. " PR Newswire Website. http://www. prnewswire. com/news-releases/qiagen-and-lilly-collaborate-to-co-develop-companion-diagnostics-for-simultaneous-analysis-of-dna-and-rna-biomarkers-in-common-cancers-261199831. html. Published May 30, 2014. Accessed April 24, 2017.

52. Adaptive Biotechnologies Corporation, "Adaptive Announces a Biomarker Discovery Agreement with Johnson & Johnson Innovation." PR Newswire Website. http://www. prnewswire. com/news-releases/adaptive-announces-a-biomarker-discovery-agreement-with-johnson-johnson-innovation 239926921. html. January 13, 2014. Accessed April 24, 2017.

53. Senior M., "How Patients Are Transforming Pharma R&D." In Vivo Website. Published May 9, 2016. https://invivo. pharmamedtechbi. com/IV004513/How-Patients-Are-Transforming-Pharma-RampD. Accessed April 21, 2017.

54. Tom Miller, cofounder and managing partner, GreyBird Ventures, personal correspondence, February 8, 2016.

55. Mara Aspinall, executive chairman of GenePeeks and CA Therapeutics and cofounder of the School of Biomedical Diagnostics, personal correspondence, February 2016.

56. Chen C., "Google's Huber to Lead Illumina Cancer-Detecting Startup Grail." Bloomberg Technology. http://www. bloomberg. com/news/articles/2016-02-10/google-s-huber-to-lead-illumina-cancer-detecting-startup-grail. Published February 10, 2016. Accessed April 24, 2017.

第 5 章

1. Loftus P., "US Drug Spending Climbs." *Wall Street Journal.* April 14, 2016; B3; see also Aitken M, "Medicines Use and Spending in the US," Quintiles IMS Institute, May 2017.

2. Aitken M., Outlook for Global Medicines Through 2021, Quintiles IMS Institute, December 2016.

3. Birth A., "Whether Prescribed or Over-The-Counter, Americans Prefer Generics." Harris Poll. December 2, 2015.

4. IMS Institute for Healthcare Informatics, "Medicines Use and Spending in the US: A Review of 2015 and Outlook to 2020." IMS Health Website. http://www. imshealth. com/en/thought-leadership/quintilesims-institute/reports/medicines-use-and-spending-in-the-us-a-review-of-2015 and-outlook-to-2020. Accessed April 26, 2017; see also Aitken M, "Medicines Use and Spending in the US," op. cit.

5. Experts in Chronic Myeloid Leukemia, Abboud C. et al., "The Price of Drugs for Chronic Myeloid Leukemia (CML) Is a Reflflection of the Unsustainable Prices of Cancer Drugs: From the Perspective of a Large Group of CML Experts." *Blood.* 2013; 121 (22): 4439-4442.

6. Bennette C. et al., "Steady Increases in Prices for Oral Anticancer Drugs after Market Launch Suggest a Lack of Competitive Pressures." *Health Affairs.* 2016; 35 (5): 805-812.

7. Knutsen R. M., "Rare Disease Drugs Facing Questions Over Prices, Incentives." Medical Marketing and Media website. http://www. mmm-online. com/rare-disease-drugs-facing-questions-

over-prices-incentives/printarticle/478088/. February 22, 2016. Accessed April 26, 2017. For drug sales, see "The Top 15 Best-Selling Drugs of 2016," *Genetic Engineering News*, March 6, 2017. Available at http://www. genengnews. com/the-lists/the-top-15-best-selling-drugs-of-2016/77900868.

8. Kaplan H. , "Preparing for the Zero Moment of Truth: Managing Early Awareness in Rare Disease Drug Commercialization. " *In Vivo*. April 13, 2016.

9. "Patient Engagement and Patient Use of Evidence. " *Health Affairs*. 2016; 35 (4): 744.

10. Wenzel M. , Hall C. , "Opposites Attract: Pairing R&D and Commercial Teams. " *Pharmaceutical Executive*. May 5, 2015. Available at http://www. pharmexec. com/opposites-attract-pairing-rd-and-commercial-teams. Accessed April 26, 2017. See also Bailey C. J. , "Why Is Exubera Being Withdrawn?" *British Medical Journal*. 2007; 335 (7630): 1156.

11. Wenzel M. , Hall C. , ibid.

12. Magids S. , Zorfas A. , Leemon D. , "The New Science of Customer Emotions. " *Harvard Business Review*. 2015. (November): 68-76. Available at https://hbr. org/2015/11/the-new-science-of-customer-emotions. Accessed April 26, 2017.

13. Edelman D. , "Branding in the Digital Age: You' re Spending Your Money in All the Wrong Places. " *Harvard Business Review*. 2010; (December): 2-8. Available at https://hbr. org/2010/12/branding-in-the-digital-age-youre-spending-your-money-in-all-the-wrong-places. Accessed April 26, 2017.

14. Fox B. , Hofmann C. , Paley A. , "How Pharma Companies Can Better Understand Patients. " McKinsey & Company Website. http://www. mckinsey. com/industries/pharmaceuticals-and-medical-products/our-insights/how-pharma-companies-can-better-understand-patients. Published May 2016. Accessed April 26, 2017. See also Bell D. , Fox B. , Olohan R. , *Pharma3D: Rewriting the Script for Marketing in the Digital Age*. Google, McKinsey & Company, 2016.

15. Simon F. , Kotler P. , *Building Global Biobrands: Taking Biotechnology to Market*. New York: Free Press; 2003: 109-110.

16. Simon F, Kotler P, op. cit. , 118-120.

17. "The Top 15 Best-Selling Drugs of 2016," *Genetic Engineering News*, March 6, 2017. Available at http://www. genengnews. com/the-lists/the-top-15-best-selling-drugs-of-2016/77900868.

18. Simon F. , Kotler P. , op. cit, 142-143. See also Merrill J. , "Among New Drug Launches, Oncology Scores Big While CV Lags. " *Pink Sheet*. March 28, 2016. Sutter S. , "Pitting Crestor Against Lipitor Misses the Mark. " *Pink Sheet*. September 5, 2011. For Crestor sales, see Pharmacompass, "Top Drugs by Sales Revenue in 2015, Who Sold the Biggest Blockbuster

Drugs," March 10, 2016. Available at https://www. pharmacompass. com/radio-compass-blog/top-drugs-by-sales-revenue-in-2015-who-sold-the-biggest-blockbuster-drugs. Accessed April 26, 2017.

19. The Top 15 Best-Selling Drugs of 2016, op. cit.

20. Longman R. , "The Shrinking Value of Best-in-Class and First-in-Class Drugs," *In Vivo.* July 20, 2015. Available at https://www. pharmamedtechbi. com/publications/in-vivo/33/7/the-shrinking-value-of-bestinclass-and-fifirstinclass-drugs. Accessed April 26, 2017.

21. Dysart J. , "Diagnostic Companions. " *Medical Marketing and Media.* June 2014; 26-30; for Xalkori sales, see Datamonitor/Decision Resources Group database, 2016.

22. Crow D. , "Lung Cancer Drug Failure in Trials Deals $23bn Blow to Bristol-Myers Squibb", Financial Times, August 6/7, 2016; see also "FDA Approves First Cancer Treatment For Any Solid Tumor with a Specifific Genetic Feature", FDA news release, May 23, 2017 (https://www. fda. gov/newsevents/newsroom/pressannouncements/ucm560167. htm); Helfand C, "In Unexpected Blow, Merck Halts Keytruda Myeloma Trial Enrollment to Probe Patient Deaths", Fierce Pharma, June 13, 2017 (http://www. fifiercepharma. com/pharma/merck-halts-keytruda-myeloma-study-enrollment-to-gather-info-trial-deaths); Helfand C. , "With Asco Data Tallied, Bristol-Myers Loses Ground to Merck in I-O Field, Fierce Pharma, June 7, 2017 (http://www. fifiercepharma. com/pharma/asco-data-tallied-bristol-myers-falls-farther-behind-merck-i-o-fifield); "Phase III Study Evaluating The Safety and Effificacy of Adjuvant Opdivo in Resected High-Risk Melanoma Patients Meets Primary Endpoint", Bristol-Myers press release, July 5, 2017.

23. Schnipper L. , Abel G. , "Direct-to-Consumer Drug Advertising in Oncology Is Not Benefificial to Patients or Public Health. " *JAMA Oncology.* 2016; 2 (11): 1397-1398.

24. Simon F. , Kotler P. , op. cit, 114-116.

25. Simon F. , Kotler P. , op. cit, 149-151.

26. Dobrow L. , "Community Clash. " *Medical Marketing and Media.* April 2017; 31-39.

27. Vranica S. , "Catch Me If You Can. " Wall Street Journal. June 22, 2016; R1; Sharma A. , "Big Media Needs to Embrace Digital Shift-Not Fight It. " *Wall Street Journal.* June 22, 2016; R1, R2.

28. American Medical Association, "AMA Calls for Ban on Direct to Consumer Advertising of Prescription Drugs and Medical Devices. " https://www. ama-assn. org/content/ama-calls-ban-direct-consumer-advertising-prescription-drugs-and-medical-devices. Published November 17, 2015. Accessed April 26, 2017.

29. Dobrow L. , "Gut Check," *Medical Marketing and Media*, April 2016, 27-33.

30. Mahoney S. , "How to Seize Your Omnichannel Moment. " *Medical Marketing and Media*. March 15, 2016. Available at http://www. mmm-online. com/features/how-to-seize-your-omnichannel-moment/article/481839/. Accessed April 26, 2017.

31. Darling P. , "Commercial Models for a New Healthcare Ecosystem. " PharmExec. com website. http://www. pharmexec. com/commercial-models-new-healthcare-ecosystem. Published January 28, 2016. Accessed April 26, 2017.

32. Vranica S. , op. cit. , R1, R2.

33. Mayo Clinic Staff, "Type 2 Diabetes. " Mayo Clinic website. http://www. mayoclinic. org/diseases-conditions/type-2-diabetes/diagnosis-treatment/treatment/txc-20169988. Accessed June 24, 2016.

34. Merck Manuals Online, https://www. merckmanuals. com/. Accessed June 24, 2016. Porter RS. *The Merck Manual*. 19th Ed. West Point, PA: Merck & Co. , 2011.

35. Greenwood T. , "Sales and Marketing: Reaching the Unreachables. " Modern Marketing Concepts website. http://www. mmcweb. com/sales-marketing-reaching-the-unreachables/. Published January 16, 2016. Accessed April 26, 2017.

36. Groebel R. , "Cloud Marketing: Faces in the Cloud. " Medical Marketing and Media website. http://www. mmm-online. com/cloud-marketing-faces-in-the-cloud/printarticle/440390. Published September 25, 2015. Accessed April 26, 2017.

37. Edmunds R. , Danner S. , Padilla N. , "Tomorrow's Selling Strategies: Invest and Test. " *Pharmaceutical Executive*. 2015; 35 (3). Available at http://www. pharmexec. com/tomorrows-selling-strategies-invest-test. Accessed April 26, 2017.

38. Cohen J. , "Biosimilars: Improving Patient Access to Biologics While Bending the Cost Curve. " In Vivo Pharma Intelligence website. https://invivo. pharmamedtechbi. com/IV004385/Biosimilars-Improving-Patient-Access-To-Biologics-While-Bending-The-Cost-Curve. Published June 8, 2015. Accessed April 26, 2017.

39. Celia F. , "Brand Development Strategies: Golden Oldies. " Medical Marketing and Media website. http://www. mmm-online. com/features/brand-development-strategies-golden-oldies/article/433923/. Published August 26, 2015. Accessed April 26, 2017.

40. Subramanian R. , Baqri R. , "Branding: When One Is Not Enough. " Pharmaceutical Executive website. http://www. pharmexec. com/branding-when-one-not-enough. Published February 3, 2016. Accessed April 26, 2017.

41. Lafflfler M. J. , "Roche: Slow and Steady Wins the Race. " *Pink Sheet*. April 19, 2016.

42. Simon F. , Kotler P. , Building Global Biobrands, op. cit. , 164.

43. Scala S. et al. , "Pharmaceutical Industry Pulse. " *Cowen Equity Research Report*, March 2016;

212-221.

44. Buck Luce, C., Jaggi G., *Progressions*: *Building Pharma* 3.0. Report, EY; 2011: 46-47.

45. Simon F., Kotler P., op. cit., 186-187, 195, 199-200.

46. Cohen J., op. cit.

47. Zhan P., Bolger T., Renjen V., "The Birth of an Orphan Biosimilar Market." In Vivo Pharma Intelligence website. https://invivo. pharmamedtechbi. com/IV004469/The-Birth-Of-An-Orphan-Biosimilar-Market. Published February 17, 2016. Accessed April 26, 2017.

第 6 章

1. Coulter A., "Patient Engagement—What Works?" *Journal of Ambulatory Care Management*. 2012; 35 (2): 80-89; see also Coulter A., Ellins J., "Effectiveness of Strategies for Informing, Educating and Involving Patients." *British Medical Journal*. 2007; 335 (7609): 24-27.

2. Senior M., "Outcomes-Focused Payers, New Technologies and Empowered Consumers Are Pushing Pharma Towards Patient-Centric Drug Development and Commercialization." Data-monitor Healthcare Trends Report, 2016.

3. Perlin J. et al., "Information Technology Interoperability and Use for Better Care and Evidence." National Academy of Medicine discussion paper, September 19, 2016. Available at https://nam. edu/information-technology-interoperability-and-use-for-better-care-and-evidence-a-vital-direction-for-health-and-health-care/. Accessed May 1, 2017.

4. Parsons S. et al., "What the Public Knows and Wants to Know About Medicines Research and Development: A Survey of the General Public in Six European Countries." *British Medical Journal Open*. 2015; 5: e006420. (doi: 10. 1136/bmjopen-2014-006420); see also European Patients Academy website https://www. eupati. eu/.

5. Janssen, "Janssen Launches Three New Research Platforms Focused on Redefinifing Healthcare." https://www. jnj. com/media-center/press-releases/janssen-launches-three-new-research-platforms-focused-on-redefinifing-healthcare. Published February 12, 2015. Accessed May 1, 2017.

6. Insel R. et al., "Staging Presymptomatic Type 1 Diabetes: A Scientifific Statement of JDRF, the Endocrine Society and the American Diabetes Association." *Diabetes Care*. 2015; 38: 1964-1974.

7. Janssen E., "UCB Wins Award for 'Hack Epilepsy' Initiative." UCB website. http://www. ucb. com/patients/magazine/article/UCB-wins-award-for-% E2% 80% 98Hack-Epilepsy% E2% 80%99initiative. Published March 22, 2016. Accessed May 1, 2017; see also UCB, "UCB Leads Epilepsy Hackathon to Support Patient Needs through Digital Tools and Services." UCB

website. http://www. ucb. com/stories-media/press-releases/article/UCB-leads-epilepsy-hacka-thon-to-support-patient-needs-through-digital-tools-and-services. Published February 18, 2015. Accessed May 1, 2017.

8. Dreyer N. , Reites J. , Smurzynski M. , "Engaging and Retaining Patients in Long-Term Obser-vational Studies. " In Vivo Pharma Intelligence website. https://invivo. pharmamedtechbi. com/IV004302/Engaging-And-Retaining-Patients-In-LongTerm-Observational-Studies. Published No-vember 19, 2015. Accessed May 1, 2017.

9. Senior M. , "How Patients Are Transforming Pharma R&D. " In Vivo Pharma Intelligence website. https://invivo. pharmamedtechbi. com/IV004513/How-Patients-Are-Transforming-Pharma-RampD. Published May 9, 2016. Accessed May 1, 2017.

10. "NIH Awards $55 Million to Build Million-Person Precision Medicine Study. " National In-stitutes of Health. https://www. nih. gov/news-events/news-releases/nih-awards-55-million-build-million-person-precision-medicine-study. Published July 6, 2016. Accessed May 1, 2017.

11. Crew D. , "Niche Treatments Become Big Business. " *Financial Times*. September 28, 2015: 2.

12. Wicks P. et al. , "Increasing Patient Participation in Drug Development. " *Nature Biotechnolo-gy*. 2015; 33 (2): 135-136.

13. "Using Social Media to Improve Patient Recruitment. " *Access Point*. January 2016; 34 (11): 7. Available at http://www. imshealth. com/fifiles/web/Global/RWE/RWE-Collateral/IMS% 20RWE% 20AccessPoint. pdf. Accessed May 1, 2017.

14. Looney W. , "Patient-Centered Strategies for Clinical Trials and Treatments. " Pharmaceutical Executive website. http://www. pharmexec. com/patient-centered-strategies-clinical-trials-treatment. Published September 9, 2016. Accessed May 1, 2017. ; for ruxolitinib, see Basch E. , "Toward Patient-Centered Drug Development in Oncology. " *New England Journal of Medicine*. 2013; 369 (5): 397-400.

15. Looney W. , ibid.

16. Lipset C. , "Engage with Research Participants About Social Media. " *Nature Medicine*. 2014; 20 (3): 231. Available atwww. nature. com/nm/journal/v20/n3/pdf/nm0314-231. pdf. Ac-cessedMay 1, 2017.

17. "A Third of People Track Their Health or Fitness. Who Are They and Why Are They Doing It?" GfK website. http://www. gfk. com/insights/press-release/a-third-of-people-track-their-health-orfifitness-who-are-they-and-why-are-they-doing-it/. Published September 29, 2016. See full study at http://www. gfk. com/global-studies/global-study-overview/. Accessed

May 1, 2017.

18. Carman K. et al., "Understanding an Informed Public's Views on the Role of Evidence in Making Healthcare Decisions." *Health Affairs.* 2016; 35 (4): 566-574.

19. "Patients' and Consumers' Use of Evidence, Datagraphic." *Health Affairs.* 2016; 35 (4): 564-565; Ranard B. et al., "Yelp Reviews of Hospital Care Can Supplement and Inform Traditional Surveys of the Patient Experience of Care." *Health Affairs.* 2016; 35 (4): 697-705.

20. Centers for Medicare and Medicaid Services, "First Release of the Overall Hospital Quality Star Rating on Hospital Compare." https://www.cms.gov/newsroom/mediareleasedatabase/fact-sheets/2016-fact-sheets-items/2016-07-27.html. Published July 27, 2016. Accessed May 1, 2017; see also Budryk Z., "CMS Releases Hospital Star Ratings Amid Industry Criticism." Fierce Healthcare website. http://www.fifiercehealthcare.com/healthcare/cms-releases-hospital-star-ratings-amid-industry-criticism. Published July 27, 2016. Accessed May 1, 2017.

21. Findlay S., "Consumers' Interest in Provider Ratings Grows, and Improved Report Cards and Other Steps Could Accelerate Their Use." *Health Affairs.* 2016; 35 (4): 688-695.

22. Kaul A., "We Are Engaged! A Commitment To Patients." Health Affairs Blog. http://healthaffairs.org/blog/2015/05/11/we-are-engaged-a-commitment-to-patients/. Published May 11, 2015. Accessed May 1, 2017.

23. Ibid.

24. Volpp K., Mohta N., "Patient Engagement Survey: Far to Go for Meaningful Participation." NEJM Catalyst website. http://catalyst.nejm.org/patient-engagement-initiatives-survey-meaningful-participation/. Published September 8, 2016. Accessed May 1, 2017.

25. CancerCare, "2016 CancerCare Patient Access and Engagement Report." Available at http://www.cancercare.org/accessengagementreport. Accessed May 1, 2017.

26. Merlino J., Raman A., "Health Care's Service Fanatics." *Harvard Business Review.* May 2013: 2-10.

27. Sullivan H. W., Aikin K. J., Squiers L. B., "Quantitative Information on Oncology Prescription Drug Websites." *Journal of Cancer Education.* September 2, 2016: 1-4. Available at http://link.springer.com/article/10.1007/s13187-016-1107-1. Accessed May 1, 2017.

28. Romito T., "Patient Services: Pharma's Best Kept Secret." Accenture report, 2015; cited in Dobrow L, "Revolution." Medical Marketing and Media, September 2015: 33-36.

29. Khedkar P., Sturgis M., "Want Better Access to Physicians? Understand What's Top of Mind: How to Broaden Your Reach—And Target Your Messaging—To Engage Healthcare Providers." ZS Associates, 2016. Available at https://www.zs.com/-/media/pdfs/ph_ mar_ wp_ afm_

acm_ 2016_ es_ v4. pdf? la = en. Accessed May 1, 2017.

30. Gupta M. et al., "A New Foundation for Designing Winning Brand Strategies: The Patient Journey Re-Envisioned." IMS Consulting Group White Paper, 2014. Available at http://www. imshealth. com/fifiles/web/Global/Services/Services% 20Resource% 20Center/IMSCG _ Patient_ Journey_ WP_ 090714F. pdf. Accessed May 1, 2017.

31. Fox B., Hofmann C., Paley A., "How Pharma Companies Can Better Understand Patients." McKinsey & Company website. http://www. mckinsey. com/industries/pharmaceuticals-and-medical-products/our-insights/how-pharma-companies-can-better-understand-patients. Published May 2016. Accessed May 1, 2017. ; see also Bell D., Fox B., Olohan R., *Pharma3D: Rewriting the Script for Marketing in the Digital Age*. McKinsey e-book, April 2016. Available at www. pharma3D. com. Accessed May 1, 2017.

32. Elton J., O'Riordan A., *Healthcare Disrupted: Next Generation Business Models and Strategies*. Hoboken, NJ: John Wiley & Sons, 2016: 97-99.

33. Viswanathan M. et al., "Interventions to Improve Adherence to Self-Administered Medications for Chronic Disease in the United States." *Annals of Internal Medicine*. 2012; 157: 785-795.

34. Ibid.

35. Robinson R., "Pharma's Role in Personalized Smart Health." *PharmaVoice*. May 2016: 12-16.

36. Wang R., Blackburn G., Desai M., "Accuracy of Wrist-Worn Heart Monitors." *JAMA Cardiology*. October 12, 2016. (doi: 10. 1001/jamacardio. 2016. 3340).

37. Beetsch J., Vice President Patient Advocacy, Celgene, personal communication with Françoise Simon, October 12, 2016.

38. "Celgene Corporation and Sage Bionetworks Announce Technology Collaboration to develop Observational Study Using the Apple ResearchKit Framework." Celgene website. http://ir. celgene. com/releasedetail. cfm? releaseid = 994085. Published October 18, 2016. Accessed May 1, 2017.

39. Bell D., Fox B., Olohan R., *Pharma3D: Rewriting the Script for Marketing in the Digital Age*. McKinsey e-book, April 2016. Available at www. pharma3D. com. Accessed May 1, 2017.

40. Matthias A., "The Secret to True Patient Centricity from Big Pharma's First Chief Patient Officer." PM360 Panorama website. https://www. pm360online. com/the-secret-to-true-patient-centricity-from-big-pharmas-fifirst-chief-patient-offificer/. Published March 18, 2015. Accessed May 1, 2017; see also LaMotta L., "What Is the Prescription for Patient Centricity?" *Pink Sheet*. November 24, 2014. Available at https://pink. pharmamedtechbi. com/PS076672/What-Is-The-Prescription-For-Patient-Centricity. Accessed May 1, 2017.

第 7 章

1. Frazier K. , "The Pharma All-Stars. " Panel discussion at the Forbes Healthcare Summit 2015, New York, NY, December 3, 2015.

2. Tefferi A. et al. , "In Support of a Patient-Driven Initiative to Lower the High Price of Cancer Drugs. " *Mayo Clinic Proceedings.* 2015; 90: 996-1000.

3. Weismann R. , "Doctors Challenge Vertex over the High Price of Cystic Fibrosis Drug. " *The Boston Globe.* July 20, 2015. Available at http://www. bostonglobe. com/business/2015/07/20/ researcherand-group-doctors-challenge-vertex-price-new-cystic-fifibrosis-drug/ d5PZMlj6T6uzq0usm2xLEL/story. html. Accessed May 3, 2017.

4. Carroll A. , "The EpiPen, Case Study in Health System Dysfunction. " *The New York Times.* August 23, 2016. Available at http://www. nytimes. com/2016/08/24/upshot/the-epipen-a-case-study-in-health-care-system-dysfunction. html. Accessed May 3, 2017.

5. Saunders B. , "Our Social Contract with Patients. " Allergan website. https://www. allergan. com/news/ceo-blog/september-2016/our-social-contract-with-patients. Published September 6, 2016. Accessed May 3, 2017.

6. Thomas K. , "New Online Tools Offer Path To Lower Drug Prices. " *The New York Times.* February 9, 2016. Available at https://www. nytimes. com/2016/02/10/business/taming-drug-prices-by-pulling-back-the-curtain-online. html.

7. "Drugs in America: Seizure-Inducing. " *The Economist.* September 3, 2016. Available at http://www. economist. com/news/business/21706347-row-over-mylans-epipen-allergy-medicine-raises-fresh-questions-about-how-drugs-are. Accessed May 3, 2017.

8. Tufts Center for the Study of Drug Development, "Cost to Develop and Win Marketing Approval for a New Drug Is $2. 6 Billion. " Press release, November 18, 2014. Available at http:// csdd. tufts. edu/news/complete_ story/pr_ tufts_ csdd_ 2014_ cost_ study. Accessed May 3, 2017.

9. Berkrot B. , "New Incentives Needed to Develop Antibiotics to Fight Superbugs. " Reuters website. http://www. reuters. com/article/us-health-superbug-antibiotics-idUSKCN0YI2MZ. Published March 27, 2016. Accessed May 3, 2017.

10. Brooks M. , "Big Pharma Pledges to Develop New Antibiotics, with Help. " Medscape website. http://www. medscape. com/viewarticle/857627. Published January 21, 2016. Accessed May 3, 2017.

11. Silverman E. , "Vermont Poised to Become First State to Require Pharma to Justify Pricing. " STAT website. https://www. statnews. com/pharmalot/2016/05/19/vermont-drug-costs-phar-

maceutical/. Published May 19, 2016. Accessed May 3, 2017.

12. Organisation for Economic and Co-operative Development, "Pharmaceutical Spending (Indicator)." https://data. oecd. org/healthres/pharmaceutical-spending. htm. Accessed December 22, 2016.

13. Aitken M. , Kleinrock M. , "Understanding The Dynamics of Drug Expenditures. " QuintilesIMS Institute. Published July 11, 2017. Accessed July 12, 2017.

14. Long D. , "The Balance Between Innovation and Smarter Spending. " Presentation at the Health and Human Services Pharmaceutical Forum, Washington, DC, November 20, 2015.

15. World Health Organization, "2015 Global Survey of Health Technology Assessments by National Authorities. " Available at http://ec. europa. eu/health/technology _ assessment/ docs/2014_ strategy_ eucooperation_ hta_ en. pdf. Accessed May 3, 2017.

16. European Medicines Agency and EUnetHTA, "Report on the Implementation of the EMA-EU-netHTA Three Year Work Plan 2012-2015. " March 23, 2016. Available at http://www. ema. europa. eu/docs/en _ GB/document _ library/Report/2016/04/WC500204828. pdf. Accessed May 3, 2017.

17. Vogler S. et al. , "Comparing Pharmaceutical Pricing and Reimbursement Policies in Croatia to the European Union Member States," *Croatian Medical Journal.* 2011; 52: 183-197.

18. WHO Collaboration Centre for Pharmaceutical Pricing and Reimbursement Policies, "Glossary. " http://whocc. goeg. at/Glossary/About. Accessed May 3, 2017.

19. Gemeinsamer Bundesausschuss, "Reference Prices and How They Are Set. " http://www. english. g-ba. de/special-topics/pharmaceuticals/reference/. Accessed May 3, 2017.

20. Ruggeri K. , Nolte E. , "Pharmaceutical Pricing: The Use of External Reference Pricing. " RAND Corporation, 2013. Available at http://www. rand. org/content/dam/rand/pubs/research_ reports/RR200/RR240/RAND_ RR240. pdf. Accessed May 3, 2017.

21. Nagano Y. , "Japan's 2014 Drug Price Reforms Extend Price Premium Program. " *PharmAsia News.* January 23, 2014.

22. EY, "Life Sciences Quarterly Update, Asia-Pac and Japan. " April 2016. http://www. ey. com/GL/en/Industries/Life-Sciences/EY-vital-signs-life-sciences-sector-update-for-asia-pacifific-and-japan.

23. "The 2016 Drug Trend Report. " Express Scripts, March 2017.

24. "Anthem Announces Defifinitive Agreement to Acquire Cigna Corporation. " BusinessWire website. http://www. businesswire. com/news/home/20150724005167/en/Anthem-Announces-Defifinitive-Agreement-Acquire-Cigna-Corporation. Published July 24, 2015. Accessed May 3, 2017.

25. "Aetna to Acquire Humana." Aetna website. https://news. aetna. com/2015/08/aetna-to-acquire-humana/. Published July 3, 2015. Accessed May 3, 2017.

26. "Centene to Combine with Health Net in Transaction Valued at ＄6. 8 Billion." HealthNet website. http://newsroom. healthnet. com/press-release/centene-combine-health-net-transaction-valued-approximately-68-billion. Published July 2, 2015. Accessed May 3, 2017.

27. Humer C. , "Express Scripts Drops Gilead Hep C Drugs for Cheaper AbbVie Rival," Reuters Health News website. http://www. reuters. com/article/us-express-scripts-abbvie-hepatitisc-idUSKBN0K007620141222. Published December 22, 2014. Accessed May 3, 2017.

28. Miller S. , "The ＄4 Billion Return on a Promise Kept." The Lab: Express Scripts Insights. http://lab. express-scripts. com/lab/insights/specialty-medications/the-4-billion-return-on-a-promise-kept. Published January 27, 2015. Accessed May 3, 2017.

29. Shrank W. , Barlow J. , Brennan T. , "New Therapies in the Treatment of High Cholesterol: An Argument to Return to Goal-Based Lipid Guidelines." *Journal of the American Medical Association.* 2015; 314 (14): 1443-1444. Available at http://jamanetwork. com/journals/jama/article-abstract/2427467. Accessed May 3, 2017. See also "Landmark Outcomes Study Shows That Repatha Decreases LDL-C To Unprecedented Low Levels and Reduces Risk of Cardiovascular Events with No New Safety Issues," PR Newswire website. https://www. amgen. com/media/news-releases/2017/03/landmark-outcomes-study-shows-that-repatha-evolocumab-decreases-ldlc-to-unprecedented-low-levels-and-reduces-risk-of-cardiovascular-events-with-no-new-safety-issues. Published March 17, 2017. Accessed July 12, 2017.

30. Senior M. , "Scoring Value: New Tools Challenge Pharma's U. S. Pricing Bonanza." In Vivo Pharma Intelligence website. https://invivo. pharmamedtechbi. com/IV004434/Scoring-Value-New-Tools-Challenge-Pharmas-US-Pricing-Bonanza. Published October 21, 2015. Accessed May 3, 2017.

31. Neumann P. , Cohen J. , "Measuring the Value of Prescription Drugs." *New England Journal of Medicine.* 2015; 373: 2595-2597.

32. Simon F. , Kotler P. , *Building Global Biobrands: Taking Biotechnology to Market.* New York: Free Press, 2003.

33. Schleifer L. , "The Pharma All-Stars." Panel discussion at the 2015 Forbes Healthcare Summit, New York, New York, December 3, 2015.

34. Garrison L. et al. , "Private Sector Risk-Sharing Agreements in the United States: Trends, Barriers, and Prospects." *American Journal of Managed Care.* 2015; 21 (9): 632-640.

35. John M. , Hirschler B. , "France Pegs Gilead Hepatitis C Drug at Lowest Price in Europe." Reuters website. http://www. reuters. com/article/health-hepatitis-gilead-solvadi-idUSL6N0TA

2TA20141120 # QRzmDbgzqdBH7rIM. 97. Published November 20, 2014. Accessed May 3, 2017.

36. Vioix, H. et al. , "Three Years of the Gefifitinib UK Single Patient Access Scheme (SPA); Duration of Treatment for Patients with EGFR Mutation Positive NSCLC in NHS Clinical Practice." *Value in Health.* 2013; 16 (7): A425.

37. Vioix H. et al. , "Duration of Gefifitinib Treatment in EGFR Mutation Positive NSCLC Patients in a UK Single Payment Access Scheme." Presented at ISPOR, June 3-7, 2012.

38. Pollack A. , "Pricing Pills by the Results." *New York Times.* July 14, 2007. Available at http://www. nytimes. com/2007/07/14/business/14drugprice. html? _ r = 0. Accessed May 3, 2017.

39. Thomas K. , Ornstein C. , "Considering The Side Effects of Drugmakers' Moneyback Gaurantees," *New York Times.* July 10, 2017. Available at https://www. nytimes. com/2017/07/10/health/prescription-drugs-cost. html. Accessed July 11, 2017.

40. McAllister E. , "Results May Vary." *BioCentury.* February 2, 2016.

41. Sherman M. , interview by E. , Licking, January 4, 2016.

42. Garfifield S. et al. , "The Value Lab: Moving Value-Based Health Care from Theory to Practice." In press. In Vivo Pharma Intelligence Website.

43. Merrill J. , "Multi-Indication Pricing: Big Hurdles and Actionable Options." *The Pink Sheet.* May 30, 2016.

44. Bach P. , "Indication-Specifific Pricing for Cancer Drugs." *Journal of the American Medical Association.* 2014; 312 (16): 1629-1630.

45. Revatio [package insert] . New York: Pfifizer, Inc. ; June 2005.

46. Viagra [package insert] . New York: Pfifizer, Inc. ; November 1988.

47. Center for Drug Evaluation and Research Application Number 125418Orig1s000 [memorandum]. Food and Drug Administration. July 27, 2012.

48. Pearson S. , Dreitlein B. , Henshall C. , "Indication-Specifific Pricing of Pharmaceuticals in the United States Health Care System." *Institute for Clinical and Economic Review.* March 2016.

49. Miller S. , Panel presentation at the Health and Human Services Pharmaceutical Forum, Washington DC, November 20, 2015.

50. Bennette C. et al. , "Steady Increase in Prices for Oral Anticancer Drugs after Market Launch Suggests a Lack of Competitive Pressure." *Health Affairs.* 2016; 35: 805-812.

51. Porter M. , Kaplan R. , "How to Pay for Health Care." *Harvard Business Review.* July-August 2016. Available at https://hbr. org/2016/07/how-to-pay-for-health-care. Accessed May 3, 2017.

52. Mechanic R. , "Medicare's Bundled Payment Initiatives: Considerations For Providers. " American Hospital Association [issue brief], January 19, 2016.

53. Centers for Medicare and Medicaid Services, "Bundled Payments for Care Improvement Initiative. " https://innovation. cms. gov/initiatives/bundled-payments/. Accessed May 3, 2017.

54. Newcomer L. , "Innovative Payment Models and Measurement for Cancer Therapy. " *Journal of Oncology Practice*. 2014; 10: 187-189.

55. Conway L. , "What Can We Learn from United's Medical Oncology Episode-Based Payment Pilot?" Advisory Board Blog. *Oncology Rounds*. July 17, 2014.

56. Newcomer L. , "Innovative Payment Models and Measurement for Cancer Therapy. " *Journal of Oncology Practice*. 2014; 10: 187-189.

57. Appelby J. , "United Healthcare Expands Effort to Rein in Rising Costs of Cancer Treatment. " *Kaiser Health News*. October 29. 2015.

58. Mattke S. , Hoch E. , "Borrowing for the Cure. " RAND Corporation, 2015.

59. Montazerhodjat V. , Weinstock D. , Lo A. , "Buying Cures versus Renting Health: Financing Health Care with Consumer Loans. " *Science Translational Medicine*. 2016; 8: 1-8.

第 8 章

1. Centers forMedicare andMedicaid Services, "National Health Expenditure Fact Sheet, Historical (2014) and Projected (2015-25)." https://www. cms. gov/research-statistics-data-and-systems/statistics-trends-and-reports/nationalhealthexpenddata/nhe-fact-sheet. html. Accessed May 5, 2017.

2. SeniorM. , "Sovaldi Makes Blockbuster History, Ignites Drug Pricing Unrest. " *Nature Biotechnology*. 2014; 32, 501-502. Available at http://www. nature. com/nbt/journal/v32/n6/full/nbt0614-501. html? WT. feed_ name=subjects_ pharmacoeconomics. Accessed May 5, 2017.

3. Longman R. , "The Myth of the Payer. " Published in EY Annual Biotechnology Report *Beyond Borders* 2016: *Returning to Earth*. June 2016. Available at http://www. ey. com/GL/en/Industries/Life-Sciences/EY-vital-signs-the-myth-of-the-payer. Accessed May 5, 2017.

4. Centers for Medicare and Medicaid Services, "Health Insurance Marketplaces 2017 Open Enrollment Period Final Enrollment Report: November 1, 2016-January 31, 2017. " March 15, 2017. Available at: http://www. cms. gov/Newsroom/MediaReleaseDatabase/Fact-sheets/2017 Fact-Sheet-items/2017-03-15. html. Accessed July 10, 2017.

5. Johnson C. , "UnitedHealth Group to Exit Obamacare Exchanges in All but a 'Handful' of States. " *Washington Post*. April 19, 2016. Available at https://www. washingtonpost. com/news/wonk/wp/2016/04/19/unitedhealth-group-to-exit-obamacare-exchanges-in-all-but-a-

handful-of-states/? utm_ term＝.9c0a38ae396c. Accessed May 5, 2017.

6. Von Ebers P., "Mega-Health Insurance Mergers: Is Bigger Really Better?" Health Affairs Blog. http://healthaffairs. org/blog/2016/01/22/mega-health-insurance-mergers-is-bigger-really-better/. Published January 22, 2016. Accessed May 5, 2017. See also Garthwaite C., Graves J., "Success And Failure In The Insurance Exchange." *New England Journal of Medicine* 2017; 376: 907-910.

7. Humer C., Bartz D., "Aetna, Humana Drop Merger; Cigna Wants To End Anthem Deal." Reuters website. http://www. reuters. com/article/us-humana-m-a-aetna-idUSKBN15T1 HN. Published February 14, 2017. Accessed July 10, 2017.

8. Mathews A., Walker J., "UnitedHealth to Buy Catamaran for ＄12.8 Billion in Cash." *Wall Street Journal.* March 30, 2015. Available at https://www. wsj. com/articles/unitedhealth-to-buy-catamaran-for-12-8-billion-in-cash-1427709601. Accessed May 5, 2017.

9. Staton T., "Heavyweight PBMs Mean Trouble for Big Pharma's Pricey New Meds." FiercePharma website. http://www. fifiercepharma. com/pharma/heavyweight-pbms-mean-trouble-for-big-pharmas-pricey-new-meds. Published March 31, 2015. Accessed May 5, 2017.

10. Gottlieb S., "What a Drug Price Debate Reveals about Obamacare." Forbes website. https://www. forbes. com/sites/scottgottlieb/2015/01/08/what-a-drug-price-debate-reveals-about-obamacare/#7f2735971a21. Published January 8, 2015. Accessed May 5, 2017.

11. Japsen B., "If Anthem Splits with Express Scripts, a New PBM May Emerge." Forbes website. http://www. forbes. com/sites/brucejapsen/2016/03/22/if-anthem-splits-with-express-scripts-a-new-pbm-may-emerge/#7b8eba0014bf. Published March 22, 2016. Accessed May 5, 2017.

12. Galvin R., Longman R., "Who Has the Power to Cut Drug Prices? Employers." *Harvard Business Review.* December 1, 2015.

13. Book R., "Why Are Hospitals Buying Physician Practices and Forming Insurance Companies?" American Action Forum website. https://www. americanactionforum. org/research/why-are-hospitals-buying-physician-practices-and-forming-insurance-companies/. Published February 11, 2016. Accessed May 5, 2017.

14. Lenzke L., "How Are You Responding to Changes in the Healthcare System?" EY presentation, 2015.

15. Herman B., "More Health Systems Launch Insurance Plans, Despite Caveats." Modern Healthcare website. http://www. modernhealthcare. com/article/20150404/MAGAZINE/304049981. Published April 4, 2015. Accessed May 5, 2017.

16. Galvin R., Longman R., "Who Has the Power to Cut Drug Prices? Employers." *Harvard Bus-*

iness Review. December 1, 2015.

17. Gruessner V. , "Why a Competitive Health Insurance Plan Matters to Employees. " HealthPayer Intelligence website. http://healthpayerintelligence. com/news/why-a-competitive-health-insurance-plan-matters-to-employees. Published January 14, 2016. Accessed May 5, 2017.

18. Longman R. , "The Myth of the Payer," June 2016. Published in *Beyond Borders Biotechnology Industry Report: Returning to Earth*, EY. Available at http://www. ey. com/GL/en/Industries/ Life-Sciences/EY-vital-signs-the-myth-of-the-payer. Accessed May 5, 2017.

19. NHS Clinical Commissioners, "About Clinical Commissioning Groups. " http://www. nhscc. org/ccgs/. Accessed May 5, 2017.

20. Paris V. , Belloni A. , "Value in Pharmaceutical Pricing. Country Profifile: Australia. " OECD Report, November 2014. Available at https://www. oecd. org/health/Value-in-Pharmaceutical-Pricing-Australia. pdf. Accessed May 5, 2017.

21. Asia Pacific Observatory on Health Systems and Policies, "Policy Brief: Conducive Factors to HTA Development in Asia. " Available at http://www. wpro. who. int/asia_ pacifific_ observatory/resources/policy_ briefs/hta/en/. Accessed May 5, 2017.

22. Senior M. , "Scoring Value: New Tools Challenge US Pricing Bonanza. " In Vivo Pharma Intelligence website. https://invivo. pharmamedtechbi. com/IV004434/Scoring-Value-New-Tools-Challenge-Pharmas-US-Pricing-Bonanza. Published October 21, 2015. Accessed May 5, 2017. See also Institute for Clinical and Economic Review, " Final Value Assessment Framework For 2017- 2019. " ICER website. Available at https://icer-review. org/fifinal-vaf-2017-2019/. Accessed July 10, 2017.

23. Institute for Clinical and Economic Review, "CardioMEMS HF System (St. Jude Medical) and Sacubitril/Valsartan (Entresto, Novartis) for Management of Congestive Heart Failure: Effectiveness, Value, and Value-Based Price Benchmarks. " Revised Draft Review, October 9, 2015. Available at https://icer-review. org/wp-content/uploads/2016/01/CHF _ Revised _ Draft_ Report_ 100915. pdf. Accessed May 5, 2017.

24. Longman R. , "The Myth of the Payer," June 2016. Published in *Beyond Borders Biotechnology Industry Report: Returning to Earth*, EY. Available at http://www. ey. com/GL/en/Industries/ Life-Sciences/EY-vital-signs-the-myth-of-the-payer. Accessed May 5, 2017.

25. EY, " Progressions: Navigating the Payer Landscape. " Global Pharmaceutical Report, 2014. Available at http://www. ey. com/Publication/vwLUAssets/EY-progressions-2014-navigating-the-payer-landscape/ $ FILE/EY-progressions-2014. pdf. Accessed May 5, 2017.

26. The Harris Poll, "The 2016 Harris Poll Study of Reputation Equity and Risk Across the Health Care Sector. " Available at http://www. theharrispoll. com/health-and-life/Pharma-Biotech-

Patients-Over-Profitts. html. Accessed July 11, 2017.

27. Kessel M. , "Restoring the Pharmaceutical Industry's Reputation. " *Nature Biotechnology.* 2014; 32, 983-990. Available at http://www. nature. com/nbt/journal/v32/n10/full/nbt. 3036. html. Accessed May 5, 2017.

28. Silverman E. , "Glaxo to Change Its Compensation Program for U. S. Sales Reps. " The Wall Street Journal Pharmalot Blog. https://blogs. wsj. com/pharmalot/2015/04/13/glaxo-to-change-its-compensation-program-for-u-s-sales-reps/. Published April 13, 2015. Accessed May 5, 2017.

29. Meteos Ltd. , "Principles for Collaborative, Mutually-Acceptable Drug Pricing. " Report of Conclusions from the Pharmadiplomacy Dialogue, May 2016. Available at http://www. meteos. co. uk/resources/principles-for-collaborative-mutually-acceptable-drug-pricing/. Accessed May 5, 2017.

30. Meteos Ltd. , ibid.

31. Coyle B. , Chapman B. , "Overcoming the Key Account Management Talent Shortage in Pharma. " PM360 Online. https://www. pm360online. com/overcoming-the-key-account-management-talent-shortage-in-pharma/. Published December 18, 2013. Accessed May 5, 2017.

32. Muhlestein D. , "Growth and Dispersion of Accountable Care Organizations In 2015. " Health Affairs Blog. http://healthaffairs. org/blog/2015/03/31/growth-and-dispersion-of-accountable-care-organizations-in-2015-2/. Published March 31, 2015. Accessed May 5, 2017.

33. Nussbaum A. , "Health Insurance Exchanges. " Bloomberg Quick Take. http://www. bloomberg. com/quicktake/health-insurance-exchanges. Updated August 3, 2016.

34. National Institute of Health and Care Excellence, "NICE Calls for a New Approach to Managing the Entry of Drugs into the NHS. " https://www. nice. org. uk/news/press-and-media/nice-calls-for-a-new-approach-to-managing-the-entry-of-drugs-into-the-nhs. Published September 18, 2014. Accessed May 5, 2017.

35. Thomas A. , "Germany Mulls Limiting Prices Drug Firms Can Charge to Health System. " *Wall Street Journal.* April 22, 2016. Available at http://www. wsj. com/articles/germany-mulls-limiting-prices-drug-fifirms-can-charge-to-health-system-1461307437. Accessed May 5, 2017.

36. Centers for Medicare and Medicaid Services, "CMS Proposes to Test New Medicare Part B Prescription Drug Models to Improve Quality of Care and Deliver Better Value for Medicare Beneficiaries. " https://www. cms. gov/Newsroom/MediaReleaseDatabase/Fact-sheets/2016-Fact-sheets-items/2016-03-08. html. Published March 8, 2016. Accessed May 5, 2017.

37. "Harvard Pilgrim Negotiates First-in-the Nation Innovative Contract for Blockbuster Cholesterol Drug Repatha. " Businesswire website. http://www. businesswire. com/news/home/

20151109006090/en/Harvard-Pilgrim-Negotiates-First-In-The-Nation-Innovative-Contract. Published November 9, 2015. Accessed May 5, 2017.

38. Staton T. , "Lilly's Trulicity Joins Pay-for-Performance Trend with Harvard Pilgrim Deal. " Fierce-Pharma website. http://www. fifiercepharma. com/pharma/lilly-s-trulicity-joins-pay-for-performance-trend-harvard-pilgrim-deal. Published June 28, 2016. Accessed May 5, 2017.

39. Humer C. , "Novartis Sets Heart-Drug Price With Two Insurers Based On Health Outcome. " Reuters website. http://www. reuters. com/article/us-cigna-novartis-drugpricing-idUSKCN0VH25K. Published February 9, 2016. Accessed May 5, 2017.

40. Sherman M. , "It's Time for Biopharma to Embrace Risk-Sharing. " June 2016. Published in *Beyond Borders Biotechnology Industry Report: Returning to Earth*, EY. Available at http://www. ey. com/GL/en/Industries/Life-Sciences/EY-its-time-for-biopharma-to-embrace-risk-sharing. Accessed May 5, 2017.

41. Sherman M. , ibid.

42. Morse S. , "Dartmouth-Hitchcock, Harvard Pilgrim Join Forces on Population Health. " HealthcareIT News website. http://www. healthcareitnews. com/news/dartmouth-hitchcock-harvard-pilgrim-analytics-population-health-benevera-health. Published October 5, 2015. Accessed May 5, 2017.

43. Sherman M. , "It's Time for Biopharma to Embrace Risk-Sharing. " June 2016. Published in *Beyond Borders Biotechnology Industry Report: Returning to Earth*, EY. Available at http://www. ey. com/GL/en/Industries/Life-Sciences/EY-its-time-for-biopharma-to-embrace-risk-sharing. Accessed May 5, 2017.

第 9 章

1. Fallik D. , " For Big Data, Big Questions Remain. " *Health Affairs*. 2014; 33 (7): 1111-1113.

2. Ginsberg J. et al. , "Detecting Inflfluenza Epidemics Using Search Engine Query Data. " *Nature*. 2009; 457 (7232): 1012-1014.

3. Butler D. "When Google Got Flu Wrong. " *Nature*. 2013; 494 (7436): 155-156.

4. Institute of Medicine, "Transforming Clinical Research in the United States: Challenges and Opportunities," Workshop Summary. National Academies Press, 2010; cited in Validic and Fierce Markets, "Advancing Drug Development with Digital Health: Four Key Ways to Integrate Patient-Generated Data into Trials. " March 2016.

5. Lee S. M. , "How an IPhone Medical Research App Is Helping People with Asthma. " BuzzFeed News, September 29, 2015; cited in Validic, op. cit.

6. Lorenzetti L., "Pfifizer and IBM Launch Research Project to Transform Parkinson's Disease." *Fortune.* April 7, 2016. Available at http://fortune.com/2016/04/07/pfifizer-ibm-parkinsons. Accessed May 8, 2017.

7. "Robert Wood Johnson Foundation Awards Grant to PatientsLikeMe to Develop New Measures for Healthcare Performance." PatientsLikeMe website. http://news.patientslikeme.com/press-release/rwjf-awards-grant-patientslikeme-develop-new-measures-healthcare-performance. Published December 8, 2015. Accessed May 8, 2017.

8. PatientsLikeMe press release, "PatientsLikeMe and M2Gen Announce Partnership and Plans for Landmark Cancer Experience Study." PatientsLikeMe website. http://news.patientslikeme.com/press-release/patientslikeme-and-m2gen-announce-partnership-and-plans-landmark-cancer-experience-stu. Published March 8, 2016. Accessed May 8, 2017.

9. Lott R., "New Players Join in the Drug Development Game." *Health Affairs.* 2014; 33 (10): 1711-1713.

10. Al-Faruque F., "Novartis and Qualcomm Partner in mHealth." In Vivo Pharma Intelligence website. https://www.pharmamedtechbi.com/publications/in-vivo/33/1/novartis-and-qualcomm-partner-in-mhealth? p = 1. Published January 27, 2015. Accessed May 8, 2017; Zimmerman Carolyne, Executive Director, Global Business Development and Licensing and Novartis Lead for dRx Capital, personal communication with Françoise Simon, October 20, 2015.

11. Friend S. H., "App-Enabled Trial Participation: Tectonic Shift or Tepid Rumble?" *Science Translational Medicine.* July 22, 2015; Vol. 7: 297ed10: 1-3.

12. Lipset C., "Engage with Research Participants about Social Media." *Nature Medicine.* 2014; 20 (3): 231; Lipset Craig, Head of Clinical Innovation for Worldwide Research & Development, Pfifizer; personal communication with Françoise Simon, October 15, 2015.

13. Roman D. H., Conlee K. D., *The Digital Revolution Comes to US Healthcare.* Goldman Sachs report, June 29, 2015.

14. Matthews C., Jones A., "Pfifizer Blocks the Use of Drugs in Executions." *Wall Street Journal.* May 14/15, 2016: A3.

15. Clark D., "HP Bets on 3-D Printers to Make Innovative Mark." *Wall Street Journal.* May 18, 2016: B4. See also "First FDA-Approved Medicine Manufactured Using 3D Printing Technology Now Available." Aprecia website. https://www.aprecia.com/pdf/ApreciaSPRITAMLaunchPress Release_ _ FINAL. PDF. Published March 22, 2016. Accessed May 8, 2017; Hicks J., "FDA Approved # D Printed Drug Available in the US." Forbes website. http://www.forbes.com/sites/ jenniferhicks/2016/03/22/fda-approved-3d-printed-drug-available-in-the-us/print/. Published March 22, 2016. Accessed May 8, 2017.

16. EY, *EY Digital Overview Report.* 2015.

17. Rosenberg R. et al. , "Capturing Value from Connected Health. " In Vivo Pharma Intelligence website. https://www. pharmamedtechbi. com/Publications/In-Vivo/33/6/Capturing-Value-From-Connected-Health? resut-3&total-32&searchquery-0% 253fg% 253dcapturin. Published June 18, 2015. Accessed May 8, 2017; see also Fox B. et al. , "Closing the Digital Gap in Pharma, " McKinsey, November 2016.

18. Senior M. , "The End of Drug Innovation in Diabetes?" In Vivo Pharma Intelligence website. https://www. pharmamedtechbi. com/publications/in-vivo/33/2/the-end-of-drug-innovation-in-diabetes. Published February 3, 2015. Accessed May 8, 2017.

19. Senior M. , ibid.

20. AstraZeneca, "Fit2Me: Managing Type 2 Diabetes. " http://www. fifit2me. com/managing-type-2 diabetes. html.

21. Looney W. , "Sanofifi's Big Bet on Integrated Patient Care. " Pharmaceutical Executive website. http://www. pharmexec. com/sanofifi-s-big-bet-integrated-patient-care. Published January 9, 2015. Accessed May 8, 2017.

22. Kelly C. , "Genentech Social Media Collaboration Will Focus on Patient Experiences in Cancer. " The Pink Sheet. https://www. pharmamedtechbi. com/publications/the-pink-sheet-daily/2014/4/8/genentech-social-media-collaboration-will-focus-on-patient-experiences-in-cancer. Published April 8, 2014. Accessed May 8, 2017.

23. "Pfifizer Partners with Breast Cancer Leaders to Chronicle the Lives of Women with Metastatic Breast Cancer. " Pfifizer website. http://press. pfifizer. com/press-release/pfifizer-partners-breast-cancer-leaders-chronicle-lives-women-metastatic-breast-cancer-t. Published September 30, 2015. Accessed May 8, 2017.

24. "New Online Community Quitters Circle Helps Smokers Trade Cigarettes for Real Time Support. " Pfifizer website. https://investors. pfifizer. com/investor-news/press-release-details/2015/New-Online-Community-Quitters-Circle-Helps-Smokers-Trade-Cigarettes-for-Real-Time-Support/default. aspx. Published June 23, 2015. Accessed May 8, 2017.

25. "Pfifizer Hemophilia: The Way You Log Is About to Change. " Hemophilia Federation of A-merica website. http://www. hemophiliafed. org/news-stories/2012/12/pfifizer-hemophilia-the-way-you-log-is-about-to-change/. Published December 4, 2012. Accessed May 8, 2017.

26. Accenture 2015 survey; cited in Dobrow L. , "Revolution. " *Medical Marketing & Media.* September 2015: 33-36.

27. World Health Organization, "mHealth: New Horizons for Health through Mobile Technologies. " Global Observatory for eHealth Series, Vol. 3, 2011; cited in IMS Institute for Healthcare In-

formatics, Patient Adoption of mHealth, September 2015.

28. "Things Are Looking App." *The Economist*. March 12, 2016: 59-60.

29. Gallagher D., "Google Clicks in a Peak Smartphone Age." *Wall Street Journal*. May 16, 2016: C6.

30. IMS Institute for Healthcare Informatics, Patient Adoption of mHealth, September 2015.

31. "Dana Farber and Fitbit Partner to Test If Weight Loss Can Prevent Breast Cancer Recurrence." Dana-Farber Cancer Institute website. http://www. dana-farber. org/Newsroom/ News-Releases/dana-farber-cancer-institute-and-fifitbit-partner-to-test-if-weight-loss-prevent-breast-cancer-recurrence. aspx. Published April 27, 2016. Accessed May 8, 2017.

32. McCaffrey K., "Biogen, PatientsLikeMe Use Fitbit to Better Understand Multiple Sclerosis." Medical Marketing & Media website. http://www. mmm-online. com/digital/biogen-patients-likeme-use-fifitbit-to-better-understand-ms/article/409279/. Published April 15, 2015. Accessed May 8, 2017; see also Block V. J. et al., "Continuous daily assessment of multiple sclerosis disability using remote step count monitoring," *J. Neurology* (2017) 264: 316- 326 (doi 10. 1007/s00415-016-8334-6), published online November 28, 2016.

33. Epper Hoffman K., "First Sign of Defense." *Medical Marketing & Media*. April 2016: 40-41.

34. Serrano K. et al., "Willingness to Exchange Health Information Via Mobile Devices: Findings from a Population-Based Survey." *Annals of Family Medicine*. 2016; 14 (1): 36-40.

35. Blenner S. et al., " Privacy Policies of Android Diabetes Apps and Sharing of Health Information." *Journal of the American Medical Association*. 2016; 315 (10): 1051-1052.

36. FDA Draft Guidance, Use of Electronic Informed Consent in Clinical Investigations, March 2015, Center for Drug Evaluation and Research. Silver Spring, MD.

37. Cortez M., Cohen G., Kesselheim A., "FDA Regulation of Mobile Health Technologies." *New England Journal of Medicine*. 2014; 371 (4): 372-379.

38. Yang T., Silverman R., "Mobile Health Applications: The Pattern of Legal and Liability Issues Suggests Strategies to Improve Oversight." *Health Affairs*. 2014; 33 (2); 222-227.

39. Pew Research Center, "Social Media Usage: 2005-2015. " http://www. pewinternet. org/ 2015/10/08/social-networking-usage-2005-2015/. Published October 8, 2015. Accessed May 8, 2017.

40. Decision Resources Group, *Cybercitizen Health* © U. S. 2015.

41. Findlay S., "Consumers' Interest in Provider Ratings Grows, and Improved Report Cards and Other Steps Could Accelerate Their Use." *Health Affairs*. 2016; 35 (4): 688-705.

42. Kear T., Harrington M., Bhattacharya A., "Partnering with Patients Using Social Media to Develop a Hypertension Management Instrument. " *Journal of the American Society of Hyperten-*

sion. 2015；9（9）：725-734.

43. Cystic Fibrosis Foundation，"The Cystic Fibrosis Foundation's Drug Development Model."https://www.cff.org/Our-Research/Our-Research-Approach/Venture-Philanthropy，2015. Accessed May 8，2017.

44. Chase J.，"Lack of Expertise Limits Pharma's Facebook Use."Medical Marketing & Media website. http://mmm-online.com/lack-of-expertise-limits-pharmas-facebook-use/printarticle/461035/. Published December 23，2015. Accessed May 8，2017.

45. Rhyee C.，Auh J.，Wachter Z.，*Telehealth：Bringing Health Care to Your Fingertips*. Ahead of the Curve Series. Cowen Equity Research. February 20，2015.

46. Schwamm L.，"Telehealth：Seven Strategies to Successfully Implement Disruptive Technology and Transform Healthcare."*Health Affairs.* 2014；33（2）：200-206；See also Kvedar J.，Coye M. J.，Everett W.，"Connected Health：A Review of Technologies and Strategies to Improve Patient Care with Telemedicine and Telehealth."*Health Affairs.*2014；33（2）：194-199.

47. Decision Resources Group，*Taking the Pulse U. S.* 2015 *Physician Research Module. Physician Mobile Strategy in* 2016：*Optimizing Fundamentals and Driving Innovation*；see also Rhyee C.，Wachter Z.，Auh J.，*Online Content Providers：From Portal to Platform*. Ahead of Curve Series. Cowen Equity Research，September 16，2015.

48. Rhyee C. et al.，Online Health Content Providers，op. cit.

49. Beck M.，"Websites Misdiagnose Ailments."*Wall Street Journal.* May 16，2016：A6.

50. Rhyee C. et al.，*Telehealth：Bringing Healthcare to Your Fingertips.* op. cit.

51. Kvedar J.，Coye M. J.，Everett W.，"Connected Health."op. cit.

52. Cryer L. et al.，"Costs for 'Hospital at Home' Patients Were 19 Percent Lower，with Equal or Better Outcomes Compared to Similar Inpatients."*Health Affairs.*2012；31（6）：1237-1243.

53. Rhyee C.，*Telehealth：Bringing Healthcare to Your Fingertips*，op. cit.

第 10 章

1. Siegel E.，*Predictive Analytics：The Power to Predict Who Will Click*，*Buy*，*Lie*，*or Die.* Hoboken，NJ：John Wiley & Sons，2016.

2. Gartner Group，"Gartner Says 6. 4 Billion Connected 'Things' Will Be in Use in 2016，Up 30% From 2015."http://www.gartner.com/newsroom/id/3165317. Published November 10，2015. Accessed May 9，2017.

3. IDC Technologies，"The Digital Universe of Opportunities：Rich Data and the Increasing Value of the Internet of Things."http://www.emc.com/leadership/digital-universe/2014iview/execu-

tive-summary. htm. Published 2014. Accessed May 9, 2017.

4. Kiron D. , Prentice P. K. , Ferguson R. B. , "Raising the Bar with Analytics." *MIT Sloan Management Review*. Winter 2014.

5. Hughes B. , Kessler M. , McDonell A. , *The $1 Billion RWE Opportunity*. IMS Health White Paper. https://www. imshealth. com/fifiles/web/Global/Services/Services% 20TL/rwes _ breaking_ new_ ground_ d10. pdf. Published August 2014. Accessed May 9, 2017.

6. Lavorgna M. , "There's No Such Thing as Digital: A Conversation with Charles Hansen, Gordon Rankin, and Steve Silberman." Audiostream website. http://www. audiostream. com/content/draft#XArQrlELGYJSdpw6. 99. Published June 24, 2013. Accessed May 9, 2017.

7. McKinsey & Co, "The Role of Big Data in Medicine." http://www. mckinsey. com/industries/pharmaceuticals-and-medical-products/our-insights/the-role-of-big-data-in-medicine. Published November 2015. Accessed May 9, 2017.

8. Miller L. , "The Origins of Big Data: An Etymological Detective Story." *New York Times*. February 1, 2013. Available at http://bits. blogs. nytimes. com/2013/02/01/the-origins-of-big-data-an-etymological-detective-story. Accessed May 9, 2017.

9. Bonde A. , "Small Data: A Brief History and New Design Philosophy." Presentation at SPARK Boston, July 11, 2016. Available at https://smalldatagroup. com/2016/07/11/a-new-design-philosophy-my-talk-at-spark-boston/. Accessed May 9, 2017.

10. IBM Big Data and Analytics Hub, "The Four V's of Big Data." http://www. ibmbigdatahub. com/infographic/four-vs-big-data. Accessed May 9, 2017.

11. Dr. David Shaywitz, Chief Medical Offificer, DNANexus, interview by E. Licking, July 15, 2016.

12. EY, *Progressions: Navigating the Payer Landscape*. Global Pharmaceutical Report, 2014. Available at http://www. ey. com/Publication/vwLUAssets/EY-progressions-2014-navigating-the-payer-landscape/ $ FILE/EY-progressions-2014. pdf. Accessed May 9, 2017.

13. Reid J. , Personal interview by E. Licking. September 6, 2016.

14. Davidovic D. , Personal interview by E. Licking. July 25, 2016.

15. IDC Technologies, *The Digital Universe of Opportunities: Rich Data and the Increasing Value of the Internet of Things*. 2014. Available at https://www. emc. com/collateral/analyst-reports/idc-digital-universe-2014. pdf. Accessed May 9, 2017.

16. Perjasamy M. , Raj P. , "Big Data Analytics: Enabling Technologies and Tools." In Mahmood Z. , *Data Science and Big Data Computing*. New York: Springer International Publishing, 2016: 221-243.

17. Hill C. , Personal interview by E. Licking. August 9, 2016.

18. Gawande A. , "Overkill. " *New Yorker*. May 11, 2015. Available at http://www. newyorker. com/magazine/2015/05/11/overkill-atul-gawande. Accessed May 9, 2017.

19. Steinberg G. , "Using Big Data to Predict—and Improve—Your Health. " Aetna website. https://news. aetna. com/2014/06/big-data-can-predict-and-improve-health/. Published   June 2014. Accessed May 9, 2017.

20. Hill C. , Personal interview by E. Licking. August 9, 2016.

21. Siegel E. , *Predictive Analytics: The Power to Predict Who Will Click, Buy, Lie, or Die*. Hoboken, NJ: John Wiley & Sons, 2016.

22. Robb D. , "Gartner Taps Predictive Analytics as Next Big Business Intelligence Trend. " EnterpriseApps Today website. http://www. enterpriseappstoday. com/business-intelligence/gartner-taps-predictive-analytics-as-next-big-business-intelligence-trend. html. Published   April   17, 2012. Accessed May 9, 2017.

23. EY and Forbes Insights, *Analytics: Do Not Forget the Human Element*. November 2015. Jersey City, NJ: Forbes Insights. 2015. Available at http://www. ey. com/Publication/vwLUAssets/EY-Forbes-Insights-Data-and-Analytics-Impact-Index-2015/ $ FILE/EY-Forbes-Insights-Data-and-Analytics-Impact-Index-2015. pdf. Accessed May 9, 2017.

24. Lazarus D. , " 'Big Data' Could Mean Big Problems for People's Health Care Privacy. " *Los Angeles Times*. October 11, 2016. Available at http://www. latimes. com/business/lazarus/la-fifi-lazarus-big-data-healthcare-20161011-snap-story. html. Accessed May 9, 2017.

25. National Human Genome Research Institute, "The Cost of Sequencing a Human Genome. " https://www. genome. gov/27565109/the-cost-of-sequencing-a-human-genome/. Published   July 6, 2016. Accessed May 9, 2017; see also Herper M. , "Illumina Promises to Sequence Human Genome for $ 100-But Not Quite Yet. " *Forbes*, January 9, 2017. Accessed July 6, 2017.

26. Pollack A. , "Aiming to Push Genomics Forward in New Study. " *New York Times*. January 13, 2014. Available at https://www. nytimes. com/2014/01/13/business/aiming-to-push-genomics-forward-in-new-study. html. Accessed May 9, 2017.

27. Dewey F. E. et al. , "Inactivating Variants in ANGPTL4 and Risk of Coronary Artery Disease. " *New England Journal of Medicine*. 2016; 374: 1123-1133.

28. Baras A. , Personal interview by E. Licking. September 6, 2016.

29. Sanati C. , "How One Company Is Using Artificial Intelligence to Develop a Cure for Cancer. "   Fortune   website. http://fortune. com/2015/04/16/cancer-cure-artificial-intelligence/. Published April 16, 2015. Accessed May 9, 2017.

30. Radin A. , "Mission Possible: Software Driven Drug Discovery. " Life Science Leader website. http://www. lifescienceleader. com/doc/mission-possible-software-driven-drug-discovery-

0001. Published April 1, 2016. Accessed May 9, 2017.

31. Warren M., "The Cure for Cancer Is Data—Mountains of Data." Wired website. https://www. wired . com/2016/10/eric-schadt-biodata-genomics-medical-research/. Published October 19, 2016. Accessed May 9, 2017.

32. Lorenzetti L., "Here's How IBM Watson Health Is Transforming the Health Care Industry." Fortune website. http://fortune. com/ibm-watson-health-business-strategy/. Published April 5, 2016. Accessed May 9, 2017.

33. Hay M. et al., "Clinical Development Success Rates for Investigational Drugs." *Nature Biotechnology*. 2014; 32: 40-51.

34. Akmaev S., Personal interview by E. Licking. July 28, 2016.

35. Bhatt A., "Evolution of Clinical Research: A History Before and Beyond James Lind." Perspectives in Clinical Research. 2010; 1 (1): 6-10.

36. EY, *Beyond Borders: Unlocking Value*. Biotechnology Industry Report 2014. Available at http://www. ey. com/Publication/vwLUAssets/EY-beyond-borders-unlocking-value/ $ FILE/ EY-beyond-borders-unlocking-value. pdf. Accessed May 9, 2017.

37. "Teva, Intel to Develop Huntington Wearable Tech and Machine Learning Platform." Center-Watch News Online website. https://www. centerwatch. com/news-online/2016/09/20/teva-intel-develop-huntington-wearable-tech-machine-learning-platform/. Published September 20, 2016. Accessed May 9, 2017.

38. Auschitzky E., Santagostino A., Otto R., "Advanced Analytics Improve Biopharma Operations." Pharmaceutical Manufacturing website. http://www. pharmamanufacturing. com/articles/2014/ advanced-analytics-improve-biopharma-operations/. Published November 13, 2014. Accessed May 9, 2017.

39. "REMEDIES Moves on to the Next Stage." REMEDIES website. https://remediesproject. com/2015/08/27/remedies-moves-on-to-next-stage/. Published August 27, 2015. Accessed May 9, 2017.

40. Ward A., "McLaren Speeds up GSK with Racetrack Expertise." *Financial Times*. December 10, 2014. Available at https://www. ft. com/content/3e2b7874-6f36-11e4-8d86-00144feabdc-0. Accessed May 9, 2017.

41. Ahlawat H., Chierchia G., van Arkel P., "The Secret of Successful Drug Launches." McKinsey & Company website. http://www. mckinsey. com/industries/pharmaceuticals-and-medical-products/our-insights/the-secret-of-successful-drug-launches. Published March 2014. Accessed May 9, 2017.

42. Licking E., Garfifield S., "A Road Map to Strategic Drug Pricing." *In Vivo*. 2016; 34 (3):

2-11. Available at http://www. ey. com/Publication/vwLUAssets/ey-in-vivo-a-road-map-to-stra-tegic-drug-prices-subheader/ $ FILE/ey-in-vivo-a-road-map-to-strategic-drug-prices-subhead-er. pdf. Accessed May 9, 2017.

43. Hughes B. , Kessler M. , McDonell A. , *Breaking New Ground with RWE: How Some Pharmacos Are Poised to Realize a $ 1 Billion Opportunity*. IMS Health White Paper. August 2014. Availa-ble at https://www. imshealth. com/fifiles/web/Global/Services/Services% 20TL/rwes_breaking_ new_ ground_ d10. pdf. Accessed May 9, 2017.

44. Hughes B. , Kessler M. , McDonell A. , ibid.

45. Eichler H. G. et al. , "From Adaptive Licensing to Adaptive Pathways: Delivering a Flexible Life-Span Approach to Bring New Drugs to Patients. " *Clinical Pharmacology and Therapeutics*. 2015; (97): 234-246.

46. "Data Analytics Create Better Commercial Strategies. " PharmaVOICE website. http://www. pharmavoice. com/article/2016-06-data-analytics/. Published June 2016. Accessed May 9, 2017.

47. Foschini L. , Personal interview by E. Licking. June 25, 2016.

48. Arora S. , "Recommendation Engines: How Amazon and Netflflix Are Winning the Personaliza-tion Battle. " MTA Martech Advisor website. https://www. martechadvisor. com/articles/customer-experience/recommendation-engines-how-amazon-and-netflflix-are-winning-the-personalization-battle/. Published June 28, 2016. Accessed May 9, 2017.

49. Ahmed L. , "Who's Afraid of a Tweet and a Pin? Strategies to Start Engaging Online," Scrip Pharma Intelligence website. https://scrip. pharmamedtechbi. com/SC065067/Whos-Afraid-Of-A-Tweet-And-A-Pin-Strategies-To-Start-Engaging-Online. Published May 6, 2016. Accessed May 9, 2017.

50. Frank H. P. , "Building Connected Health Services. " In *Pulse of the Industry: Medical Tech-nology Report* 2016. EY, October 2016. Available at http://www. ey. com/Publication/vwLU-Assets/ey-pulse-of-the-industry-2016/ $ FILE/ey-pulse-of-the-industry-2016. pdf. Accessed May 9, 2017.

51. Grover N. , "Quintiles, IMS Health to Merge in $ 9 Billion Deal. " Reuters, May 3, 2016.

52. IBM, "IBM Watson Health Announces Plans to Acquire Truven Health Analytics for $ 2. 6B, Extending Its Leadership in Value-Based Care Solutions. " PR Newswire website. http://www. prnewswire. com/news-releases/ibm-watson-health-announces-plans-to-acquire-truven-he-alth-analytics-for-26b-extending-its-leadership-in-value-based-care-solutions-300222147. html. Published February 18 2016. Accessed May 9, 2017.

53. Senior M. , *Data in Healthcare: Underpinning the Shift to Value*. Datamonitor Health-

care. November 22, 2016.

54. "Lessons from Becoming a Data-Driven Organization." *MIT Sloan Management Review*. October 18, 2016.

55. Lazer D. et al., "The Parable of Google Flu: Traps in Big Data Analysis." *Science*. 2014; 343: 1203-1205.

56. Lazer D., Kennedy R., King G., Vespignani A., ibid.

57. Berger M., Axelsen K., Subedi P., "The Era of Big Data and Its Implications for Big Pharma." Health Affairs Blog. http://healthaffairs. org/blog/2014/07/10/the-era-of-big-data-and-its-implications-for-big-pharma/. Published July 10, 2014. Accessed May 9, 2017.

58. Miller J., "Big Pharma's Bet on Big Data Creates Opportunities and Risks." Reuters website. http://www. reuters. com/article/us-pharmaceuticals-data-idUSKCN0V41LY. Published January 26 2016. Accessed May 9, 2017.

59. Kovacs E., "FDA Issues Alert over Vulnerable Hospira Drug Pump." Security Week website. http://www. securityweek. com/fda-issues-alert-over-vulnerable-hospira-drug-pumps. Published August 3, 2015. Accessed May 9, 2017.

60. EY, "The 'New Normal' in Today's Digital Landscape." Vital Signs, EY Perspectives on Life Sciences. http://www. ey. com/gl/en/industries/life-sciences/ey-vital-signs-the-new-normal-in-todays-digital-landscape. Accessed May 9, 2017.

61. Lund S. et al., *Game Changers: Five Opportunities for US Growth and Renewal*. McKinsey Global Institute, July 2013.

62. Senior M., *Data in Healthcare: Underpinning the Shift to Value*. Datamonitor Healthcare. November 22, 2016.

63. Kiron D., Kirk Prentice P., Ferguson R. B., "The Analytics Mandate." Findings from the 2014 Data and Analytics Global Executive Study and Research Report. *MIT Sloan Management Review*. 2014; Winter: 3-21.

64. EY and Forbes Insights, *Analytics: Do Not Forget the Human Element*. November 2015. Jersey City, NJ: Forbes Insights. 2015. Available at http://www. ey. com/Publication/vwLUAssets/EY-Forbes-Insights-Data-and-Analytics-Impact-Index-2015/ $ FILE/EY-Forbes-Insights-Data-and-Analytics-Impact-Index-2015. pdf. Accessed May 9, 2017.

致　谢

　　本书以多年研究为基础，通过研究企业价值链，对生物制药公司战略进行实地研究，包括与多位高管进行访谈以及对公司案例进行研究。我们还受益于管理研讨会和高级管理人员学术培训课程，其帮助我们测试本书中所提出的模型和概念。

　　由学术界和业界领袖组成的全球网络也为本书带来了巨大的价值。冒着忽略一些人的风险，我们首先要指出的是那些贡献了建设性的评论意见和案例研究的专家和高管们：菲利普·科特勒，他在医疗健康战略方面的开创性工作对我们有较大的启发；夏洛特·西布利（Charlotte Sibley，夏尔公司前高级副总裁）无私地为整本书提供了深刻的评论和专家见解；白理惟（美国药物研究与制造商董事会成员），罗克·多利维克斯（Roch Doliveux，优时比公司前首席执行官），温蒂·盖贝尔（Wendy Gabel，渤健公司前副总裁）和浦王书（Bernard Poussot，罗氏公司董事会成员）也为本书提供了宝贵的建议。

　　约翰·马拉加诺（John Maraganore，奥尼兰姆制药公司首席执行官），迈克尔·菲尔（Michael Pehl，新基医药公司血液与肿瘤事业部总裁），杰奎琳·福斯［Jacqualyn Fouse，德玛凡特科学公司（Dermavant）执行主席，新基医药公司离休总裁兼首席运营官]，以及伊曼纽尔·布兰（百时美施贵宝公司前高级副总裁）等为本书内容贡献了公司的案例研究。

在欧洲，我们受益于 OSE 免疫治疗公司的玛丽冯·扬斯（Maryvonne Hiance）、多米尼克·科斯坦蒂尼（Dominique Costantini）和埃米尔·洛里（Emile Loria）的病例研究，以及菲利普·拉塔皮（Philippe Latapie）、弗朗索瓦·梅奇（François Meurgey）和凯瑟琳·帕里佐（Catherine Parisot）的深刻评论和见解。

弗朗索瓦丝·西蒙还想向她的学术界同行表示感谢。西奈山伊坎医学院的院长丹尼斯·查尼（Dennis Charney）、人口健康学与政策学教授安妮特·杰利金斯（Annetine Gelijns）以及高级副院长布赖恩·尼克尔森（Brian Nickerson）对本书的完成给予的大力支持，西奈山医院首席医学信息官布鲁斯·达罗（Bruce Darrow）医生为本书提供了专业技术的支持。

弗朗索瓦丝·西蒙在此感谢哥伦比亚大学梅曼公共卫生学院的院长琳达·弗里德（Linda Fried）和商学院的格伦·哈伯特（Glenn Hubbard）院长，以及卡梅尔·杰迪（Kamel Jedidi）、唐·莱曼（Don Lehmann）和迈克尔·斯帕尔（Michael Sparer）等教授的大力支持，名誉教授玛琳娜·J. 莱盖特也分享了她在性别医学方面的专业知识。还要感谢位于欧洲南特大学的纳塔莉·安吉拉-阿贡（Nathalie Angelé-Halgand）教授和弗朗兹·罗威（Frantz Rowe）教授；欧洲社会科学院的马丁·贝朗格（Martine Bellanger）教授、南特高等商学院的克莱尔·尚普努瓦（Claire Champenois）教授；巴黎多芬纳大学的皮埃尔·莱维（Pierre Lévy），以及法国北方高等商学院的克里斯汀·科伊森（Christine Coisne）和洛伊·门维尔（Loïc Menvielle）为本书提供了学术测试平台。

在欧洲工商管理学院，弗朗索瓦丝·西蒙要感谢史蒂芬·奇克（Stephen Chick）教授和研究项目经理瑞迪玛·阿格瓦尔（Ridhima Aggarwal）提供"像我一样的病人"网站的案例，她与他们共同编写了这本书，并在书中进行了摘录。

本书的两位作者特别感谢安永公司的高级生命科学分析师艾伦·里克金（Ellen Licking），感谢她为本书提供的独特见解和关系网络，以及她的相关研究和编辑贡献。艾伦以极大的奉献精神推动了整本书的研究工作，尤其是在以下领域：精准医学、数据分析、新型定价模型和战略性支付者参与。

　　除了艾伦，格伦·乔凡内蒂还要特别感谢安永公司的多位同事，包括全球生命科学部门的负责人帕梅拉·斯宾塞（Pamela Spence）、苏珊·加菲尔德（Susan Garfield）、克里斯汀·波蒂埃（Kristin Pothier）、赖恩·洪塔（Ryan Juntado）的对本书部分章节内容的贡献。安永生命科学专家杰弗·格林（Jeff Greene）、斯科特·帕尔默（Scott Palmer）、玛哈拉·伯尔恩（Mahala Burn）、阿兰·卡尔顿（Alan Kalton）、托德·什克里纳尔（Todd Skrinar）、杰米·辛特科安（Jamie Hintlian）和阿德莱·戈德伯格（Adlai Goldberg）也为本书提供了宝贵的见解。生命科学作者兼分析师梅拉妮（Melanie Senior）为本书的精准医学和支付者参与部分给予了支持。杰森·海伦巴赫（Jason Hillenbach）与莱次·撒达玛（Rajni Sadana）领导高效的研究团队也为本书中的许多数据提供了支持，安吉拉·科因（Angela Kyn）为本书的市场营销给予了支持。

　　最后，感谢本书的出版商约翰威利父子出版公司、编辑人员鲍伯·埃斯波西多（Bob Esposito）以及编辑总监贾斯汀·杰弗里斯（Justin Jeffryes）为本书提供了专业的指导。